複素解析

複素解析

藤本坦孝

岩波書店

まえがき

　本書は,「複素解析学」の古典的理論を解説したもので, もともとは, 岩波講座『現代数学の基礎』の一分冊「複素解析」として, 1996年に刊行されたものである. 複素解析学の理解に当たっては, 諸概念の幾何学的な把握が大切である. 本書ではこのことに留意し, 幾何学的な意味を明らかにするように努め, 理論の展開において, 厳密性を保ちながらも直観的な理解が失われることのないように配慮した. また, 一見異なって見える事柄の間のかくれた関係を明らかにし, 複素解析学の全体像が有機的に把握されるように努めた. 記述においては, 瑣末で技術的なことは避け, 諸概念の本質的なつながりを明らかにすることに意を用いた.

　読者は微分積分学, 線形代数学および平面の位相のひととおりの基礎知識をもっているものと想定して, 証明を略した所もあるが, ことばの意味はできるだけていねいに説明し, 基礎知識が未習の読者にも十分理解してもらえるように配慮したつもりである. 初学者にあっては, 証明抜きで事実をそのまま受け入れて読み進み, 詳しい証明は, 後日に学習するといった読み方も可能である. 完成された数学自体は厳密な論理の上で構築されたものではあるが, 新しい事柄の学習や未知の問題への取り組みにおいては, 自分自身にとって未習の事柄を括弧付きで一応受け入れて, 先へと読み進んで, まず全体像をつかむことも大切であると思う. 全体像の理解によって, いままでわからなかったことが見えてくることがあるからである.

　第1章では, まず複素平面および複素関数についての基本的事項を述べたのち, 正則関数の定義を与え, これがCauchy–Riemannの関係式や写像としての等角性と同値であることを示し, 正則関数の重要な例として, 指数関数, 3角関数および対数関数などの初等関数の基本的性質を述べた.

　第2章では, 複素積分の定義と基本的公式を説明したのち, Cauchyの積

分定理を証明し，これより正則関数のベキ級数展開やLaurent級数展開を与え，その応用として，正則関数の基本的な諸性質を導いた．

第3章では，まずRiemann球の考え方を説明し，正則関数の孤立特異点の分類を論じるとともに，留数定理を与え，積分計算および有理型関数の零点や極の個数評価への応用を与えた．また，この章の最後にRungeの近似定理を与え，これを利用して，Mittag-Lefflerの定理を証明した．

第4章では，まず正則関数の局所的性質を論じ，次にRiemann球の解析的自己同型である1次変換について論じ，その応用として単位円板上の双曲幾何学の基本的事項を概説した．また，Montelの定理を使ってRiemannの写像定理に証明を与えるとともに，解析接続の概念を説明し，正則関数に対するRiemann面の構成を論じた．

第5章では，まずWeierstrassの因数分解定理を与え，次に，Picardの定理を証明し，これに関連して，Nevanlinnaによって与えられた第1主定理，第2主定理および除外指数関係式を解説した．Nevanlinna理論は，現在においても，これに関連した新しい研究が続けられており，関連して触れたいことも多いが，本書の性格から，理論の骨格を示すのみにとどめた．最後に，特殊関数の一例として楕円関数を取り上げた．

本書は，理論の展開に多く紙数を費やしたため，例題や理解を深めるための演習問題を割愛せざるを得なかった．各章末の演習問題も，理論的に面白い問題や，本文で取り上げたかったが果たせなかった話題の一端の紹介といった問題が大部分である．本書をテキストとして複素解析学を学ぶ読者は，本書の講読と平行して，他の演習問題集などでの学習をすすめてもらいたい．

終わりに，本書を執筆する機会を与えていただき，いろいろと御助言を下さった岩波講座『現代数学の基礎』の編集委員の方々，特に，原稿を精読し，有益な御注意を寄せられた青本和彦氏に対し，心から感謝の意を表明したい．また，出版に当りいろいろとお世話になった岩波書店編集部の方々にも，厚くお礼を申し述べる．

2006年3月

藤 本 坦 孝

理論の概要と目標

 周知のように，数を複素数の範囲に拡げることによって，n 次多項式は，重複度を考慮すればつねにちょうど n 個の零点をもつ．また，実数値関数のみを考えていると，指数関数や 3 角関数は，全く別の関数のように見えるが，複素関数として考えれば，公式 $e^{ix} = \cos x + i \sin x$ が示すように，両者は，同じ関数を異なる側面からみたものとしてとらえられる．このように，ものごとを実数から複素数に拡げて考えると，非常に単純な美しい世界が見えてくる．

 複素解析学は，高校以来習ってきた微分積分学を，複素数の世界から見直したものである．実関数 $y = f(x)$ の微分は，$f'(a) = \lim_{x \to a}(f(x)-f(a))/(x-a)$ で定義される．この定義式をそのまま複素関数，すなわち，複素変数複素数値関数 $w = f(z)$ の場合にあてはめ，複素微分 $f'(a) = \lim_{z \to a}(f(z)-f(a))/(z-a)$ を考える．複素解析学の主要な考察対象である正則関数は，到るところで複素微分可能な関数として定義される．この定義を見るかぎりでは，考察する数の範囲が実数から複素数に変わっただけのように見える．しかし，正則関数は，微分可能な実関数に対しては成り立たない多くの美しい性質をもっており，その理論の美しさから，多くの研究者を複素解析学の分野にひきつけてきた．そして，現代においてもなお新しい事実が見いだされ，理論の新しい展開が続いている．

 複素数は，虚数と呼ばれることもあり，2 乗すると -1 になるという現実にはない数 i をもとにしていることから，一見，抽象世界の理論のようにとらえられ，複素数の世界における美しい理論の展開も，抽象世界での考察に過ぎないと思われがちである．しかし，複素数を平面上の点で表したいわゆる複素平面を考えるとき，複素数 i を掛けることは，角 $\pi/2$ の回転を行うことを意味し，複素数の考察は平面上の幾何学と深く結びついており，多く

の幾何学的応用をもつ．また，平面から平面への写像は，実数の世界で考察するときは，2つの2実変数関数 $u=u(x,y)$, $v=v(x,y)$ で表されるが，これを $z=x+iy$ の複素関数 $w=f(z)=u(x,y)+iv(x,y)$ としてとらえ直すと，写像論において重要な等角写像の考察が，正則写像の考察におきかえられ，より見通しのよい理論を展開することができる．

このように，複素解析学は，多くの重要な概念と関連しており，数学の他分野はもとより，工学などの他の多くの分野にも応用され，現代科学の基礎理論の展開に不可欠な分野である．本書は，複素解析学について，現在発展しつつある理論への導入となることを目指すと共に，種々の分野への応用をも念頭において，その古典的理論を解説したものである．

第1章においては，正則関数の定義とその基本的性質を与える．まず，複素数の数学的に正確な定義を与え，複素数 $z=x+iy$ を平面上の点 (x,y) で表すことにより，複素数の全体が複素平面としてとらえられることを説明する．そしてその複素平面において，0でない複素数 c に対し，z に cz を対応させる変換は，平面上の回転とスカラー倍の合成であり，等角性をもった線形写像として特徴付けられることを述べる．また，複素数列が，複素平面内の点列としてとらえられることを見て，それらの収束性の概念に基づいて，複素関数の極限値や連続性の概念を説明する．

次に，複素偏微分について述べる．複素数 $z=x+iy$ の複素数値関数 $w=f(z)=u(x,y)+iv(x,y)$ に対し，$z,\bar{z}$ に関する偏微分を

$$\frac{\partial f}{\partial z}=\frac{1}{2}\left(\frac{\partial f}{\partial x}-i\frac{\partial f}{\partial y}\right), \quad \frac{\partial f}{\partial \bar{z}}=\frac{1}{2}\left(\frac{\partial f}{\partial x}+i\frac{\partial f}{\partial y}\right)$$

によって定義すると，実変数 x,y の偏微分に対する場合と同様の計算公式が成り立つ．複素関数の考察においては，複素偏微分の活用によって，複雑な計算も見通しよいものになることが多い．既に述べたように，正則関数は，複素微分可能な関数と同義であるが，これは，$(\partial/\partial\bar{z})f=0$ と同値である．これを，実部および虚部に分けてみれば，Cauchy–Riemann の関係式 $u_x=v_y$, $u_y=-v_x$ が得られる．これはまた，行列 $\begin{pmatrix} u_x & u_y \\ v_x & v_y \end{pmatrix}$ によって与えられる

線形写像が等角性をもつことと同値である．このことが，関数の正則性と写像の等角性を関連づけ，複素解析学が多くの幾何学的応用をもつことを可能にするのである．読者は，これらの同値性が，複素平面上において複素定数倍する線形変換の性質に由来していることを理解して欲しい．有理関数，代数関数，指数関数，3角関数，対数関数などは，総称して初等関数と呼ばれているが，これらは，(多価)正則関数の典型的な例である．本章の最後にこれらの関数の基本的性質を概説する．

　第2章では，種々の積分定理とその応用を与える．連続関数 $w=f(z)=u(x,y)+iv(x,y)$ の曲線 $\varGamma$ にそっての複素積分は，線積分

$$\int_\varGamma f(z)dz = \int_\varGamma (u+iv)(dx+idy) = \int_\varGamma (udx-vdy)+i\int_\varGamma (vdx+udy)$$

によって定義され，実関数の線積分と同様の計算公式が成り立つ．Green の定理によれば，有限個の正則な曲線の集まり ∂D によって囲まれた有界領域 D および C^1 級の関数 $P(x,y),Q(x,y)$ に対し，

$$\iint_D \left(\frac{\partial Q}{\partial x}-\frac{\partial P}{\partial y}\right)dxdy = \int_{\partial D} Pdx+Qdy$$

が成り立つ．特に，正則関数 $f=u+iv$ に対し，もし u,v が C^1 級であることがわかっているとき，

$$\int_{\partial D} f(z)dz = \int_{\partial D}(udx-vdy)+i\int_{\partial D}(vdx+udy)$$
$$= -\iint_D (u_y+v_x)dxdy + i\iint_D (u_x-v_y)dxdy$$

が成り立ち，Cauchy-Riemann の関係式から，この値は 0 である．この事実は，u,v が C^1 級であるという仮定なしに，単に f が正則でという仮定のみから導かれる．実際，§2.2 において述べるように，D が3角形のとき，正則性の仮定のみを使って上の公式を証明することができ，これより，任意の正則関数が局所的に原始関数をもつことが言え，始点と終点を固定した曲線の連続的変形を行っても，正則関数に対する複素積分の値が変わらないこと (Cauchy の積分定理) が導かれる．さらに，閉円板 $\{z;|z-a|\leqq R\}$ 上の正則関数 f に対する積分表示

$$f(z) = \frac{1}{2\pi i} \int_{|\zeta - a| = R} \frac{f(\zeta)}{\zeta - z} d\zeta$$

を示すことができ，これを使って，正則関数がつねに C^1 級であることを証明することができる．また，積分公式から，正則関数の整級数展開定理が得られ，正則関数の多くの重要な性質が導かれる．2つの正則関数に対し，それらがある部分領域で一致すれば全範囲で一致すること（一致の定理），定数でない正則関数は，領域の内部で最大値を取り得ないこと（最大絶対値の原理），複素平面全体で有界な正則関数は定数関数に限ること（Liouville の定理）などが示され，その応用として，代数学の基本定理が証明される．

第3章においては，孤立特異点をもつ正則関数を論じる．孤立特異点の考察には，複素平面に無限遠点 ∞ をつけ加えた平面 $\overline{\mathbb{C}}$ を考え，点列 $\{z_n\}$ に対し，$\lim_{n\to\infty} |z_n| = +\infty$ のとき，$\{z_n\}$ が ∞ に収束すると規約する．正則関数 f の孤立特異点 a は，$z \to a$ のとき，$f(z)$ が $\mathbb{C}$ 内の値に収束するとき除去可能な特異点と呼ばれ，∞ に収束するとき極と呼ばれ，$\overline{\mathbb{C}}$ のどの値にも収束しないとき真性特異点と呼ばれる．孤立特異点の近くでは，f は，

$$f(z) = \sum_{n=0}^{\infty} c_n (z-a)^n + \sum_{n=1}^{\infty} \frac{c_{-n}}{(z-a)^n}$$

の形に Laurent 展開されるが，この第2項は主要部と呼ばれており，主要部の項のうち，すべてが0のとき除去可能な特異点となり，有限個の項以外が0のとき極となり，無限個の0でない項があるとき真性特異点となる．ここで，Laurent 展開の $1/(z-a)$ の係数 c_{-1} は，重要な量であり，留数と呼ばれている．例えば，f'/f の a での留数は，f の a での零点の位数もしくは極の位数の符号を変えたものを表す．留数は，積分の計算によっても求められる．留数計算において，領域 D 内に有限個の孤立特異点をもつ $\overline{D}$ 上の正則関数 f に対し，f の D 内にある特異点における留数の和が積分 $\frac{1}{2\pi i} \int_{\partial D} f(\zeta) d\zeta$ で与えられること（留数定理）は有用である．このことは，実関数の定積分もしくは広義積分の計算や，零点や極の個数の評価に応用することができる．

領域 D 上で，たかだか極を除いて正則な関数は，有理型関数と呼ばれているが，このような関数の大局的な振舞いは，各極での主要部に大きく依存

している．例えば，$\overline{\mathbb{C}}$ 上の有理型関数は有理関数と同義であり，定数和を除いて，各極での主要部の形によって完全に決定される．これに関連して，有理型関数の近似定理を使うことにより，領域上の特異点の位置とそれらの点での主要部が，あらかじめ与えられたものと一致するような有理型関数を構成することができる (Mittag-Leffler の定理).

第 4 章では，正則関数の写像としての性質に焦点をあてて，関連する事柄を論じる．まず，局所的性質については，次のことが言える．正則写像 f に対し，$f'(a) \neq 0$ を満たす点 a の近くでは，f は単射であり，等角写像，すなわち，a で角 θ_0 で交わる 2 つの曲線を，同じく角 θ_0 で交わる曲線に移す．一方，$f^{(\ell)}(a) = 0$ $(\ell = 1, 2, \cdots, m-1)$ かつ $f^{(m)}(a) \neq 0$ を満たすような点 a の近くでは，写像の状況は，ほぼ $w = z^m$ の原点の近くでの状況と同じであり，a で角 θ_0 で交わる 2 つの曲線を，角 $m\theta_0$ で交わる曲線に移す．

大局的な問題を考える場合，まず，与えられた領域 D の解析的自己同型，すなわち，D を D 自身に移す全単射な正則写像の考察が重要である．$\overline{\mathbb{C}}$ の解析的自己同型は，1 次 (分数) 変換 $w = (az+b)/(cz+d)$ $(a, b, c, d \in \mathbb{C}, ad-bc \neq 0)$ で与えられる．また，単位円板 $\Delta = \{z; |z| < 1\}$ および上半平面 $H = \{z; \operatorname{Im} z > 0\}$ の解析的自己同型も，やはり特別な形の 1 次変換で与えられる．このように，1 次変換は，正則写像の考察において，重要な役割を演じる．1 次変換は，円円対応，対称性の保存，非調和比の不変性など多くの美しい性質をもっている (§4.2)．また，1 次変換のこのような性質が，非 Euclid 幾何学の重要な一例である双曲的平面の考察を可能にする (§4.3)．

もうひとつの大局的な問題として，異なる領域の間の双正則写像の存在について述べる．周知のように，複素平面は単位円板と同相である．しかし，複素平面を単位円板に双正則に移す写像は存在しない．なぜなら，Liouville の定理によって，複素平面から単位円板の中への写像は，定数しか存在しないからである．一方，複素平面とは異なる任意の単連結領域に対し，これを単位円板上に全単射に移す正則写像が存在すること (Riemann の写像定理) を証明することができ，このおかげで，種々の大局的な問題が著しく単純化される．

本章の最後に，解析接続，すなわち，ある領域で定義された正則関数をより広い領域の上の正則関数として定義域を拡大する問題を考える．解析接続を論じる場合，多価正則関数を考えに入れなければならない．通常の領域の代りに，局所同相写像で平面内の領域の上に移されるような位相空間(被拡領域)を考え，このような空間上の関数を考察することにより，多価関数の考察を 1 価関数の考察に帰着させることができる．§4.5 において，正則関数に対する存在領域について論じ，現代数学における重要な概念である Riemann 面について，その一端を説明する．

第 5 章においては，複素平面全体で定義された有理型関数について，より詳しい性質を解説する．周知のように，多項式 $p(z)$ は，1 次因数の積に分解される．$\mathbb{C}$ 上の正則関数 f に対してもこれと似た因数分解定理が成り立つ．f の原点での零点の位数を m とし，原点以外の零点を a_ℓ $(\ell=1,2,\cdots)$ とすれば，f は，適当な正則関数 $g(z)$ を選んで，

$$f(z) = z^m e^{g(z)} \prod_\ell \left(1 - \frac{z}{a_\ell}\right) \exp\left(\frac{z}{a_\ell} + \frac{z^2}{2a_\ell^2} + \cdots + \frac{z^\ell}{\ell a_\ell^\ell}\right)$$

と因数分解される(Weierstrass の因数分解定理)．

ところで，代数学の基本定理の帰結として，定数でない多項式 $p(z)$ は，∞ 以外のすべての値をとる，言い替えれば，$p(z)$ の除外値は ∞ のみである．また，指数関数 e^z の除外値は $0, \infty$ のみである．これに対し，Picard は，"$\mathbb{C}$ 上の非定数有理型関数の $\overline{\mathbb{C}}$ 内の除外値は，たかだか 2 個である" ことを示した．本書では，この定理を，非正曲率をもつ擬計量の構成および Ahlfors–Schwarz の補題の活用によって証明する(§5.2)．さらに，n 次の多項式は，重複度をこめて数えれば，∞ 以外のすべての値をちょうど n 回ずつとる．$\mathbb{C}$ 上の任意の定数でない有理型関数 f についても，これに近いことが言える．このことを主張するのが以下の Nevanlinna 理論である．

$$T_f(r) = \int_0^r \frac{dt}{t} \frac{1}{\pi} \int_{|z| \leq t} \frac{|f'(z)|^2}{(1+|f(z)|^2)^2} dxdy$$

を f の特性関数と呼ぶ．また，$f(0)$ と異なる値 $\alpha \in \overline{\mathbb{C}}$ に対し，$\{z; |z| \leq t\}$ 内の $f(z) = \alpha$ となる点の，重複度をこめて数えた個数を $n(t)$ とし，α に対

する個数関数を $N_f(r,\alpha) = \int_0^r \dfrac{n(t)}{t} dt$ によって定義し，接近関数を

$$m_f(r;\alpha) = \frac{1}{2\pi}\int_0^{2\pi} \log v(re^{i\theta})d\theta - \log v(0)$$

によって定義する．ここで，$v(z) = \sqrt{1+|f(z)|^2}\sqrt{1+|\alpha|^2}/|f(z)-\alpha|$．このとき，任意の値 α に対し，$T_f(r) = N_f(r,\alpha) + m_f(r;\alpha)$ が成り立つ(Nevanlinna の第1主定理)．また，α の除外指数を

$$\delta_f(\alpha) = \liminf_{r\to\infty} \frac{m_f(r;\alpha)}{T_f(r)}$$

と定義するとき，可算個の $\alpha_j\ (j=1,2,\cdots)$ を除いて $\delta_f(\alpha)=0$ となり，さらに，$\sum_j \delta(\alpha_j) \leqq 2$ であることを示すことができる(Nevanlinna の除外指数関係式)．これは，可算個の例外を除けば，$N_f(r,\alpha)$ が，α に無関係な関数 $T_f(r)$ にほぼ近いことを示す．また，α が f の除外値ならば，$\delta_f(\alpha)$ は1に等しいことから，除外値の個数が2以下であることが帰結され，この関係式が，Picard の定理を精密にしたものであることがわかる．

最後に，初等関数の範囲におさまらない重要な有理型関数の一例として，楕円関数について述べる．楕円関数は，定義により，$\mathbb{R}$ 上独立な2つの値 ω_0, ω_1 に対し，$P = \{m\omega_0 + n\omega_1;\ m, n \in \mathbb{Z}\}$ の各元を周期にもつ関数であるが，周期平行4辺形 $Q = \{x\omega_0 + y\omega_1;\ 0 \leqq x, y < 1\}$ 上ですべての値を同じ回数だけとることや，Q 内の零点を $a_1, a_2, \cdots, a_k$，それらの点での位数を $m_1, m_2, \cdots, m_k$ とし，極の全体を $b_1, b_2, \cdots, b_\ell$，それらの点での極の位数を $n_1, n_2, \cdots, n_\ell$ とするとき，

$$m_1 a_1 + m_2 a_2 + \cdots + m_k a_k - (n_1 b_1 + n_2 b_2 + \cdots + n_\ell b_\ell) \in P$$

が言えることなど，美しい定理が成り立つ．本書では，これらを証明すると共に，Weierstrass の $\wp$ 関数を説明し，すべての楕円関数は，$\wp$ 関数およびその微分 $\wp'$ の有理関数として表されることを示す．

目　次

まえがき ‥‥‥‥‥‥‥‥‥‥‥‥‥‥‥ v
理論の概要と目標 ‥‥‥‥‥‥‥‥‥‥‥ vii

第1章　正則関数 ‥‥‥‥‥‥‥‥‥‥‥ 1

§1.1　複素平面 ‥‥‥‥‥‥‥‥‥‥‥‥ 1
　（a）複 素 数 ‥‥‥‥‥‥‥‥‥‥‥‥ 1
　（b）複素平面 ‥‥‥‥‥‥‥‥‥‥‥‥ 3

§1.2　複素関数 ‥‥‥‥‥‥‥‥‥‥‥‥ 6
　（a）複素平面内の点集合 ‥‥‥‥‥‥‥ 6
　（b）連続関数 ‥‥‥‥‥‥‥‥‥‥‥‥ 10
　（c）連続関数列の極限 ‥‥‥‥‥‥‥‥ 11

§1.3　複素偏微分 ‥‥‥‥‥‥‥‥‥‥‥ 14
　（a）変数 z および $\bar{z}$ に関する偏微分 ‥‥‥ 14
　（b）複素偏微分の計算公式 ‥‥‥‥‥‥ 16

§1.4　正則関数 ‥‥‥‥‥‥‥‥‥‥‥‥ 18
　（a）正則関数の定義 ‥‥‥‥‥‥‥‥‥ 18
　（b）Cauchy–Riemann の関係式 ‥‥‥‥ 19
　（c）正則関数の等角性 ‥‥‥‥‥‥‥‥ 22

§1.5　初等関数 ‥‥‥‥‥‥‥‥‥‥‥‥ 24
　（a）指数関数 ‥‥‥‥‥‥‥‥‥‥‥‥ 24
　（b）対数関数 ‥‥‥‥‥‥‥‥‥‥‥‥ 25
　（c）ベキ乗根 ‥‥‥‥‥‥‥‥‥‥‥‥ 27

要　約 ‥‥‥‥‥‥‥‥‥‥‥‥‥‥‥‥ 28
演習問題 ‥‥‥‥‥‥‥‥‥‥‥‥‥‥‥ 28

第2章　積分定理 ‥‥‥‥‥‥‥‥‥‥‥ 31

§2.1 複素積分 ... *31*
  （a）複素積分の定義 ... *31*
  （b）弧長に関する線積分 ... *36*

§2.2 Cauchy の積分定理 ... *38*
  （a）証明のための準備 ... *39*
  （b）正則関数の連続曲線に沿っての線積分 ... *42*
  （c）Cauchy の積分定理の証明 ... *44*

§2.3 Cauchy の積分表示 ... *45*
  （a）正則関数の積分表示 ... *45*
  （b）正則関数の収束定理 ... *48*
  （c）Green の定理 ... *49*

§2.4 正則関数の級数展開 ... *51*
  （a）ベキ級数の収束性 ... *51*
  （b）正則関数のベキ級数展開 ... *53*
  （c）Laurent 展開 ... *54*

§2.5 正則関数の基本的諸性質 ... *56*
  （a）一致の定理 ... *56*
  （b）級数展開の係数評価 ... *57*
  （c）最大絶対値の原理 ... *59*

要　　約 ... *60*

演習問題 ... *61*

第3章　有理型関数 ... *63*

§3.1 孤立特異点 ... *63*
  （a）Riemann 球 ... *63*
  （b）孤立特異点の分類 ... *65*
  （c）Casorati-Weierstrass の定理 ... *68*

§3.2 留数定理 ... *69*
  （a）留　　数 ... *69*
  （b）留数定理 ... *71*

（c）留数定理の応用 ・・・・・・・・・・・・・・・・ *72*

§3.3　有理型関数の零点および極の個数 ・・・・・・ *73*
　　（a）有理型関数 ・・・・・・・・・・・・・・・・・・ *73*
　　（b）偏角の原理 ・・・・・・・・・・・・・・・・・・ *75*
　　（c）Rouché の定理 ・・・・・・・・・・・・・・・・ *78*

§3.4　近似定理 ・・・・・・・・・・・・・・・・・・・・ *79*
　　（a）Runge の定理 ・・・・・・・・・・・・・・・・ *79*
　　（b）Mittag-Leffler の定理 ・・・・・・・・・・・・ *85*

要　　約 ・・・・・・・・・・・・・・・・・・・・・・・・ *87*
演習問題 ・・・・・・・・・・・・・・・・・・・・・・・・ *88*

第4章　正則写像 ・・・・・・・・・・・・・・・・・・ *91*

§4.1　正則写像の局所的性質 ・・・・・・・・・・・・ *91*

§4.2　1次変換 ・・・・・・・・・・・・・・・・・・・・ *95*
　　（a）1次変換 ・・・・・・・・・・・・・・・・・・・・ *95*
　　（b）円円対応 ・・・・・・・・・・・・・・・・・・・・ *96*
　　（c）非調和比 ・・・・・・・・・・・・・・・・・・・・ *99*

§4.3　解析的自己同型 ・・・・・・・・・・・・・・・・ *100*
　　（a）単位開円板の解析的自己同型 ・・・・・・・・ *100*
　　（b）単位開円板上の双曲的距離 ・・・・・・・・・・ *102*

§4.4　Riemann の写像定理 ・・・・・・・・・・・・ *108*
　　（a）Montel の定理 ・・・・・・・・・・・・・・・・ *108*
　　（b）Riemann の写像定理 ・・・・・・・・・・・・ *109*
　　（c）境界の対応 ・・・・・・・・・・・・・・・・・・ *111*

§4.5　解析接続 ・・・・・・・・・・・・・・・・・・・・ *114*
　　（a）正則関数の Riemann 面 ・・・・・・・・・・・ *114*
　　（b）鏡像の原理 ・・・・・・・・・・・・・・・・・・ *120*

要　　約 ・・・・・・・・・・・・・・・・・・・・・・・・ *124*
演習問題 ・・・・・・・・・・・・・・・・・・・・・・・・ *124*

第5章　複素平面上の有理型関数 · · · · · · · · · · *127*

§5.1　因数分解定理 · · · · · · · · · · · · · · · · · · *127*
(a)　正則関数の無限乗積 · · · · · · · · · · · · · · *127*
(b)　Weierstrass の定理 · · · · · · · · · · · · · · · *130*
(c)　一般領域に対する Weierstrass の定理 · · · · · · · *132*

§5.2　Picard の定理 · · · · · · · · · · · · · · · · · *135*

§5.3　有理型関数の値分布 · · · · · · · · · · · · · · *144*
(a)　Nevanlinna の第 1 主定理 · · · · · · · · · · · · *144*
(b)　Nevanlinna の第 2 主定理 · · · · · · · · · · · · *148*

§5.4　楕円関数 · · · · · · · · · · · · · · · · · · · *153*
(a)　周期関数 · · · · · · · · · · · · · · · · · · · *153*
(b)　楕円関数 · · · · · · · · · · · · · · · · · · · *155*
(c)　Weierstrass の $\wp$ 関数 · · · · · · · · · · · · *159*

要　約 · *163*

演習問題 · *163*

現代数学への展望 · · · · · · · · · · · · · · · · · · · *165*
参考文献 · *169*
さらに学習するための参考書 · · · · · · · · · · · · · *171*
演習問題解答 · *173*
索　引 · *185*

1 正則関数

この章では，まず複素数や複素平面内の点集合および複素関数の連続性に関する基本的事項を復習し，複素関数の複素偏微分および複素微分を説明する．その後，正則関数の定義を述べ，Cauchy–Riemann の関係式およびその応用を与えると共に，正則関数の等角性について述べる．また，正則関数の重要な例として，指数関数，3角関数などの初等関数の基本的性質をみる．

§1.1 複素平面

(a) 複 素 数

複素数とは，$i^2=-1$ を満たす虚数単位 i，および 2 つの実数 x,y によって $x+iy$ の形で表される数である．しかし，この説明のみでは，i が数学的実体として捉えられず，それに y を掛けて x に加えることの意味がはっきりしない．ここで，数学的により正確な複素数の定義を述べておこう．

実数全体を習慣に従って $\mathbb{R}$ で表す．2 つの実数 x,y の組 (x,y) を考え，これを改めて $x+iy$ で表す．ここでは，$+i$ は，その前にある数が第 1 成分であり，その後にある数が第 2 成分であることを示す単なる記号と考える．$\mathbb{C}=\{x+iy\,;\,x,y\in\mathbb{R}\}$ とおく．$\mathbb{C}$ は，集合としては $\mathbb{R}^2=\{(x,y)\,;\,x,y\in\mathbb{R}\}$ と等しく，個々の元の表現が違うのみである．$\mathbb{C}$ の各元を**複素数**(complex number)と呼ぶ．そこで，2 つの元 $z_1=x_1+iy_1,\ z_2=x_2+iy_2\in\mathbb{C}$ に対し，これらの和

差, 積, 商を
$$z_1 \pm z_2 = x_1 \pm x_2 + i(y_1 \pm y_2)$$
$$z_1 z_2 = x_1 x_2 - y_1 y_2 + i(y_1 x_2 + x_1 y_2)$$
$$\frac{z_1}{z_2} = \frac{x_1 x_2 + y_1 y_2}{x_2^2 + y_2^2} + i\frac{y_1 x_2 - x_1 y_2}{x_2^2 + y_2^2} \quad (\text{ただし}, z_2 \neq 0)$$

と定義する．このとき，$\mathbb{C}$ は体をなす．実際，$0+i0, 1+i0$ のそれぞれを改めて $0,1$ で表し，$-c = 0-c$ とおけば，次の諸公式が成り立つ．

[加法の結合則・交換則]　　　$(a+b)+c = a+(b+c), a+b = b+a$
[乗法の結合則・交換則]　　　$(ab)c = a(bc), ab = ba$
[加法・乗法の単位元の存在]　$c+0 = c, c \cdot 1 = c$
[加法・乗法の逆元の存在]　　$c+(-c) = 0, c \cdot (1/c) = 1 \ (c \neq 0)$
[分配則]　　　　　　　　　　$a(b+c) = ab + ac$

問 1　上述の諸公式を定義に即して証明せよ．

そこで，各実数 $x \in \mathbb{R}$ を $f(x) = x+i0 \in \mathbb{C}$ に写す写像 $f: \mathbb{R} \to \mathbb{C}$ を考える．明らかに，f は単射，すなわち，異なる $x,y \in \mathbb{R}$ に対し，$f(x) \neq f(y)$ である．また，任意の実数 x,y に対し，$f(x \pm y) = f(x) \pm f(y), f(xy) = f(x)f(y)$ が成り立ち，f は，2つの体 $\mathbb{R}$ と $f(\mathbb{R})$ との間の同型写像を与える．$i = 0+i1$ とおくと，
$$f(x) + if(y) = (x+i0) + (0+i1)(y+i0) = (x+i0) + (0+iy) = x+iy$$
これは，x と $f(x)$ を同一視し，i を i と置き換えても混乱が生じないことを示している．このような同一視を行うとき，虚数単位 i は，
$$i^2 = (0+i1)(0+i1) = -1+i0 = -1$$
を満たす数である．$x+iy$ は，実数の組 (x,y) を表す単なる記号ではなく，x に i と y の積を加えた数を表すことになる．また，$\mathbb{R}$ は $\mathbb{C}$ の部分体とみなされる．

(b) 複素平面

各複素数 $z=x+iy$ を x,y 平面上の点 (x,y) で表示すれば，平面 $\mathbb{R}^2$ は，複素数全体を表すものとみなされる．このような平面は，**複素平面**(complex number plane)または **Gauss 平面**(Gaussian plane)と呼ばれている．この平面で x 軸は実数全体を表し，y 軸は純虚数全体，すなわち $\{iy; y\in\mathbb{R}\}$ を表す．前者は**実軸**(real axis)，後者は**虚軸**(imaginary axis)と呼ばれる．

複素数 $z=x+iy$ に対し，z の**共役**(conjugate)は，$\bar{z}=x-iy=x+i(-y)$ で与えられる．複素平面上でみれば，$\bar{z}$ は実軸に関して z に対称な点である．容易に見られるように次が成り立つ．

命題 1.1

(i) $\bar{\bar{z}}=z$

(ii) $\overline{z_1\pm z_2}=\bar{z}_1\pm\bar{z}_2,\quad \overline{z_1 z_2}=\bar{z}_1\bar{z}_2,\quad \overline{\left(\dfrac{z_1}{z_2}\right)}=\dfrac{\bar{z}_1}{\bar{z}_2}$ （ただし，$z_2\neq 0$） □

複素数 $z=x+iy$ の

実部(real part)　　$\mathrm{Re}\,z=x=(z+\bar{z})/2$,

虚部(imaginary part)　　$\mathrm{Im}\,z=y=(z-\bar{z})/2i$　　および

絶対値(absolute value)　　$|z|=\sqrt{x^2+y^2}=\sqrt{z\bar{z}}$

に対し，次が成り立つ．

命題 1.2

(i) $|z_1 z_2|=|z_1||z_2|,\quad \left|\dfrac{z_1}{z_2}\right|=\dfrac{|z_1|}{|z_2|}$ （ただし，$z_2\neq 0$）

(ii) $\max(|\mathrm{Re}\,z|,|\mathrm{Im}\,z|)\leqq|z|\leqq|\mathrm{Re}\,z|+|\mathrm{Im}\,z|$

(iii) $|z_1+z_2|\leqq|z_1|+|z_2|$

[証明] (i)の前半は，等式 $|z_1 z_2|^2=z_1 z_2\overline{z_1 z_2}=z_1\bar{z}_1 z_2\bar{z}_2=|z_1|^2|z_2|^2$ による．後半も同様に示される．(ii)は定義から明らかである．(iii)は，
$$|z_1+z_2|^2=(z_1+z_2)(\bar{z}_1+\bar{z}_2)=|z_1|^2+2\mathrm{Re}(z_1\bar{z}_2)+|z_2|^2$$
$$\leqq|z_1|^2+2|z_1||z_2|+|z_2|^2=(|z_1|+|z_2|)^2$$
から導かれる． ∎

$z\neq 0$ に対し，半直線 $\{x\in\mathbb{R}; x>0\}$ から，0 から出て z を通る半直線まで

の(符号付けられた)角 θ を，z の**偏角**(argument)と言い，$\arg z$ で表す．ここで，θ の取り方は，2π の整数倍を加える自由度があり一意的ではない．従って，$\arg z$ は無限多価な，すなわち，各 z に無限集合を対応させるような関数である．$\arg z$ は，無限個の値のうちの任意に選ばれた 1 つの値を表すこともあれば，適当に選ばれた 1 つを表すこともある．そのどちらを意味するかは，文脈の中で理解されたい．$r=|z|$, $\theta=\arg z$ とおくと，$\operatorname{Re} z=r\cos\theta$, $\operatorname{Im} z=r\sin\theta$ が成り立ち，z は，

$$(1.1) \qquad z = r(\cos\theta + i\sin\theta)$$

と表示され，これを z の**極表示**，または**極形式**(polar form)と言う．

ここで，複素数の演算の幾何学的意味を見ておこう．複素数 z_1, z_2 を複素平面上のベクトルとみるとき定義から明らかなように，和 z_1+z_2, 差 z_1-z_2 は，それぞれ，ベクトルとしての和差を意味する．

次に，$z=x+iy$ に，$c=a+ib$ を掛ける意味を述べる．$c=0$ のときは，つねに $cz=0$ だから説明を要しない．$c\neq 0$ と仮定し，$cz=x'+iy'$ とおく．積の定義により，$x'=ax-by$, $y'=bx+ay$ が成り立つ．$r=|c|$, $\theta=\arg c$ とおけば，行列表示

$$(1.2) \qquad \begin{pmatrix} x' \\ y' \end{pmatrix} = \begin{pmatrix} a & -b \\ b & a \end{pmatrix} \begin{pmatrix} x \\ y \end{pmatrix} = r \begin{pmatrix} \cos\theta & -\sin\theta \\ \sin\theta & \cos\theta \end{pmatrix} \begin{pmatrix} x \\ y \end{pmatrix}$$

を得る．これは，ベクトル (x,y) を (x',y') に移す写像が，角 θ の回転と，実数 r のスカラー倍の合成であることを示している．例えば，i 倍をすることは，角 $\pi/2$ の回転を行うことであり，i^2 倍することは，角 π の回転，従って -1 倍することと同じである．これは，等式 $i^2=-1$ にひとつの幾何学的意味を与える．また，$1/c$ を掛ける演算は，等式 $c\cdot(1/c)=1$ から分かるように，c 倍をする演算の逆演算であり，角 $-\arg c$ の回転と，$1/|c|$ のスカラー倍の合成である．

0 でない複素数 z_1, z_2 に対し，$z_1 z_2$ を掛ける演算を，z_2 を掛ける演算と z_1 を掛ける演算の合成とみれば，角 $\arg z_1 + \arg z_2$ の回転と，$|z_1||z_2|$ のスカラー倍の合成と見なせる．これより，命題 1.2(i) の幾何学的意味が分かると共に，次の等式の成立が了解されるであろう．

命題 1.3　0 でない複素数 z_1, z_2 に対し，
$$\arg(z_1 z_2) = \arg z_1 + \arg z_2, \quad \arg(z_1/z_2) = \arg z_1 - \arg z_2 \qquad \square$$

注意　命題 1.3 における等式のより正確な意味は，右辺の各項の値を任意に取って加えれば，左辺のどれかの値と一致し，左辺のどの値も右辺の各項のどれかの値の和として表されることを示す．

ここで，上述の議論に出た行列 $\begin{pmatrix} a & -b \\ b & a \end{pmatrix}$ の幾何学的特徴付けを与えよう．

命題 1.4　行列表示 $\begin{pmatrix} x' \\ y' \end{pmatrix} = \begin{pmatrix} a & c \\ b & d \end{pmatrix} \begin{pmatrix} x \\ y \end{pmatrix}$ で与えられる線形写像 $L \colon \mathbb{R}^2 \to \mathbb{R}^2$ に対し，$ad-bc \neq 0$ のとき，次は同値である．

(i)　$a = d, \ b = -c$.

(ii)　任意のベクトル $X, Y \in \mathbb{R}^2 - \{0\}$ に対し，$L(X)$ から $L(Y)$ に向かう（向きづけられた）角が，X から Y に向かう角に等しい．

(iii)　$ad - bc > 0$，かつ，ある正数 C に対し，$|L(X)| = C|X|$ $(X \in \mathbb{R}^2)$.

ここで，$|X|$ はベクトル X の大きさを示す．

[証明]

(i) $\Rightarrow$ (ii)　(i) を仮定し，$a + ib = r(\cos\theta + i\sin\theta)$ $(r > 0, \ \theta \in \mathbb{R})$ とおくと，L は (1.2) で表され，角 θ の回転とスカラー r 倍の変換の合成であり，ベクトルの間の（向きづけられた）角が保たれる．

(ii) $\Rightarrow$ (i)　(ii) を仮定するとき，$X_1 = (1, 0)$ を $\pi/2$ 回転すると $Y_1 = (0, 1)$ が得られることから，$L(X_1) = (a, b)$ を $\pi/2$ 回転してできるベクトル $(-b, a)$ と $L(Y_1) = (c, d)$ は同じ偏角をもつ．従って，$(c, d) = \lambda(-b, a)$, すなわち，$c = -\lambda b, \ d = \lambda a$ を満たす正数 λ が存在する．一方，$X_2 = (1, 1)$ と $Y_2 = (1, -1)$ が直交するゆえ，$L(X_2) = (a+c, b+d)$ と $L(Y_2) = (a-c, b-d)$ も直交する．これより，$a^2 - c^2 + b^2 - d^2 = (1 - \lambda^2)(a^2 + b^2) = 0$ が得られ，$\lambda = 1$, 従って，$a = d, \ b = -c$ が成り立つ．

(i) $\Rightarrow$ (iii)　(i) が成り立つとき，$ad - bc = a^2 + b^2 > 0$. また，$C = \sqrt{a^2 + b^2}$ とおくと，$X = (x, y)$ に対し，
$$|L(X)|^2 = (ax - by)^2 + (bx + ay)^2 = (a^2 + b^2)(x^2 + y^2) = C^2 |X|^2$$

(iii) ⇒ (i) (iii)を仮定すると，上述のベクトル X_j, Y_j $(j=1,2)$ に対し，$|X_j|=|Y_j|$ より，$|L(X_j)|=|L(Y_j)|$ が得られる．従って，$a^2+b^2=c^2+d^2$, $ac+bd=0$. これより，行列 $A = \begin{pmatrix} a & c \\ b & d \end{pmatrix}$ に対し，

$$ {}^t\!AA = \begin{pmatrix} a^2+b^2 & ac+bd \\ ac+bd & c^2+d^2 \end{pmatrix} = (a^2+b^2) \begin{pmatrix} 1 & 0 \\ 0 & 1 \end{pmatrix} $$

が成り立つ．このとき，$|A|^2=(a^2+b^2)^2$ と $|A|>0$ から，$|A|=a^2+b^2$.

$$ \begin{pmatrix} a & b \\ c & d \end{pmatrix} = {}^t\!A = (a^2+b^2)A^{-1} = \begin{pmatrix} d & -c \\ -b & a \end{pmatrix} $$

から，$a=d$, $b=-c$ が帰結される． ∎

§1.2 複素関数

(a) 複素平面内の点集合

前節で述べたように，複素数全体は平面と同一視してよい．2つの複素数 z_1 と z_2 の間の距離は $|z_1-z_2|$ で与えられ，命題 1.2(iii)により，3角不等式

$$ |z_1-z_3| \leqq |z_1-z_2|+|z_2-z_3| \quad (z_1,z_2,z_3 \in \mathbb{C}) $$

が成り立つ．複素数列は平面内の点列とみなされ，点列に関する諸概念はそのまま数列に関する概念に置き換えられる．例えば，複素数列 $\{z_n\}_{n=1}^{\infty}$ が $a \in \mathbb{C}$ に収束するとは，$\lim_{n\to\infty}|z_n-a|=0$ を意味する．

命題 1.5

(i) $\lim_{n\to\infty} z_n = a$ である必要かつ十分な条件は，
$$ \lim_{n\to\infty} \operatorname{Re} z_n = \operatorname{Re} a, \qquad \lim_{n\to\infty} \operatorname{Im} z_n = \operatorname{Im} a $$

(ii) $\lim_{n\to\infty} z_n = c$ および $\lim_{n\to\infty} w_n = d$ のとき，
$$ \lim_{n\to\infty}(z_n \pm w_n) = c \pm d, \qquad \lim_{n\to\infty}(z_n w_n) = cd $$
特に $d \neq 0$ のとき，$\lim_{n\to\infty} \dfrac{z_n}{w_n} = \dfrac{c}{d}$.

(iii) $\{z_n\}_{n=1}^{\infty}$ が収束することは，$\lim_{m,n\to\infty}|z_m-z_n|=0$, すなわち
$$ \lim_{k\to\infty} \sup\{|z_m-z_n|;\ m,n \geqq k\} = 0 $$
に同値である．

[証明] 実数の場合の対応する性質は既知とする．(i)は，不等式
$$\max(|\operatorname{Re}(z_n-a)|,|\operatorname{Im}(z_n-a)|) \leqq |z_n-a| \leqq |\operatorname{Re}(z_n-a)|+|\operatorname{Im}(z_n-a)|$$
による．(ii)および(iii)は，各項の実部および虚部を，z_n, w_n それぞれの実部および虚部を使って書き表し，実数の場合に帰着させればよい． ∎

$\sup\{|z_n|; n=1,2,\cdots\} < +\infty$ を満たす数列 $\{z_n\}$ は**有界数列**(bounded sequence)と呼ばれる．有界数列は複素平面内の有界点列と同一視される．平面上の点列に関する Bolzano–Weierstrass の定理より，次が成り立つ．

定理 1.6 任意の有界数列は収束部分列をもつ． ∎

複素平面内の点 a および正数 r に対し，
$$\Delta_r(a) = \{z; |z-a| < r\}$$
を，a を中心とする半径 r の**開円板**(open disk)と呼ぶ．特に，$a=0$ や $r=1$ のとき，$\Delta_r = \Delta_r(0)$，$\Delta = \Delta_1$ と略記し，Δ を**単位(開)円板**(unit disk)と呼ぶ．

複素平面 $\mathbb{C}$ の部分集合 A および点 $a \in \mathbb{C}$ に対し，$\Delta_r(a) \subset A$ を満たす開円板が存在するとき，a は A の**内点**(interior point)と呼び，A の内点の全体を A^o で表して A の**内部**(interior)と呼ぶ．また，$\mathbb{C}-A$ の内点を A の**外点**(exterior point)と呼び，外点の全体を A^e で表して A の**外部**(exterior)と呼ぶ．A の内点でも外点でもない点は，A の**境界点**(boundary point)と言う．A の境界点の全体を ∂A で表し，A の**境界**(boundary)と呼ぶ．A^o, A^e および ∂A は，互いに交わることなく，$\mathbb{C} = A^o \cup A^e \cup \partial A$ が成り立つ．$A \cup \partial A$ を A の**閉包**(closure)と言い，$\overline{A}$ で表す．集合 A が，$\overline{A} \subseteq A$ を満たすとき**閉集合**(closed set)と言い，$A \subseteq A^o$ を満たすとき**開集合**(open set)という．容易にわかるように，開円板 $\Delta_r(a)$ は開集合である．

A に含まれる数列 $\{z_n\}$ が a に収束するとき，a は A の外点ではあり得ない．従って，$a \in \overline{A}$．特に，A が閉集合のとき，$a \in A$ である．逆に，A に含まれる任意の収束数列の極限値が A に含まれるならば，A は閉集合である．

問 2 次を示せ．
(i) 閉集合の補集合は開集合であり，開集合の補集合は閉集合である．(ii) 任

意の集合の内部は開集合である．(iii) 任意の集合の閉包は閉集合である．

問3 次を示せ．
(i) O_1, O_2 が開集合であるとき，$O_1 \cap O_2$ も開集合である．(ii) 開集合族 $\{O_\alpha; \alpha \in A\}$ に対し，$\bigcup_{\alpha \in A} O_\alpha$ も開集合である．(iii) F_1, F_2 が閉集合であるとき，$F_1 \cup F_2$ も閉集合である．(iv) 閉集合族 $\{F_\alpha; \alpha \in A\}$ に対し，$\bigcap_{\alpha \in A} F_\alpha$ も閉集合である．

$a \in \overline{A - \{a\}}$ を満たす点 a を A の**集積点**(accumulation point)と言い，集積点でない A の点を A の**孤立点**(isolated point)と言う．また，集合 A に対し，$\sup\{|z|; z \in A\} < +\infty$ のとき，A は**有界集合**(bounded set)であると言う．また，$\mathrm{diam}\, A = \sup\{|z - z'|; z, z' \in A\}$ とおき，この値を A の**直径**(diameter)と呼ぶ．

命題1.7 有界閉集合列 $\{E_n; n = 1, 2, \cdots\}$ に対し，$E_n \neq \emptyset$ かつ $E_n \supseteq E_{n+1}$ $(n = 1, 2, \cdots)$ のとき，$E = \bigcap_{n=1}^{\infty} E_n$ は空集合ではあり得ない．
特に，$\lim_{n \to \infty} \mathrm{diam}\, E_n = 0$ のとき，E は1点のみからなる．

[証明] 各 E_n 内に1点 z_n を任意にとる．数列 $\{z_n\}$ は有界数列であり，定理1.6により，ある点 a に収束する部分列 $\{z_{n_k}\}$ が存在する．各 k に対し，$E_k \supseteq E_{n_k} \supseteq \{z_{n_\ell}; \ell = k, k+1, \cdots\}$ であり，E_k が閉集合ゆえ，$a = \lim_{k \to \infty} z_{n_k} \in E_k$ を得る．これより $a \in E$ となり，$E \neq \emptyset$ である．もし，E が異なる2点 a, b を含むと，任意の n に対し，$\mathrm{diam}\, E_n \geq |a - b|\, (> 0)$ が言え，$\lim_{n \to \infty} \mathrm{diam}\, E_n = 0$ ではあり得ないゆえ，後半が言える． ∎

実軸内の閉区間 $[\sigma, \tau]$ から領域 D への写像
$$(1.3) \qquad \Gamma : z = z(t) \quad (\sigma \leq t \leq \tau)$$
を考える．$x(t) = \mathrm{Re}\, z(t)$ および $y(t) = \mathrm{Im}\, z(t)$ が共に連続なとき，Γ を D 内の**連続曲線**(continuous curve)と言い，$z(\sigma)$ を Γ の**始点**(initial point)，$z(\tau)$ を**終点**(terminal point)と言う．また，$x(t), y(t)$ が共に $[\sigma, \tau]$ 上で C^1 級で，$(x'(t), y'(t)) \neq (0, 0)\, (t \in [\sigma, \tau])$ のとき，Γ を**正則曲線**(regular curve)と呼ぶ．ここで，閉区間 $[\sigma, \tau]$ 上で C^1 級とは，開区間 (σ, τ) 上では通常の微分が存在し，両端では対応する片側微分が存在し，各点でこれらの値をとる $[\sigma, \tau]$

上の関数が連続であることを意味する．連続曲線(1.3)に対し，その定義域 $[\sigma,\tau]$ の分割
$$\sigma = t_0 < t_1 < \cdots < t_{n-1} < t_n = \tau$$
で，$z(t)$ の各 $[t_{i-1}, t_i]$ $(1 \leqq i \leqq n)$ への制限が正則曲線となるようなものが存在するとき，$\varGamma$ を，**区分的に滑らかな曲線**(piecewise smooth curve)と言う．本書では，時にはこれを略して **PS 曲線**と呼ぶことにする．

複素平面内の連結開集合を**領域**(domain)という．ここで，集合 A が**連結**(connected)とは，条件

(C) $A \subseteqq O_1 \cup O_2$, $A \cap O_1 \cap O_2 = \varnothing$, $A \cap O_1 \neq \varnothing$, $A \cap O_2 \neq \varnothing$

を満たす開集合 O_1, O_2 が存在しないことを意味する．

問4 開(閉)集合 A が連結であることは，条件
$$A = A_1 \cup A_2, \ A_1 \cap A_2 = \varnothing, \ A_1 \neq \varnothing, \ A_2 \neq \varnothing$$
を満たす開(閉)集合 A_1, A_2 が存在しないことと同値であることを示せ．

命題 1.8 領域 D に対し，D 内の任意の 2 点 a, b について，a を始点，b を終点とし D に含まれる，区分的に滑らかな曲線が存在する．

[証明] a を始点とし z を終点とする PS 曲線が D 内に存在するような点 $z \in D$ の全体が作る集合 O_1 を考え，$O_2 = D - O_1$ とおく．点 $z \in D$ を任意にとる．D は開集合ゆえ，$\varDelta_r(z) \subset D$ を満たす正数 r がとれる．$\varDelta_r(z)$ 内の任意の点 z' に対し，z と z' を結ぶ線分 $\overrightarrow{zz'}$ は $\varDelta_r(z)$ に含まれる．もし，$z \in O_1$ なら，a と z を結ぶ D 内の PS 曲線が存在し，これと $\overrightarrow{zz'}$ をつないだものを考えることにより，$z' \in O_1$ が言える．また，もし $z \in O_2$ なら，z' も O_2 の元である．なぜなら，z' と a が PS 曲線でつなげるとき，これに $\overrightarrow{z'z}$ をつないで，a と z をつなぐことができるからである(図 1.1)．

以上のことから，$z \in O_1$ なら $\varDelta_r(z) \subset O_1$, $z \in O_2$ なら $\varDelta_r(z) \subset O_2$ が言える．これは，O_1, O_2 が共に開集合であることを示す．
$$D = O_1 \cup O_2, \ O_1 \cap O_2 = \varnothing, \ O_1 \neq \varnothing$$
が成り立つゆえ，D の連結性から，$O_2 = \varnothing$, 従って，$D = O_1$ でなければな

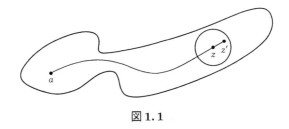

図 1.1

らない．これより，命題 1.8 が成り立つ． ∎

(b) 連続関数

以下では，主として複素関数，すなわち複素変数複素数値関数を扱う．単に関数と言った場合は，複素関数を意味することにする．

複素平面内の集合 A に対し，A 上の関数 $w = f(z)$ を考える．

定義 1.9 A の集積点 a および $c \in \mathbb{C}$ に対し，
$$\lim_{z \to a} f(z) = c$$
とは，$\inf_{\delta > 0} \sup\{|f(z) - c|\, ;\, 0 < |z - a| < \delta,\ z \in A\} = 0$ を意味する． □

容易に示されるように，次が成り立つ．

命題 1.10 $\lim_{z \to a} f(z) = c$ は，$z_n \ne a$ かつ $\lim_{n \to \infty} z_n = a$ を満たす D 内の任意の数列 $\{z_n\}$ に対し，$\lim_{n \to \infty} f(z_n) = c$ が成り立つことに同値である． □

例 1.11 $\lim_{z \to 0} \dfrac{\overline{z}}{z}$ は存在しない．

なぜなら，$z_n = 1/n\ (n = 1, 2, \cdots)$ とおくと，$\{z_n\}$ は $z_n \ne 0$，$\lim_{n \to \infty} z_n = 0$ を満たす数列であり，$\lim_{n \to \infty} \dfrac{\overline{z_n}}{z_n} = 1$ が成り立つ．一方，$z_n' = i/n\ (n = 1, 2, \cdots)$ とおけば，$\{z_n'\}$ も，$z_n' \ne 0$，$\lim_{n \to \infty} z_n' = 0$ を満たし，$\lim_{n \to \infty} \dfrac{\overline{z_n'}}{z_n'} = -1$ が成り立つ．これは，命題 1.10 の条件を満たすような数 c が存在しないことを示す． □

命題 1.10 および命題 1.5 により，次が成り立つ．

命題 1.12 複素関数 f, g および定数 c, d に対し，以下の関係式の右辺が存在すれば左辺も存在して両者は等しい．

(i) $\lim_{z \to a}(cf(z) + dg(z)) = c \lim_{z \to a} f(z) + d \lim_{z \to a} g(z)$

(ii) $\lim_{z \to a} f(z)g(z) = \lim_{z \to a} f(z) \lim_{z \to a} g(z)$

(iii) 特に，$\lim_{z \to a} g(z) \neq 0$ のとき，$\lim_{z \to a} \dfrac{f(z)}{g(z)} = \dfrac{\lim_{z \to a} f(z)}{\lim_{z \to a} g(z)}$ □

定義 1.13 集合 A 上の複素関数 $w = f(z)$ が，点 $a \in A$ で**連続**(continuous)とは，a が A の孤立点であるか，そうでなければ，$\lim_{z \to a} f(z) = f(a)$ を満たすことを意味する．また，A のすべての点で連続なとき，f を A 上の**連続関数**(continuous function)という． □

命題 1.10 より，f が a で連続であることは，$\lim_{n \to \infty} z_n = a$ を満たす任意の A 内の数列 $\{z_n\}$ に対し，$\lim_{n \to \infty} f(z_n) = f(a)$ が成り立つことと同値である．

連続の定義と命題 1.12 から，次の命題を得る．

命題 1.14 連続関数 f, g に対し，$f \pm g$，fg もまた連続である．また，$g(z) = 0$ となる点を除いて，f/g も連続である． □

また，命題 1.5(i) により次の命題が成り立つ．

命題 1.15 複素関数 f が連続ならば，実関数 $u = \mathrm{Re}\, f$ および $v = \mathrm{Im}\, f$ も共に連続であり，その逆も成り立つ． □

複素関数を実部，虚部に分けて考えることにより，実数値連続関数の性質から，複素数値連続関数の性質を導くことができる．

集合 A 上の関数 f が，
$$\lim_{\delta \to 0} \sup\{|f(z) - f(z')|\,;\, |z - z'| \leq \delta,\, z, z' \in A\} = 0$$
を満たすとき，A で**一様連続**(uniformly continuous)であると言う．実数値関数の場合と同様に，有界閉集合 E 上の連続関数は，E 上で一様連続である．

(c) 連続関数列の極限

複素平面内の集合 A 上の関数 f に対し，
$$\|f\|_A = \sup\{|f(z)|\,;\, z \in A\} \quad (\leq +\infty)$$
とおく．容易に示されるように，次が成り立つ．

命題 1.16 関数 f, g および定数 c に対し，$c \neq 0$ または $\|f\|_A < +\infty$ のとき，

$$\|cf\|_A = |c|\|f\|_A, \qquad \|f+g\|_A \leq \|f\|_A + \|g\|_A \qquad \square$$

定義 1.17 A 上の関数列 $\{f_n\}_{n=1}^{\infty}$ が，A 上で関数 f に**一様収束**(uniform convergence)するとは，
$$\lim_{n\to\infty} \|f_n - f\|_A = 0$$
が成り立つことである． $\square$

定義から明らかなように，A 上で $\{f_n\}$ が f に一様収束すれば，任意の $z \in A$ に対し，$\lim_{n\to\infty} f_n(z) = f(z)$ である．

命題 1.18 関数列 $\{f_n\}$ が，集合 A 上で一様収束する必要かつ十分な条件は，
$$\lim_{m,n\to\infty} \|f_m - f_n\|_A = 0$$
が成り立つことである．

[証明] この条件が必要なことは，
$$\|f_m - f_n\|_A \leq \|f_m - f\|_A + \|f - f_n\|_A$$
より明らかである．一方，この条件を仮定すると，任意の点 $z \in A$ に対し
$$\lim_{m,n\to\infty} |f_m(z) - f_n(z)| \leq \lim_{m,n\to\infty} \|f_m - f_n\|_A = 0$$
命題 1.5 により $\{f_n(z)\}$ は収束する．この極限値を $f(z)$ とする．$m > n$ に対し，
$$|f_m(z) - f_n(z)| \leq \|f_m - f_n\|_A \leq \sup\{\|f_m - f_{m'}\|_A ; m, m' \geq n\}$$
この最右辺を c_n とおき，$m \to \infty$ とすると，$|f_n(z) - f(z)| \leq c_n$ を得る．従って，$\|f_n - f\|_A \leq c_n$. $\lim_{n\to\infty} c_n = 0$ より，A 上で $\{f_n\}$ は f に一様収束する． ∎

定義 1.19 領域 D 上の関数列 $\{f_n\}$ が，D 上で関数 f に**局所一様収束**(local uniform convergence)するとは，任意の点 $a \in D$ に対し，a のある近傍 $U(\subset D)$ 上で $\{f_n\}$ が f に一様収束することである． $\square$

$\{f_n\}$ が D 上で関数 f に局所一様収束する必要かつ十分な条件は，任意の D 内の有界閉集合 E 上で $\{f_n\}$ が f に一様収束することである．

なぜなら，十分条件であることは，D 上の各点が D の有界閉部分集合であるような近傍を持つことによる．また，ある有界閉集合 $E(\subset D)$ に対し，$\limsup_{n\to\infty} \|f_n - f\|_E > 0$ とすると，$\{f_n\}$ の部分列 $\{f_{n_k}\}$，E 内の数列 $\{z_k\}$ および正数 δ で，$|f_{n_k}(z_k) - f(z_k)| \geq \delta$ を満たすものが存在する．定理 1.6 によっ

て，必要なら部分列とおきかえて，$\{z_k\}$ が点 $a \in E$ に収束するとしてよい．このとき，a のどのような近傍 U をとっても，$\limsup_{n \to \infty} \|f_n - f\|_U \neq 0$ である．

命題 1.20　領域 D 上の連続関数列 $\{f_n\}$ の局所一様収束極限 f は D 上連続である．

［証明］　仮定から，任意の $a \in D$ に対し，a のある近傍 U 上で，$\{f_n\}$ は f に一様収束する．このとき，任意の $z \in U$ について，

$$|f(z) - f(a)| \leq |f(z) - f_n(z)| + |f_n(z) - f_n(a)| + |f_n(a) - f(a)|$$
$$\leq \|f - f_n\|_U + |f_n(z) - f_n(a)| + |f_n(a) - f(a)|$$

任意に n を固定するとき，$\limsup_{z \to a} |f_n(z) - f_n(a)| = 0$ より，

$$\limsup_{z \to a} |f(z) - f(a)| \leq \|f - f_n\|_U + |f_n(a) - f(a)|$$

を得る．ここで $n \to \infty$ とすれば，$\limsup_{z \to a} |f(z) - f(a)| = 0$ が言える． ∎

集合 A 上の関数からなる関数項級数 $\sum_{n=1}^{\infty} f_n(z)$ を考える．部分和 $S_n(z) = \sum_{k=1}^{n} f_k(z)$ が，A 上で関数 $S(z)$ に一様収束するとき，$\sum_{n=1}^{\infty} f_n(z)$ が和 $S(z)$ に A 上一様収束すると言う．

上述の議論から分かるように，各 f_n が連続のとき，その一様収束和 $S(z)$ も連続である．また，$\sum_{n=1}^{\infty} f_n(z)$ が一様収束する必要かつ十分な条件は，

$$\lim_{k \to \infty} \sup \left\{ \left\| \sum_{\ell=m}^{n} f_\ell \right\|_A ; n > m \geq k \right\} = 0$$

命題 1.21（Weierstrass の定理）　実数列 $\{c_n\}$ で

$$\|f_n\|_A \leq c_n, \qquad \sum_{n=1}^{\infty} c_n < +\infty$$

を満たすものが存在するとき，$\sum_{n=1}^{\infty} f_n(z)$ は，A 上で一様収束する．

［証明］　任意の $m < n$ に対し，

$$\left\| \sum_{k=m}^{n} f_k \right\|_A \leq \sum_{k=m}^{n} \|f_k\|_A \leq \sum_{k=m}^{n} c_k$$

が成り立ち，$m, n \to \infty$ とすると，この最右辺が 0 に収束することによる． ∎

§1.3 複素偏微分

(a) 変数 z および $\bar{z}$ に関する偏微分

領域 D 上の関数 $w = f(z)$ に対し，$u = \mathrm{Re}\, f$, $v = \mathrm{Im}\, f$ を，2 実変数 $x = \mathrm{Re}\, z$ および $y = \mathrm{Im}\, z$ の関数とみて，共に偏微分可能のとき，f は**偏微分可能**(partially differentiable)であると言い，f の x, y に関する**偏微分**(partial differential)を

$$\frac{\partial f}{\partial x} = \frac{\partial u}{\partial x} + i\frac{\partial v}{\partial x}, \quad \frac{\partial f}{\partial y} = \frac{\partial u}{\partial y} + i\frac{\partial v}{\partial y}$$

によって定義する．また，u, v が 2 実変数 x, y の C^k 級の関数であるとき，f が C^k 級であると言い，u, v が共に全微分可能のとき，f は**全微分可能**(totally differentiable)と呼ぶ．定義により，$f(z) = u(x,y) + iv(x,y)$ が $a = x_0 + iy_0 \in D$ で全微分可能とは，0 に十分近い $x + iy$ に対し，

(1.4)
$$u(x_0+x, y_0+y) = u(x_0, y_0) + Ax + Cy + \varepsilon_1(x,y)$$
$$v(x_0+x, y_0+y) = v(x_0, y_0) + Bx + Dy + \varepsilon_2(x,y)$$
$$\lim_{x \to x_0, y \to y_0} \frac{\varepsilon_j(x,y)}{\sqrt{x^2+y^2}} = 0 \quad (j=1,2)$$

を満たす実数値関数 $\varepsilon_j(x,y)$ $(j=1,2)$ および実定数 A, B, C, D が存在することを意味する．ここで，

$$A = u_x,\ B = v_x,\ C = u_y,\ D = v_y$$

が成り立つ．

次に(1.4)の複素数を使った書き換えを考える．

命題 1.22 関数 f が点 a で全微分可能である必要かつ十分な条件は，

(1.5) $$f(a+z) = f(a) + \alpha z + \beta \bar{z} + \varepsilon(z), \quad \lim_{z \to a} \frac{\varepsilon(z)}{z} = 0$$

を満たす原点の近くでの関数 $\varepsilon(z)$ および定数 α, β が存在することである．

ここで，(1.5)を満たす α, β は一意的に決まり，

$$\text{(1.6)} \qquad \alpha = \frac{1}{2}\left(\frac{\partial f}{\partial x} - i\frac{\partial f}{\partial y}\right) = \frac{1}{2}(u_x + v_y + i(v_x - u_y))$$

$$\text{(1.7)} \qquad \beta = \frac{1}{2}\left(\frac{\partial f}{\partial x} + i\frac{\partial f}{\partial y}\right) = \frac{1}{2}(u_x - v_y + i(v_x + u_y))$$

で与えられる.

[証明] 条件が十分であることは, $\alpha = c+id$, $\beta = c'+id'$, $\varepsilon(z) = \varepsilon_1(x,y) + i\varepsilon_2(x,y)$ とおき, (1.5)に代入して, 実部, 虚部それぞれをみると, $A = c + c'$, $B = d+d'$, $C = d'-d$, $D = c-c'$ として(1.4)が成り立つことからわかる.

逆に(1.4)を仮定し, この第1式に第2式の i 倍を加えると,
$$f(a+z) = f(a) + (A+iB)x + (C+iD)y + \varepsilon_1 + i\varepsilon_2$$
を得る. これに, $x = (z+\bar{z})/2$, $y = (z-\bar{z})/2i$ を代入して整理すれば,
$$\alpha = \frac{1}{2}(A+D+i(B-C)), \quad \beta = \frac{1}{2}(A-D+i(B+C))$$
とおいて, (1.5)を得る. また, この形から, (1.6), (1.7)が成り立つ.

最後に, (1.5)を満たすような定数 α, β の一意性を示そう.
$$\tilde{\alpha}z + \tilde{\beta}\bar{z} + \tilde{\varepsilon}(z) = \alpha z + \beta \bar{z} + \varepsilon(z), \quad \lim_{z\to 0}\frac{\tilde{\varepsilon}(z)}{z} = \lim_{z\to 0}\frac{\varepsilon(z)}{z} = 0$$
を満たす $\alpha, \beta, \tilde{\alpha}, \tilde{\beta}, \varepsilon(z), \tilde{\varepsilon}(z)$ を考える. $\tilde{\beta} \neq \beta$ とすると, $z \to 0$ のとき, 等式
$$(\tilde{\beta} - \beta)\frac{\bar{z}}{z} = \alpha - \tilde{\alpha} - \frac{\varepsilon(z)}{z} - \frac{\tilde{\varepsilon}(z)}{z}$$
の右辺は $\alpha - \tilde{\alpha}$ に収束するが, 例1.11によって, 左辺の極限値は存在しない. 従って, $\beta = \tilde{\beta}$ である. このとき, $\alpha = \tilde{\alpha}$ も言える. ∎

定義 1.23 偏微分可能な関数 f に対し, f の z および $\bar{z}$ に関する偏微分を, それぞれ(1.6)および(1.7)で定義する. すなわち,
$$f_z = \frac{\partial f}{\partial z} = \frac{1}{2}\left(\frac{\partial f}{\partial x} - i\frac{\partial f}{\partial y}\right), \quad f_{\bar{z}} = \frac{\partial f}{\partial \bar{z}} = \frac{1}{2}\left(\frac{\partial f}{\partial x} + i\frac{\partial f}{\partial y}\right)$$
この記号を使って, (1.5)は
$$f(a+z) = f(a) + f_z(a)z + f_{\bar{z}}(a)\bar{z} + \varepsilon(z), \quad \lim_{z\to a}\varepsilon(z)/z = 0$$

と書き換えられる.

(b) 複素偏微分の計算公式

まず,四則演算の公式を与える.

命題 1.24 全微分可能な関数 f,g および定数 c,d に対し,次が成り立つ.
(i) $(cf+dg)_z = cf_z+dg_z$, $(cf+dg)_{\bar{z}} = cf_{\bar{z}}+dg_{\bar{z}}$
(ii) $(fg)_z = fg_z+f_zg$, $(fg)_{\bar{z}} = fg_{\bar{z}}+f_{\bar{z}}g$
(iii) $g(z) \neq 0$ の所で,$\left(\dfrac{f}{g}\right)_z = \dfrac{f_zg-fg_z}{g^2}$, $\left(\dfrac{f}{g}\right)_{\bar{z}} = \dfrac{f_{\bar{z}}g-fg_{\bar{z}}}{g^2}$

[証明] 仮定により,関数 $\varepsilon_j(z)\,(j=1,2)$ で

(1.8)　$f(a+z) = f(a)+f_z(a)z+f_{\bar{z}}(a)\bar{z}+\varepsilon_1(z)$, $\displaystyle\lim_{z\to 0}\dfrac{\varepsilon_1(z)}{z}=0$

(1.9)　$g(a+z) = g(a)+g_z(a)z+g_{\bar{z}}(a)\bar{z}+\varepsilon_2(z)$, $\displaystyle\lim_{z\to 0}\dfrac{\varepsilon_2(z)}{z}=0$

を満たすものが存在する.これより,$h=cf+dg$,$\varepsilon=c\varepsilon_1+d\varepsilon_2$ とおけば,

$$h(a+z) = h(a)+(cf_z+dg_z)(a)z+(cf_{\bar{z}}+dg_{\bar{z}})(a)\bar{z}+\varepsilon(z)$$
$$\lim_{z\to 0}\varepsilon(z)/z = 0$$

z および $\bar{z}$ の係数をみることにより(i)を得る.また,(1.8)と(1.9)を掛け合わすと,$\tilde{h}(z)=f(z)g(z)$ に対し

$$\tilde{h}(a+z) = \tilde{h}(a)+(f(a)g_z(a)+g(a)f_z(a))z+(f(a)g_{\bar{z}}(a)+g(a)f_{\bar{z}}(a))\bar{z}$$
$$+f(a)\varepsilon_2+g(a)\varepsilon_1+(f_zz+f_{\bar{z}}\bar{z}+\varepsilon_1)(g_zz+g_{\bar{z}}\bar{z}+\varepsilon_2)$$

この最後の行を $\eta(z)$ とおけば,$\displaystyle\lim_{z\to 0}\eta(z)/z=0$ が言え,(ii)を得る.

(iii)を示すには,$f\equiv 1$ の場合をみればよい.なぜなら,一般の場合は,等式 $f/g = f(1/g)$ に(ii)を適用すればよい.

$$\dfrac{1}{g(a+z)} = \dfrac{1}{g(a)} - \dfrac{g_z(a)}{g(a)^2}z - \dfrac{g_{\bar{z}}(a)}{g(a)^2}\bar{z}+\zeta(z)$$

を満たす関数 $\zeta(z)$ を考えると,

$$\frac{\zeta(z)}{z} = \frac{-(g(a+z)-g(a))g(a)+g(a+z)(g_z(a)z+g_{\bar{z}}(a)\bar{z})}{zg(a+z)g(a)^2}$$

$$= \frac{-(g_z(a)z+g_{\bar{z}}(a)\bar{z}+\varepsilon_2(z))g(a)+g(a+z)(g_z(a)z+g_{\bar{z}}(a)\bar{z})}{zg(a+z)g(a)^2}$$

$$= \frac{(g_z(a)z+g_{\bar{z}}(a)\bar{z})(g(a+z)-g(a))-\varepsilon_2(z)g(a)}{zg(a+z)g(a)^2}$$

を得る．この値は，$z\to 0$ のとき 0 に収束するゆえ，(iii) が成り立つ． ∎

次に，合成関数について述べよう．

命題 1.25 $g(w)$ および $f(z)$ を，それぞれ，領域 Ω および D 上の全微分可能な関数とする．$f(D)\subseteq\Omega$ が成り立つとき，合成関数 $h=g\cdot f$ に対し，

$$\frac{\partial h}{\partial z} = \frac{\partial g}{\partial w}\frac{\partial f}{\partial z} + \frac{\partial g}{\partial \overline{w}}\frac{\partial \overline{f}}{\partial z}, \quad \frac{\partial h}{\partial \bar{z}} = \frac{\partial g}{\partial w}\frac{\partial f}{\partial \bar{z}} + \frac{\partial g}{\partial \overline{w}}\frac{\partial \overline{f}}{\partial \bar{z}}$$

[証明] 点 $a\in D$ を任意にとり，$b=f(a)$ とおく．等式

(1.10) $\quad g(b+w) = g(b) + \dfrac{\partial g}{\partial w}(b)w + \dfrac{\partial g}{\partial \overline{w}}(b)\overline{w} + \eta(w)$

を満たす関数 $\eta(w)$ に対し，$\tilde{\eta}(w)=\eta(w)/w$ $(w\neq 0)$ かつ $\tilde{\eta}(0)=0$ によって，関数 $\tilde{\eta}(w)$ を定義する．$\tilde{\eta}$ は $w=0$ をこめて連続である．一方，

$$w = f(a+z)-f(a) = f_z(a)z+f_{\bar{z}}(a)\bar{z}+\varepsilon(z), \quad \lim_{z\to 0}\varepsilon(z)/z = 0$$

を満たす $\varepsilon(z)$ が存在する．これを (1.10) に代入することにより，

$$h(a+z)-h(a) = g(b+w)-g(b)$$
$$= g_w(b)(f_z z+f_{\bar{z}}\bar{z}+\varepsilon(z)) + g_{\overline{w}}(b)\overline{(f_z z+f_{\bar{z}}\bar{z}+\varepsilon(z))} + \tilde{\eta}(w)w$$
$$= (g_w f_z + g_{\overline{w}}(\overline{f})_z)z + (g_w f_{\bar{z}} + g_{\overline{w}}(\overline{f})_{\bar{z}})\bar{z} + \zeta(z)$$

ここで，$\zeta(z)=g_w(b)\varepsilon(z)+g_{\overline{w}}(b)\overline{\varepsilon(z)}+\tilde{\eta}(w)w$. w/z が $z=0$ の近くで有界であることから，容易に $\lim_{z\to 0}\zeta(z)/z=0$ が示され，求める結論を得る． ∎

ここで，実変数複素数値関数の微分について述べておこう．実軸内の開区間 (σ,τ) 上で定義された複素数値関数 $z=z(t)$ を考える．1点 $t_0\in(\sigma,\tau)$ で

(1.11) $$z'(t_0) = \lim_{t \to t_0} \frac{z(t) - z(t_0)}{t - t_0}$$

が存在するとき，$z(t)$ は，t_0 で微分可能であると言う．(1.11)の実部，虚部をみれば分かるように，実数値関数 $x(t) = \mathrm{Re}\, z(t)$ および $y(t) = \mathrm{Im}\, z(t)$ に対し，$z'(t)$ が存在することと，$x'(t), y'(t)$ が共に存在することは同値である．$x(t), y(t)$ が共に C^k 級のとき，$z(t)$ が C^k 級であると言う．このとき，$z(t)$ の k 次導関数は，$z^{(k)} = x^{(k)} + iy^{(k)}$ で与えられる．

命題 1.24 および命題 1.25 の証明と同様のやり方で，微分可能な実変数複素数値関数 $z(t), w(t)$ に対し，

$$(cz + dw)' = cz' + dw', \quad (zw)' = z'w + zw', \quad \left(\frac{z}{w}\right)' = \frac{z'w - zw'}{w^2}$$

を得る．また，全微分可能な関数 $w = f(z)$ と $z(t)$ の合成関数 $g(t) = f(z(t))$ に対し，

(1.12) $$g'(t) = \frac{\partial f}{\partial z} z'(t) + \frac{\partial f}{\partial \bar{z}} \overline{z'(t)}$$

が成り立つ．

§1.4 正則関数

(a) 正則関数の定義

開集合 D 上の複素関数 f を考える．

定義 1.26 点 $a \in D$ に対し，

$$f'(a) = \lim_{z \to a} \frac{f(z) - f(a)}{z - a}$$

が存在するとき，f は a で**複素微分可能**(ℂ-differentiable)と言い，$f'(a)$ を f の a での**複素微分**(ℂ-differential coefficient)と言う．

f が D の開部分集合 U の各点で複素微分可能なときに，U で**正則**(holomorphic, regular)と言い，f を**正則関数**(holomorphic function, regular function)と言う．また，U の各点 z に $f'(z)$ を対応させる関数を f の**導関数**

(derivative)と言う．1点 $a \in D$ で正則とは，f が a のある開近傍 $U \, (\subseteq D)$ 上で正則であることを意味し，D の部分集合 E に対し，E のある開近傍上で正則なとき，E で正則であると言う． □

例 1.27 関数 $f(z) = |z|^2$ を考える．

$$f'(0) = \lim_{z \to 0} \frac{|z|^2}{z} = \lim_{z \to 0} \overline{z} = 0$$

が成り立つゆえ，f は $z = 0$ で複素微分可能である．一方，点 $a \neq 0$ に対しては，

$$f_a(u) = \frac{|a+u|^2 - |a|^2}{u} = \frac{(a+u)(\overline{a}+\overline{u}) - a\overline{a}}{u} = a\frac{\overline{u}}{u} + \overline{a} + \overline{u}$$

が成り立ち，$\lim_{u \to 0} \overline{u}/u$ が存在しないゆえ，$f'(a) = \lim_{u \to 0} f_a(u)$ も存在しない．従って，$f(z)$ は 0 で正則でない． □

(b) Cauchy–Riemann の関係式

定理 1.28（Cauchy–Riemann の関係式） 領域 D 上の関数 $w = f(z) = u(x,y) + iv(x,y)$ $(z = x + iy)$ および点 $a = x_0 + iy_0 \in D$ に対し，次は同値である．

(ⅰ) $f(z)$ は a で複素微分可能である．

(ⅱ) f が a で全微分可能であり，$\dfrac{\partial f}{\partial \overline{z}}(a) = 0$．

(ⅲ) u, v が共に点 (x_0, y_0) で全微分可能で，Cauchy–Riemann の関係式

(1.13) $\quad u_x(x_0, y_0) = v_y(x_0, y_0), \qquad u_y(x_0, y_0) = -v_x(x_0, y_0)$

が成り立つ．

[証明] (ⅰ)を仮定すると，$z = 0$ のある開近傍上の関数 $\varepsilon(z)$ で，

$$f(a+z) = f(a) + f'(a)z + \varepsilon(z), \qquad \lim_{z \to 0} \frac{\varepsilon(z)}{z} = 0$$

を満たすものが存在する．従って，$\alpha = f'(a)$, $\beta = 0$ に対し (1.5) が成り立ち，f は全微分可能で，$f_{\overline{z}}(a) = 0$ を満たす．逆に (ⅱ) を仮定すると，

$$f(a+z) = f(a) + \frac{\partial f}{\partial z}(a)z + 0 \times \overline{z} + \varepsilon(z), \qquad \lim_{z \to 0} \frac{\varepsilon(z)}{z} = 0$$

を満たす関数 $\varepsilon(z)$ が存在する．このとき,
$$\frac{\partial f}{\partial z}(a) = \lim_{z \to a} \frac{f(a+z)-f(a)}{z} = f'(a)$$
が得られ，(i)が成り立つ．一方，(ii)と(iii)の同値性は，等式
$$\frac{\partial f}{\partial \bar{z}} = \frac{1}{2}(u_x - v_y + i(u_y + v_x))$$
から明らかである． ∎

定理 1.28 によって，正則ならば全微分可能であり，従って，連続である．また，(1.6)と(1.13)から，$f(z) = u(x,y) + iv(x,y)$ が正則のとき,
$$f'(z) = \frac{\partial f}{\partial z} = u_x + iv_x$$
が成り立つ．また, $\dfrac{\partial \bar{f}}{\partial z} = \overline{\left(\dfrac{\partial f}{\partial \bar{z}}\right)} = 0$, $\dfrac{\partial \bar{f}}{\partial \bar{z}} = \overline{f'(z)}$.

前節で求めた諸公式を正則関数に適用することにより，次の命題を得る．

命題 1.29

(i) 正則関数 f, g および定数 c, d に対し,
$$(cf+dg)' = cf' + dg', \quad (fg)' = fg' + f'g, \quad \left(\frac{f}{g}\right)' = \frac{f'g - fg'}{g^2}$$

(ii) 正則関数 $w = f(z)$ と正則関数 $g(w)$ の合成 $h(z) = g(f(z))$ は正則関数であり，$h'(z) = g'(f(z))f'(z)$ が成り立つ． ∎

例 1.30 多項式 $P(z), Q(z) (\not\equiv 0)$ により与えられる $D = \{z \in \mathbb{C}\,;\, Q(z) \neq 0\}$ 上の関数 $f(z) = P(z)/Q(z)$ を**有理関数**(rational fuction)と言う．有理関数は，D 上で正則である．

なぜなら，定数関数 $f_c(z) \equiv c$ $(c \in \mathbb{C})$ および恒等関数 $I(z) = z$ は明らかに正則であり，導関数は，$f_c' \equiv 0$ および $I'(z) \equiv 1$ で与えられる．任意の有理関数は，これらをもとに何回かの四則演算を繰り返すことによって得られる．命題 1.29 により，その導関数を実変数の場合と同じやり方で求めることができる． ∎

また，(1.12)より，正則関数 $w = f(z)$ と微分可能な実変数複素数値関数

$z = z(t)$ の合成 $w(t) = f(z(t))$ に対し,$w'(t) = f'(z(t))z'(t)$ が成り立つ.

ここで,正則関数の逆関数について触れておこう.

命題 1.31 領域 D 上の正則関数 $w = f(z)$ が条件

(ⅰ) 写像 $f: D \to \mathbb{C}$ が単射である.

(ⅱ) f の像 $\Omega = f(D)$ が領域で,$f'(z) \neq 0$ $(z \in D)$ を満たし,f の逆写像 $g = f^{-1}: \Omega \to D$ が連続である.

を満たすとき,g は正則で,$g'(w) = \dfrac{1}{f'(g(w))}$ が成り立つ.

[証明] 点 $b \in \Omega$ を任意にとり,$a = g(b)$ とおく.このとき,$b = f(a)$. $z = g(w) \, (w \in \Omega)$ に対し,

$$\frac{g(w) - g(b)}{w - b} = \frac{z - a}{f(z) - f(a)} = \frac{1}{\dfrac{f(z) - f(a)}{z - a}}$$

この値は,$w \to b$ のとき $1/f'(a)$ に収束することから,命題 1.31 を得る. ∎

注意 命題 1.31 において仮定(ⅱ)は不要である.実際,§4.1 でみるように,仮定(ⅰ)から仮定(ⅱ)を導くことができる.

問 5 領域 D 上の正則関数 f が,連続な導関数 f' をもち,点 $z_0 \in D$ において $f'(z_0) \neq 0$ を満たすとき,z_0 の開近傍 U および $f(z_0)$ の開近傍 V を適当にとると,$f|U$ は U を V 上に移す全単射な写像であり,逆写像 $(f|U)^{-1}: V \to U$ も正則であることを示せ.(ヒント: $\mathbb{R}^2$ への写像とみて逆写像定理を使え.)

ここで,Cauchy-Riemann の関係式のひとつの応用として次を示す.

命題 1.32 $f' \equiv 0$ を満たす領域 D 上の正則関数 f は定数に限る.

[証明] 点 $a \in D$ を任意に取り,

$$O_1 = \{z \in D;\, f(z) = f(a)\}, \quad O_2 = D - O_1$$

とおく.$D = O_1 \cup O_2$,$O_1 \cap O_2 = \emptyset$ を満たし,$a \in O_1$ ゆえ,$O_1 \neq \emptyset$ である.また,f の連続性から,O_2 は開集合である.さらに,O_1 も開集合である.なぜなら,$f = u + iv$ に対し,$f' = u_x + iv_x = 0$ と Cauchy-Riemann の関係式から,$u_x = u_y = v_x = v_y = 0$ が得られ,任意の点 $b \in O_1$ に対し,D に含まれ

る開円板 $\Delta_r(b)$ 上で, f は定数となり, $\Delta_r(b) \subset O_1$ が言える. D の連結性から, $D = O_1$, 従って, $f \equiv f(a)$ を得る. ∎

例題1.33 領域 D 上の正則関数 f に対し, $\mathrm{Re}\,f$ または $|f|$ が定数ならば, f も定数である.

[解] 定理 1.28 から $f_{\bar{z}} = (\overline{f})_z \equiv 0$ である. $u = \mathrm{Re}\,f$ が定数のとき,

$$f' = \frac{\partial f}{\partial z} + \frac{\partial \overline{f}}{\partial z} = 2\frac{\partial u}{\partial z} = 0$$

が得られ, f は定数である. また, $|f|$ が定数のとき, $c = |f|^2 = f\overline{f}$ も定数である. $c = 0$ ならば, $f \equiv 0$ ゆえ, $c \neq 0$ とする. このとき, $f'\overline{f} = f_z\overline{f} + f(\overline{f})_z = (|f|^2)_z = 0$ が成り立ち, $f' \equiv 0$ を得る. ∎

(c) 正則関数の等角性

領域 D 上の C^1 級の複素関数 $w = f(z) = u(x,y) + iv(x,y)$ は, z 平面内の領域 D を w 平面内に移す写像

$$(1.14) \qquad f : \begin{cases} u = u(x,y) \\ v = v(x,y) \end{cases} \quad (x,y) \in D$$

とみなされる. 逆に, 平面内の領域の間の C^1 級の写像は, C^1 級の複素関数として表される. ここで, 特に, D 上到るところで, $\dfrac{\partial(u,v)}{\partial(x,y)} \left(= \begin{vmatrix} u_x & u_y \\ v_x & v_y \end{vmatrix} \right) \neq 0$ を満たす写像 (1.14) について考える.

逆写像定理(参考文献[6]参照)により, 任意の点 $a = x_0 + iy_0 \in D$ に対し, (x_0, y_0) の近傍 U および $f(x_0, y_0)$ の近傍 V を適当にとれば, f は U を V 上へ全単射に移し, 逆写像も C^1 級である. このとき, f は, D 内の正則曲線を正則曲線に移す. なぜなら, 正則曲線 $\Gamma : z = z(t) = x(t) + iy(t)$ $(\sigma \leqq t \leqq \tau)$ に対し, その f による像は,

$$f(\Gamma): \quad w = u(t) + iv(t) = u(x(t), y(t)) + iv(x(t), y(t))$$

で与えられ, $u'(t) = u_x x'(t) + u_y y'(t)$, $v'(t) = v_x x'(t) + v_y y'(t)$. 仮定により, $(x'(t), y'(t)) \neq (0, 0)$ から $(u'(t), v'(t)) \neq (0, 0)$ が導かれる.

§1.4 正則関数────23

 1点 a で交わる2つの正則曲線 Γ_1 および Γ_2 に対し,a でのそれぞれの接線ベクトルを X_1, X_2 とするとき,X_1 から X_2 に向かう(向き付けられた)角を,Γ_1 と Γ_2 が a においてなす角と呼び,$\mathrm{Ang}_a(\Gamma_1, \Gamma_2)$ で表すことにする.

定義 1.34 関数 $w = f(z) = u(x,y) + iv(x,y)$ が,点 $a \in D$ を通る任意の2つの正則曲線 Γ_1, Γ_2 について,$\mathrm{Ang}_{f(a)}(f(\Gamma_1), f(\Gamma_2)) = \mathrm{Ang}_a(\Gamma_1, \Gamma_2)$ が成り立つとき,f は a で**等角**(conformal)であると言う. □

 正則曲線 $\Gamma: z = z(t)$ $(\sigma \leq t \leq \tau)$ に対し,Γ の $z(\sigma)$ から $z(t)$ までの長さを $L_\Gamma(t)$ で表す.

定義 1.35 値 $\displaystyle\lim_{t \to \sigma} \frac{L_{f(\Gamma)}(t)}{L_\Gamma(t)}$ が存在するとき,これを関数 f に対する Γ の点 $a = z(\sigma)$ での**線分比**と呼ぶ. □

 $L_\Gamma(t)$ は $\displaystyle\int_\sigma^t \sqrt{x'(t)^2 + y'(t)^2}\, dt = \int_0^t |z'(t)| dt$ で与えられ,$w(t) = f(z(t)) = u(t) + iv(t)$ に対し,$\displaystyle L_{f(\Gamma)}(t) = \int_0^t |w'(t)| dt$ である.Γ の $a = z(\sigma)$ での線分比は,l'Hospital の定理([6]参照)から,

$$\lim_{t \to \sigma} \frac{L_{f(\Gamma)}(t)}{L_\Gamma(t)} = \frac{|w'(\sigma)|}{|z'(\sigma)|}$$

定理 1.36 領域 D 上の C^1 級の関数 $w = f(z) = u(x,y) + iv(x,y)$ および点 $a \in D$ に対し,次は同値である.

 (i) f が a で複素微分可能であり,かつ $f'(a) \neq 0$.

 (ii) f が a で等角である.

 (iii) a で $\dfrac{\partial(u,v)}{\partial(x,y)} > 0$ かつ a を通る任意の正則曲線 Γ について,Γ の a での線分比が存在しその値が Γ の取り方によらず一定である.

 [証明] 任意の正則曲線 $\Gamma: z = z(t) = x(t) + iy(t)$ に対し,$z(t)$ での接線ベクトル $(x'(t), y'(t))$ と $f(\Gamma): w = w(t) = u(t) + iv(t)$ の $f(z(t))$ での接線ベクトル $(u'(t), v'(t))$ との間には,関係式

$$\begin{pmatrix} u'(t) \\ v'(t) \end{pmatrix} = \begin{pmatrix} u_x & u_y \\ v_x & v_y \end{pmatrix} \begin{pmatrix} x'(t) \\ y'(t) \end{pmatrix}$$

が成り立つ.

 定理 1.28 により,条件(i)が Cauchy–Riemann の関係式と同値である

ことから，f が定理 1.36 の条件(i), (ii)または(iii)を満たすことは，行列 $\begin{pmatrix} u_x & u_y \\ v_x & v_y \end{pmatrix}$ で与えられる線形写像が，それぞれ，命題 1.4 の条件(i), (ii)または(iii)を満たすことと同値である．定理 1.36 は命題 1.4 の言い換えに他ならない． ∎

§1.5 初等関数

(a) 指数関数

実変数の指数関数 $f(x)=e^x$ と同じような性質をもつ関数を考察しよう．周知のように，$f(x)=e^x$ は，$f'(x)=f(x)$, $f(0)=1$ を満たし，逆にこの性質をもつ微分可能な実変数実数値関数は e^x に限る．そこで，複素平面全体で正則で，

(1.15) $$f'(z)=f(z), \quad f(0)=1$$

を満たす関数を考察しよう．$h(z)=|f(z)|^2$ とおく．このとき，

$$\frac{\partial f}{\partial x}=\frac{\partial f}{\partial z}+\frac{\partial f}{\partial \bar{z}}=f'=f, \quad \frac{\partial f}{\partial y}=i\Big(\frac{\partial f}{\partial z}-\frac{\partial f}{\partial \bar{z}}\Big)=if'=if$$

が成り立つことから，

$$\frac{\partial h}{\partial x}=\frac{\partial f}{\partial x}\bar{f}+f\frac{\partial \bar{f}}{\partial x}=2f\bar{f}=2h$$

$$\frac{\partial h}{\partial y}=i\Big(\frac{\partial}{\partial z}-\frac{\partial}{\partial \bar{z}}\Big)(f\bar{f})=i(f'\bar{f}-f\bar{f}')=0$$

これより，h は x のみの関数であり，$h(0)=1$ を加味すれば，$h(x,y)=e^{2x}$. 従って $|f(z)|=e^x$. 次に，$g(z)=f(z)e^{-x}$ とおくと，

$$\frac{\partial g}{\partial x}=f'e^{-x}-fe^{-x}=0, \quad \frac{\partial g}{\partial y}=\frac{\partial f}{\partial y}e^{-x}=if'(z)e^{-x}=ig(z)$$

が得られ，g は y のみの関数であり，$g(x+iy)=u(y)+iv(y)$ とおくとき，$u'+iv'=i(u+iv)$ から，$u'=-v$, $v'=u$ を得る．$f'(0)=f(0)=1$ を加味すれば，

§1.5 初等関数 —— 25

$$u''+u=0, \quad u(0)=1, \quad u'(0)=0$$
$$v''+v=0, \quad v(0)=0, \quad v'(0)=1$$

周知のように，この方程式の解は $u(y)=\cos y, v(y)=\sin y$ である ([6] 参照)．結局，

(1.16) $\qquad f(z) = e^x(\cos y + i\sin y) \quad (z = x+iy \in \mathbb{C})$

が結論される．容易に示されるように，この関数は，平面全体で Cauchy-Riemann の関係式を満たし正則である．また，$f(x+i0)=e^x$ を満たす．

定義 1.37 関数 (1.16) を**指数関数** (exponential function) と呼び，e^z または $\exp z$ で表す． □

上述の議論から，$(e^z)' = e^z$, $e^0 = 1$ が成り立ち，(1.16) から，次を得る．

$$|e^z| = e^{\operatorname{Re} z}, \quad \arg e^z = \operatorname{Im} z + 2k\pi \ (k \text{ は任意整数})$$

特に，$e^{i\theta} = \cos\theta + i\sin\theta \ (\theta \in \mathbb{R})$ が成り立ち，複素数 $z \neq 0$ の極形式 (1.1) は，$re^{i\theta}$ で置き換えられる．命題 1.2(i) および命題 1.3 から，

$$e^{z_1+z_2} = e^{z_1}e^{z_2} \quad (z_1, z_2 \in \mathbb{C})$$

が成り立つ．e^x が決して値 0 を取らないことから，$w = e^z$ も値 0 を取り得ない．前述のように，任意の実数 x に対し，$e^{\pm ix} = \cos x \pm i\sin x$ が成り立つ．従って，$\cos x = (e^{ix}+e^{-ix})/2$, $\sin x = (e^{ix}-e^{-ix})/2i$ を得る．そこで，複素変数の 3 角関数を，この式を援用して，

$$\cos z = \frac{e^{iz}+e^{-iz}}{2}, \quad \sin z = \frac{e^{iz}-e^{-iz}}{2i}$$

と定義する．また，これらを用いて，$\tan z = \dfrac{\sin z}{\cos z}$ と定める．また，複素変数の双曲線関数は，

$$\cosh z = \frac{e^z+e^{-z}}{2}, \quad \sinh z = \frac{e^z-e^{-z}}{2}, \quad \tanh z = \frac{\sinh z}{\cosh z}$$

で定義される．3 角関数と双曲線関数との間には，次が成り立つ．

$$\cosh z = \cos(iz), \quad \sinh z = -i\sin(iz)$$

(b) 対数関数

対数関数 (logarithmic function) $w = \log z$ は，実関数の場合と同様に，指

数関数 $w=e^z$ の逆関数として定義される．この関数をより詳しく見るために，数 $z=re^{i\theta}(\neq 0)$ を任意に与え，$z=e^w$ を満たす $w=u+iv$ を考える．$|z|=|e^{u+iv}|=e^u$ から $u=\log|z|$ が成り立ち，$e^{iv}=e^{i\theta}$ から，$v=\arg z$ が得られる．従って，対数関数は，
$$w=\log z=\log|z|+i\arg z$$
で与えられる．

ところで，§1.1 で述べたように，$\arg z$ は無限多価関数である．従って，$\log z$ も z の無限多価関数である．$E=\{z;\ \mathrm{Im}\,z=0,\ \mathrm{Re}\,z\leqq 0\}$ に対し，領域 $D=\mathbb{C}-E$ の上では，対数関数を1価関数の無限個の集まりとみなせる．実際，各整数 k に対し，D の任意の点 z は，$(2k-1)\pi<\theta_k<(2k+1)\pi$ を満たす θ_k および正数 r により，$z=re^{i\theta_k}$ の形に一意的に表示される．関数
$$\phi_k(z)=\log|z|+i\theta_k \quad (k=0,\pm 1,\pm 2,\cdots)$$
を考えると，各 $\phi_k(z)$ は D 上で1価な関数であり，$\phi_k(z)$ の全体が $\log z$ をつくるとみなされる．一般に，領域 D 上の多価関数 $w=\varphi(z)$ に対し，D の部分領域 D' 上の1価関数 $w=f(z)$ が $f(z)\in\varphi(z)\,(z\in D')$ を満たすとき，f を φ の1つの**分枝**(branch)と言う．この意味から，無限多価関数 $\log z$ は無限個の分枝 $\phi_k(z)$ からなると考えてよい．ここで，各 $\phi_k(z)$ は正則である．なぜなら，
$$w=\phi_k(z):\ D\to\Omega=\{w;\ |\mathrm{Im}(w)-2k\pi|<\pi\}$$
は全単射な連続関数であり，$\dfrac{dz}{dw}=e^w\neq 0$ を満たす正則関数 $z=e^w:\ \Omega\to D$ の逆写像だから，命題 1.31 により正則関数である．さらに，
$$\frac{d\phi_k}{dz}=\frac{1}{e^w}=\frac{1}{z}$$
が成り立ち，$\log z$ の微分は k に依存せず1価関数である．

ここで，集合 E のとり方は本質的でない．例えば，別な集合 $E'=\{z;\ \mathrm{Im}\,z=0,\ \mathrm{Re}\,z\geqq 0\}$ をとって，$\log z$ を，$\mathbb{C}-E'$ 上での1価正則関数
$$\psi_k(z)=\log|z|+i\theta_k \quad (2k\pi<\theta_k<2(k+1)\pi)$$
の集まりと見ることもできる．しかし，いずれのやり方でも，$\mathbb{C}-\{0\}$ 全体の1価正則関数として扱うことができず，何らかの集合を犠牲にせざるを得

ない．後に述べるように，Riemann 面を考えることにより，対数関数を 1 価関数として扱うことも可能である (§4.5 参照).

(c) ベキ乗根

整数 $n \geqq 2$ に対し，$w = z^n$ の逆関数 $w = \sqrt[n]{z}$ をみる．任意の数 $z = re^{i\theta}$ ($\neq 0$) に対し，$z = w^n$ を満たす $w = Re^{i\Theta}$ をとれば，$re^{i\theta} = R^n e^{in\Theta}$ から，

(1.17) $\qquad R^n = r, \quad n\Theta = \theta + 2k\pi \quad (k = 0, \pm 1, \pm 2, \cdots)$

を得る．従って，$w = r^{1/n} e^{i(\theta + 2k\pi)/n}$ が成り立つ．任意の整数 k が，整数 q, ℓ ($0 \leqq \ell < n$) を使って，$k = nq + \ell$ ($0 \leqq \ell < n$) と書け，$e^{i(\theta + 2k\pi)/n} = e^{i(\theta + 2\ell\pi)/n}$ が成り立つことから，(1.17) の k は，$k = 0, 1, \cdots, n-1$ のみを動くと考えてよい．これより，$\sqrt[n]{z}$ は，n 価関数であり，

$$\sqrt[n]{z} = \{r^{1/n} e^{i\theta/n}, r^{1/n} e^{i(\theta + 2\pi)/n}, \cdots, r^{1/n} e^{i(\theta + 2(n-1)\pi)/n}\}$$

対数関数の場合に考えた集合 E に対し，任意の点 $z \in D - E$ を $z = re^{i\theta}$ ($-\pi < \theta < \pi$) と表示し，関数

$$\phi_k(z) = r^{1/n} e^{i(\theta + 2k\pi)/n} \quad (0 \leqq k \leqq n-1)$$

を考えれば，$\sqrt[n]{z}$ は，n 個の 1 価関数の集まりと考えられる．ここで，各 $\phi_k(z)$ の正則性が $\log z$ の場合と同様の考察で示される．

ここで，ベキ関数の一般化として，累乗関数について触れておこう．定数 $a \neq 0$ をとって，累乗関数 $w = z^a$ を

$$z^a = \exp(a \log z) \quad (z \in \mathbb{C} - \{0\})$$

によって定義する．$\log z$ が多価関数のため，一般の a に対しては，z^a は多価関数である．$a = 0$ のとき，定義から明らかなように，$z^0 = 1$ である．a が整数 n の場合，θ を z の偏角の 1 つの値とするとき，

$$z^n = e^{n(\log|z| + i(\theta + 2k\pi))} = |z|^n e^{in\theta}$$

であり，n が正なら，z の n 乗と一致し，n が負なら，$1/z$ の $|n|$ 乗と一致する．また，$a = 1/n$ (n は正の整数) の場合，定義により，

$$z^{1/n} = e^{(\log|z| + i(\theta + 2k\pi))/n}$$

が成り立ち，この形から，$z^{1/n}$ が $\sqrt[n]{z}$ に他ならないことがわかるであろう．

《要 約》

1.1 複素数は平面上の点として表され,複素数の考察は,平面上の幾何学にうつされる.

1.2 平面上の実2変数の関数を複素1変数の関数とみなすことができる.

1.3 z および $\bar{z}$ に関する微分についても,実微分と同様の公式が成り立つ.

1.4 関数の正則性は,Cauchy-Riemann の関係式に同値であり,複素微分が0でないとき,等角性とも同値である.

1.5 指数関数や3角関数,対数関数は,複素変数に対しても定義され,(多価)正則関数である.

——————— 演習問題 ———————

1.1 任意に与えられた $z_0 \in \mathbb{C}$ に対し,$z_n = (z_{n-1} + 1/z_{n-1})/2\ (n=1,2,\cdots)$ によって数列 $\{z_n\}_{n=0}^{\infty}$ を定義する.ただし,ある n_0 に対し,$z_{n_0} = 0$ が起こると,$z_n = \infty\ (n > n_0)$ と規約する.$\{z_n\}$ の収束性を調べよ.

1.2 $z = re^{i\theta},\ \zeta = Re^{i\phi}$ とおき,$R > r$ とする.次を示せ.
$$\mathrm{Re}\left(\frac{\zeta+z}{\zeta-z}\right) = \frac{R^2 - r^2}{R^2 - 2Rr\cos(\theta-\phi) + r^2} = 1 + 2\sum_{n=1}^{\infty}\left(\frac{r}{R}\right)^n \cos n(\theta - \phi)$$

1.3 有界連結閉集合列 $\{E_n\ ;\ n=1,2,\cdots\}$ に対し,$E_n \neq \emptyset$,$E_n \supseteq E_{n+1}\ (n=1,2,\cdots)$ が成り立つとき,$E = \bigcap_{n=1}^{\infty} E_n$ も有界連結閉集合であることを示せ.

1.4(Baire の範疇定理) 内点をもつ有界集合 E が可付番個の閉集合 F_n の和集合として表されるとき,ある n_0 に対し,F_{n_0} が内点をもつことを示せ.

1.5 C^1 級の関数 $f(z) = u(x,y) + iv(x,y)$ に対し,次を示せ.
$$|f_z|^2 - |f_{\bar{z}}|^2 = \frac{\partial(u,v)}{\partial(x,y)}$$

1.6 $f_z(z) \neq 0$ を満たす C^1 級の関数 $f(z)$ に対し,$\mu_f(z) = f_{\bar{z}}(z)/f_z(z)$ は,f の Beltrami 係数と呼ばれている.C^1 級の関数 $w = f(z)$ および $g(w)$ に対し,合成関数 $h = g \cdot f$ が意味をもち,$f_z(z) \neq 0$ かつ $g_w(f(z)) \neq 0$ が満たされる範囲において,$\alpha = \arg f_z$ とおくとき,次を示せ.

$$\mu_h = \frac{e^{-2i\alpha}\mu_g \cdot f + \mu_f}{1 + e^{-2i\alpha}(\mu_g \cdot f)\overline{\mu_f}}$$

1.7 微分作用素 $\Delta = \dfrac{\partial^2}{\partial x^2} + \dfrac{\partial^2}{\partial y^2}$ は，ラプラシアンと呼ばれている．次を示せ．

（i） 正則関数 f および C^2 級の関数 g の合成関数 $h = g \cdot f$ に対し，$\Delta h = \Delta g |f'|^2$

（ii） 正則関数 $f(z)$ に対し，$\{z;\, f(z) \neq 0\}$ において $\Delta \log |f(z)|^2 = 0$

（iii） 正則関数 f に対し，$v = \dfrac{2|f'(z)|}{1+|f(z)|^2}$ とおくとき，$\{z;\, f'(z) \neq 0\}$ において，$\Delta \log v = -v^2$

1.8 C^1 級の関数 $w = f(z) = u(x,y) + iv(x,y)$ に対し，Cauchy–Riemann の関係式は，次の各関係式に同値であることを示せ．

（i） 極表示 $z = re^{i\theta}$ に対し，
$$r\frac{\partial u}{\partial r} = \frac{\partial v}{\partial \theta}, \quad r\frac{\partial u}{\partial \theta} = -\frac{\partial v}{\partial r}$$

（ii） 極表示 $z = re^{i\theta}$ および $w = Re^{i\Theta}$ に対し，
$$r\frac{\partial R}{\partial r} = R\frac{\partial \Theta}{\partial \theta}, \quad \frac{\partial R}{\partial \theta} = -Rr\frac{\partial \Theta}{\partial r}$$

1.9 u を C^2 級の関数とする．極座標変換 $z = re^{i\theta}$ に対し，次を示せ．
$$\Delta u = \frac{\partial^2 u}{\partial r^2} + \frac{1}{r}\frac{\partial u}{\partial r} + \frac{1}{r^2}\frac{\partial^2 u}{\partial \theta^2}$$

1.10 $r > 0$ および $\theta \in \mathbb{R}$ に対し，複素平面内の集合 $C_r = \{z + 1/z;\, |z| = r\}$ および $E_\theta = \{z + 1/z;\, z \neq 0,\, \arg z = \theta\}$ を考察せよ．

1.11 関数 $f(z) = e^z$ および $f(z) = \cos z$ それぞれに対し，集合 $E_x = \{f(z);\, \mathrm{Re}\, z = x\}$，$F_y = \{f(z);\, \mathrm{Im}\, z = y\}$ $(x, y \in \mathbb{R})$ を考察せよ．

2 積分定理

複素積分の定義や基本的な公式を述べた後，正則関数に関するCauchyの積分定理を証明し，これを使って，正則関数の積分表示を与える．また，正則関数のベキ級数展開や，最大値の原理や，Schwarzの補題などの正則関数の基本的性質について論じる．

§2.1 複素積分

(a) 複素積分の定義

定義 2.1 平面内の2つのPS曲線，すなわち区分的に滑らかな曲線
$$\Gamma_j : z = z_j(t) \quad (\sigma_j \leq t \leq \tau_j, \ j = 1, 2)$$
に対し，有限個の点以外で $\varphi'(t) > 0$ を満たす区分的に滑らかな連続関数 $\varphi(t)$ で，

(2.1) $\quad \varphi(\sigma_1) = \sigma_2, \ \varphi(\tau_1) = \tau_2, \ z = z_1(t) = z_2(\varphi(t))$

を満たすものが存在するとき，Γ_1 と Γ_2 はPS曲線として等しいと言う． □

容易に分かるように，PS曲線として等しいと言う関係は，同値関係である．今後，断わらない限り，同値な曲線は同一視して考える．任意の曲線 Γ のパラメーターの定義域 $[\sigma, \tau]$ を，変換 $\varphi(t) = (1-t)\sigma + t\tau$ によって，区間 $[0,1]$ と取り直すことができる．曲線 $\Gamma : z = z(t) \ (\sigma \leq t \leq \tau)$ とその像 $\{z(t); \sigma \leq t \leq \tau\}$ とは，異なるものであるが，混同のおそれがないとき，同

じ記号 Γ で表す.

定義 2.2 $\Gamma: z = z(t)\, (\sigma \leqq t \leqq \tau)$ を PS 曲線,$f(z)$ を Γ 上の連続関数とする.f の Γ 上の線積分 $\int_\Gamma f(z)dz$ を次の式により定義する.
$$\int_\Gamma f(z)dz = \int_\sigma^\tau f(z(t))z'(t)dt$$
□

命題 2.3 PS 曲線として等しい曲線 Γ_1, Γ_2 に対し,
$$\int_{\Gamma_1} f(z)dz = \int_{\Gamma_2} f(z)dz$$

[証明] 2 つの PS 曲線 $\Gamma_j: z = z_j(t)\, (\sigma_j \leqq t \leqq \tau_j,\, j = 1, 2)$ の間に,(2.1) を満たす関数 $u = \varphi(t)$ が存在するとき,
$$\int_{\Gamma_1} f(z)dz = \int_{\sigma_1}^{\tau_1} f(z_1(t))z_1'(t)dt$$
$$= \int_{\sigma_1}^{\tau_1} f(z_2(\varphi(t)))z_2'(\varphi(t))\varphi'(t)dt = \int_{\sigma_2}^{\tau_2} f(z_2(u))z_2'(u)du$$
が成り立ち,この値は $\int_{\Gamma_2} f(z)dz$ に等しい.
∎

定義 2.4 PS 曲線 $\Gamma: z = z(t)\, (\sigma \leqq t \leqq \tau)$ に対し,
$$-\Gamma: z = z(-t) \quad (-\tau \leqq t \leqq -\sigma)$$
を Γ の向きを逆にした曲線と呼ぶ.また PS 曲線 $\Gamma_j: z = z_j(t)\, (\sigma_j \leqq t \leqq \tau_j,\, j = 1, 2)$ に対し,Γ_1 の終点 $z_1(\tau_1)$ と Γ_2 の始点 $z_2(\sigma_2)$ が一致するとき,曲線
$$\Gamma_1 + \Gamma_2: z = z_3(t) = \begin{cases} z_1(t) & \sigma_1 \leqq t \leqq \tau_1 \\ z_2(t + \sigma_2 - \tau_1) & \tau_1 \leqq t \leqq \tau_1 + \tau_2 - \sigma_2 \end{cases}$$
を Γ_1 と Γ_2 の結合と呼ぶ.
□

3 つの PS 曲線 $\Gamma_1, \Gamma_2, \Gamma_3$ に対し,Γ_1 の終点と Γ_2 の始点が等しいと共に,Γ_2 の終点と Γ_3 の始点が等しいとき,容易に示されるように,$(\Gamma_1 + \Gamma_2) + \Gamma_3$ と $\Gamma_1 + (\Gamma_2 + \Gamma_3)$ は PS 曲線として等しい.従って,3 つの曲線の結合を,$\Gamma_1 + \Gamma_2 + \Gamma_3$ と表現しても差し支えない.任意有限個の曲線の結合を作る場合も同様である.

命題 2.5

（ⅰ） 任意の定数 c,d および Γ 上の連続関数 f,g に対し，

$$\int_\Gamma (cf+dg)(z)dz = c\int_\Gamma f(z)dz + d\int_\Gamma g(z)dz$$

（ⅱ） $\displaystyle\int_{-\Gamma} f(z)dz = -\int_\Gamma f(z)dz$

（ⅲ） $\displaystyle\int_{\Gamma_1+\Gamma_2} f(z)dz = \int_{\Gamma_1} f(z)dz + \int_{\Gamma_2} f(z)dz$

[証明]

（ⅰ） $\Gamma: z=z(t)$ $(\sigma \leq t \leq \tau)$ に対し，積分の定義から，

$$\int_\sigma^\tau (cf+dg)(z(t))z'(t)dt = c\int_\sigma^\tau f(z(t))z'(t)dt + d\int_\sigma^\tau g(z(t))z'(t)dt$$

が成り立つことによる．

（ⅱ） $-\Gamma: z=z(-t)$ $(-\tau \leq t \leq -\sigma)$ に対し，

$$\int_{-\Gamma} f(z)dz = \int_{-\tau}^{-\sigma} f(z(-t))(-z'(-t))dt$$
$$= \int_\tau^\sigma f(z(u))z'(u)du = -\int_\sigma^\tau f(z(u))z'(u)du = -\int_\Gamma f(z)dz$$

（ⅲ） $\Gamma_j: z=z_j(t)$ $(\sigma_j \leq t \leq \tau_j, j=1,2)$ に対し，$z_1(\tau_1)=z_2(\sigma_2)$ のとき，

$$\int_{\Gamma_1+\Gamma_2} f(z)dz$$
$$= \int_{\sigma_1}^{\tau_1} f(z_1(t))z_1'(t)dt + \int_{\tau_1}^{\tau_1+\tau_2-\sigma_2} f(z_2(t+\sigma_2-\tau_1))z_2'(t+\sigma_2-\tau_1)dt$$
$$= \int_{\sigma_1}^{\tau_1} f(z_1(t))z_1'(t)dt + \int_{\sigma_2}^{\tau_2} f(z_2(t))z_2'(t)dt$$

この値は，(ⅲ)の右辺に他ならない． ∎

Γ_1 の終点と Γ_2 の始点が一致しない場合でも，Γ_1 と Γ_2 をひとまとめにしたものを表したいとき，記号 $\Gamma_1+\Gamma_2$ を使うことがある．命題 2.5(ⅲ)の式が一般の場合にも成り立つように，f の $\Gamma_1+\Gamma_2$ 上の積分を

$$\int_{\Gamma_1+\Gamma_2} f(z)dz = \int_{\Gamma_1} f(z)dz + \int_{\Gamma_2} f(z)dz$$

によって定義することにする.

命題 2.6 PS 曲線 $\Gamma: z = z(t)$ $(\sigma \leqq t \leqq \tau)$ 上の連続関数 f に対し, $F'(z) = f(z)$ $(z \in \Gamma)$ を満たす Γ を含むある領域上の正則関数 $F(z)$ が存在するとき,

$$(2.2) \qquad \int_\Gamma f(z)dz = F(z(\sigma)) - F(z(\tau))$$

特に, Γ が閉曲線, すなわち, 始点と終点が一致するとき, $\int_\Gamma f(z)dz = 0$.

[証明] $w(t) = F(z(t))$ とおく. $w'(t) = F'(z(t))z'(t) = f(z(t))z'(t)$ から,

$$\int_\Gamma f(z)dz = \int_\sigma^\tau f(z(t))z'(t)dt = \int_\sigma^\tau w'(t)dt = w(\sigma) - w(\tau)$$

を得る. この値は(2.2)の右辺に等しい. 後半は前半から明らかである. ∎

例 2.7 任意の多項式 $P(z) = c_0 z^n + c_1 z^{n-1} + \cdots + c_n$ $(c_\ell \in \mathbb{C})$ に対し,

$$F(z) = \frac{c_0}{n+1}z^{n+1} + \frac{c_1}{n}z^n + \cdots + c_n z$$

が, 平面全体で $F' = P$ を満たすゆえ, 平面内の任意の PS 閉曲線 Γ に対し, $\int_\Gamma P(z)dz = 0$ が成り立つ. □

端点以外で自分自身と交わることがない連続曲線は, **単純曲線**(simple curve)あるいは **Jordan 曲線**(Jordan curve)と呼ばれる. 特に, 閉曲線でない単純曲線を**単純弧**(simple arc)と言う. ここでは証明しないが, 任意の単純閉曲線は, 平面を2つの領域に分かち, そのうちの一方は有界, 他方は非有界であることが知られている(Jordan の曲線定理, [3]参照).

境界が互いに交わることがない有限個の PS 単純閉曲線 $\Gamma_1, \Gamma_2, \cdots, \Gamma_k$ からなる平面内の有界領域 D を考える. 必要なら, いくつかの Γ_ℓ の向きを変えて, 各 Γ_ℓ が, D を左に見て進むように向き付けられているとする. このような向き付けられた D の境界曲線を, D に関して正の向きをもつと言い, ∂D で表す. 従って,

$$\partial D = \Gamma_1 + \Gamma_2 + \cdots + \Gamma_k$$

PS 単純閉曲線 Γ がある有界領域 D の境界であるとき, D に関して正の向きを, Γ の正の向きと呼ぶ. 今後, PS 単純閉曲線は, 断わらない限り, 正

の向きが与えられているものとする．例えば，$D=\{z;R_1<|z-a|<R_2\}$ および $\Gamma_j=\{z;|z-a|=R_j\}$ $(j=1,2)$ に対し，
$$\partial D=\Gamma_2-\Gamma_1\ (=\Gamma_2+(-\Gamma_1))$$

例 2.8 任意の正数 r および $a\in\mathbb{C}$ に対し，
$$\frac{1}{2\pi i}\int_{|\zeta-a|=r}(\zeta-a)^n d\zeta=\begin{cases}1 & n=-1\\ 0 & n\neq -1\end{cases}$$

なぜなら，$\zeta=a+re^{i\theta}$ とおくと，
$$\int_{|\zeta-a|=r}(\zeta-a)^n d\zeta=\int_0^{2\pi}r^n e^{in\theta}ire^{i\theta}d\theta$$
$$=\int_0^{2\pi}ir^{n+1}e^{i(n+1)\theta}d\theta$$
$$=\begin{cases}2\pi i & n=-1\\ \dfrac{r^{n+1}e^{2(n+1)\pi i}}{n+1}-\dfrac{r^{n+1}}{n+1}=0 & n\neq -1\end{cases}$$
□

例 2.9 $\Gamma: z=z(t)$ $(\sigma\leq t\leq\tau)$ を，原点を通らない PS 曲線とする．各 $u\in[\sigma,\tau]$ について，曲線 $\Gamma_u: z=z(t)$ $(\sigma\leq t\leq u)$ を考え，
$$\varphi(u)=\int_{\Gamma_u}\frac{dz}{z}\left(=\int_\sigma^u\frac{z'(t)}{z(t)}dt\right)$$

とおく．このとき，$\varphi(u)$ は多価関数 $\log(z(u)/z(\sigma))$ の1つの分枝を与える．より正確には，$\operatorname{Re}\varphi(u)=\log|z(u)/z(\sigma)|$ が成り立ち，$\Theta(u)=\operatorname{Im}\varphi(u)$ は次の条件を満たす $[\sigma,\tau]$ 上の連続関数である．

（ⅰ）$\Theta(\sigma)=0$

（ⅱ）任意の $u\in[\sigma,\tau]$ に対し，$\Theta(u)$ は，$z(u)/z(\sigma)$ の偏角の1つを表す．

なぜなら，$\psi(u)=z(u)e^{-\varphi(u)}$ とおくと，
$$\psi'(u)=z'(u)e^{-\varphi(u)}-z(u)e^{-\varphi(u)}\varphi'(u)=z'(u)e^{-\varphi(u)}-z(u)e^{-\varphi(u)}\frac{z'(u)}{z(u)}=0$$

が成り立つゆえ，ある定数 C に対し，$\psi(u)\equiv C$ となり，$z(u)=Ce^{\varphi(u)}$ と書ける．ここで，$\varphi(\sigma)=0$ より，$C=z(\sigma)$ が言え，(ⅰ), (ⅱ) が成り立つ．

一方,上の条件(i),(ii)を満たす連続関数 $\Theta(u)$ はただ 1 つしか存在しない.なぜなら,(i),(ii)を満たす他の連続関数 $\widetilde{\Theta}(t)$ をとり,$h(t) = (\widetilde{\Theta}(t) - \Theta(t))/2\pi$ とおくと,h は $[\sigma, \tau]$ 上でつねに整数値をとる連続関数である.h の像 $h([\sigma, \tau])$ は,孤立点ばかりからなる整数全体の集合 $\mathbb{Z}$ の連結部分集合ゆえ,1 点のみを含み,h は定数である.条件(i)から $h(\sigma) = 0$ ゆえ,$h \equiv 0$,従って,$\widetilde{\Theta} \equiv \Theta$ である.

関数 $\Theta(u)$ に対し,$\Theta(\tau)$ を,z が Γ 上を始点から終点まで動いたときの**偏角の増加量**と言う.特に,Γ が閉曲線のとき,$\Theta(\tau)/2\pi$ は整数である.この値を,Γ の原点の回りの**回転数**(winding number)と呼ぶ. □

(b) 弧長に関する線積分

f を,PS 曲線 $\Gamma: z = z(t) = x(t) + iy(t)$ ($\sigma \leq t \leq \tau$) 上の連続関数とする.

定義 2.10 f の Γ に沿った弧長に関する線積分を

$$(2.3) \qquad \int_\Gamma f(z)|dz| = \int_\sigma^\tau f(z(t))|z'(t)|dt$$

によって定義する. □

容易に示されるように,Γ_1 と Γ_2 が PS 曲線として等しければ,

$$\int_{\Gamma_1} f(z)|dz| = \int_{\Gamma_2} f(z)|dz|$$

また,命題 2.5 の証明と同様の計算で,次の命題を示すことができる.

命題 2.11

(i) 任意の定数 c, d および Γ 上の連続関数 f, g に対し,

$$\int_\Gamma (cf + dg)(z)|dz| = c\int_\Gamma f(z)|dz| + d\int_\Gamma g(z)|dz|$$

(ii) $\int_{-\Gamma} f(z)|dz| = \int_\Gamma f(z)|dz|$

(iii) $\int_{\Gamma_1 + \Gamma_2} f(z)|dz| = \int_{\Gamma_1} f(z)|dz| + \int_{\Gamma_2} f(z)|dz|$ □

PS 正則曲線 Γ の長さは,$L(\Gamma) = \int_\Gamma |dz| (< +\infty)$ で与えられる.Γ の $t = \sigma$ から $t = t$ までの長さを $s(t)$ とすると,$ds/dt = |z'(t)|$ であり,$s(t)$ は,t

§2.1 複素積分 —— 37

の区分的に滑らかな単調増加関数である.$s=s(t)$ の逆関数を $t=t(s)$ とし,$z(t(s))$ を改めて $z(s)$ とおく.このような**弧長助変数**(arc length parameter) s を用いれば,(2.3) は,

$$\int_\Gamma f(z)|dz| = \int_0^{L(\Gamma)} f(z(s))ds$$

と書き換えられる.これが,弧長に関する線積分と呼ばれる理由である.

命題 2.12 PS 曲線 Γ 上の連続関数 $f(z)$ に対し,

$$\left|\int_\Gamma f(z)dz\right| \leqq \int_\Gamma |f(z)||dz| \leqq \|f\|_\Gamma L(\Gamma)$$

ここで,$L(\Gamma)$ は Γ の長さを表す.

[証明] 最左辺が 0 なら明らかゆえ,$\int_\Gamma f(z)dz \neq 0$ と仮定し,

$$\theta = -\arg\left(\int_\sigma^\tau f(z(t))z'(t)dt\right)$$

とおく.このとき,

$$\left|\int_\sigma^\tau f(z(t))z'(t)dt\right| = e^{i\theta}\int_\sigma^\tau f(z(t))z'(t)dt$$
$$= \text{Re}\left(\int_\sigma^\tau e^{i\theta}f(z(t))z'(t)dt\right) = \int_\sigma^\tau \text{Re}(e^{i\theta}f(z(t))z'(t))dt$$
$$\leqq \int_\sigma^\tau |f(z(t))z'(t)|dt = \int_\Gamma |f(z)||dz| \leqq \|f\|_\Gamma L(\Gamma)$$

が成り立ち,命題 2.12 を得る. ∎

命題 2.13 PS 曲線 Γ 上の連続関数列 $\{f_n; n=1,2,\cdots\}$ が,Γ 上で関数 f に一様収束するとき,

$$\lim_{n\to\infty}\int_\Gamma f_n(z)dz = \int_\Gamma f(z)dz$$

[証明] 命題 2.12 により,

$$\left|\int_\Gamma f_n(z)dz - \int_\Gamma f(z)dz\right| \leqq \int_\Gamma |f_n(z)-f(z)||dz| \leqq \|f_n-f\|_\Gamma L(\Gamma)$$

一様収束の仮定から,$\lim_{n\to+\infty}\|f_n-f\|_\Gamma = 0$ ゆえ,求める結論を得る. ∎

§2.2　Cauchyの積分定理

定義 2.14　平面内の領域 D に対し，D 内の 2 つの連続閉曲線
$$\Gamma_j : z = z_j(t) \quad (0 \leqq t \leqq 1, j = 1, 2)$$
を考える．$[0,1] \times [0,1]$ から D への連続写像 $\varphi(t,u)$ で，条件

(H)
$\varphi(t,0) = z_1(t), \quad \varphi(t,1) = z_2(t) \quad (0 \leqq t \leqq 1)$
$\varphi(0,u) = z_1(0) = z_2(0), \quad \varphi(1,u) = z_1(1) = z_2(1) \quad (0 \leqq u \leqq 1)$

を満たすものが存在するとき，Γ_1 と Γ_2 は D でホモトープ(homotopic)であると言う．　□

容易に示されるように，任意の PS 閉曲線は，$[0,1]$ を定義域とする PS 閉曲線にホモトープである．また，ホモトープという関係は同値関係である．

例 2.15　単位円板 $\Delta = \{z ; |z| < 1\}$ の周 $\partial\Delta$ を $z = 1$ を始点(=終点)とした正の向きをもった閉曲線と考え，$m\partial\Delta$ によって，$m > 0$ のときこれを m 個結合したもの，$m = 0$ のときは定数曲線 $z(t) \equiv 1$，$m < 0$ のときは $-\partial\Delta$ を $|m|$ 個結合したものを表すことにする．$\mathbb{C} - \{0\}$ 内の点 $z = 1$ を始点(=終点)とする任意の PS 連続閉曲線 Γ に対し，Γ の原点の回りの回転数を m_0 とすると，Γ は $\mathbb{C} - \{0\}$ で $m_0\partial\Delta$ にホモトープである．

なぜなら，PS 連続閉曲線 $\Gamma : z = z(t) \, (0 \leqq t \leqq 1)$ は，写像
$$\varphi(t,u) = u\frac{z(t)}{|z(t)|} + (1-u)z(t)$$
を仲介にして，集合 $\{z ; |z| = 1\}$ に含まれた曲線 $\Gamma' : z = z(t)/|z(t)|$ にホモトープである．t が $t = 0$ から t まで動いたときの Γ' の偏角の増加量を $\Theta(t)$ とおくと，写像
$$\psi(t,u) = \exp i(2\pi m_0 ut + \Theta(t)(1-u))$$
を仲介にして，Γ' が $m_0\partial\Delta$ にホモトープである．　□

定義 2.16　領域 D 内の任意の連続閉曲線が定数曲線にホモトープであるとき，D を**単連結**(simply connected)であると言う．　□

例 2.17　領域 D 内の任意の 2 点について，その 2 点を結ぶ線分がまた D に含まれるとき，D は**凸領域**(convex domain)と呼ばれる．平面内の任意の

凸領域は単連結である．

なぜなら，任意の D 内の連続閉曲線 $\Gamma: z = z(t)$ $(0 \leq t \leq 1)$ は，写像
$$\varphi(t, u) = uz(0) + (1-u)z(t)$$
を仲介にして，定数曲線 $z(0)$ にホモトープである． □

本節の目的は，次の積分定理を証明することである．

定理 2.18（Cauchy の積分定理） f を単連結領域 D 上の正則関数とするとき，任意の区分的に滑らかな閉曲線 Γ に対し，
$$\int_\Gamma f(z)dz = 0$$
□

（a） 証明のための準備

定理 2.18 の証明には，いくつかの準備が必要である．まず，特別の場合をみる．

異なる 3 点 c, d, e を頂点とする閉 3 角形 T を考える．ここで，c, d, e は，$\partial T = \overrightarrow{cd} + \overrightarrow{de} + \overrightarrow{ec}$ が成り立つように順序づけられているものとする．

補題 2.19 f が T を含むある領域で正則であるとき，$\int_{\partial T} f(z)dz = 0$．

［証明］ 3 角形 T に対し，
$$\eta(T) = \int_{\partial T} f(z)dz$$
とおく．T の各辺の中点を結ぶ線分によって，T を 4 等分して，$T_0 = T$ を 4 つの 3 角形 $T_1^{(1)}, T_1^{(2)}, T_1^{(3)}, T_1^{(4)}$ の和として表す（図 2.1）．命題 2.5(ii), (iii)

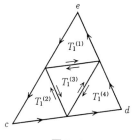

図 2.1

により，
$$\eta(T_0) = \sum_{i=1}^{4} \eta(T_1^{(i)})$$
が成り立つ．このとき，ある $i_1\,(1\leqq i_1\leqq 4)$ に対し，$|\eta(T_0)|/4\leqq |\eta(T_1^{(i_1)})|$ となる．なぜなら，もしそうでなかったら，矛盾した結論
$$|\eta(T_0)| \leqq \sum_{i=1}^{4} |\eta(T_1^{(i)})| < 4\times|\eta(T)|/4 = |\eta(T)|$$
に達するからである．$T_1 = T_1^{(i_1)}$ とおく．T_1 を 4 等分して 4 つの 3 角形 $T_2^{(1)}, T_2^{(2)}, T_2^{(3)}, T_2^{(4)}$ に分割し，同じ論法を適用すれば，ある $i_2\,(1\leqq i_2\leqq 4)$ に対し，$|\eta(T_1)|/4\leqq |\eta(T_2^{(i_2)})|$ となる．$T_2 = T_2^{(i_2)}$ とおく．これを続けると，
$$T_0 \supset T_1 \supset T_2 \supset \cdots \supset T_n \supset \cdots$$
および，$|\eta(T_n)|/4\leqq |\eta(T_{n+1})|\ (n=1,2,\cdots)$ を満たす 3 角形の列 $\{T_n\}$ が取れる．ここで，各 T_n は T を $1/2^n$ に縮めたものである．従って，$L = |c-d| + |d-e| + |e-c|$ とおくと，∂T_n の長さは，$L(\partial T_n) = L/2^n$ であり，
$$\mathrm{diam}\,T_n\,(=\sup\{|z-w|\,;\,z,w\in T_n\}) = \frac{\max(|c-d|,|d-e|,|e-c|)}{2^n} \leqq \frac{L}{2^n}$$
が成り立つ．このとき，命題 1.7 によって，1 点 $a\in \bigcap_{n=1}^{\infty} T_n$ が存在する．

一方，f の正則性の仮定から，a の近くで，
$$f(z) = f(a) + f'(a)(z-a) + \widetilde{\varepsilon}(z)(z-a),\quad \lim_{z\to a}\widetilde{\varepsilon}(z) = 0$$
を満たす関数 $\widetilde{\varepsilon}(z)$ がとれる．任意に正数 ε を与えたとき，ある正数 δ に対し，$\Delta_\delta(a)$ 上で，$|\widetilde{\varepsilon}(z)|<\varepsilon$ が成り立つ．このとき，$\lim_{n\to\infty}\mathrm{diam}\,T_n = 0$ から，十分大きな整数 n に対し，$T_n\subset \Delta_\delta(a)$．このような n に対し，例 2.7 に注意すれば，
$$\left|\int_{\partial T_n} f(z)dz\right| = \left|\int_{\partial T_n}(f(a)+f'(a)(z-a))dz + \int_{\partial T_n}\widetilde{\varepsilon}(z)(z-a)dz\right|$$
$$= \left|\int_{\partial T_n}\widetilde{\varepsilon}(z)(z-a)dz\right|$$
$$\leqq \int_{\partial T_n}|\widetilde{\varepsilon}(z)||z-a||dz| \leqq \varepsilon\frac{L}{2^n}\frac{L}{2^n} = \frac{\varepsilon L^2}{4^n}$$
が成り立つ．一方，

§2.2 Cauchyの積分定理 —— 41

$$|\eta(T_n)| \geq \frac{1}{4}|\eta(T_{n-1})| \geq \cdots \geq \frac{1}{4^n}|\eta(T_0)|$$

この両者を合わせると，$|\eta(T)| = |\eta(T_0)| \leq \varepsilon L^2$ を得る．正数 ε の任意性から，$\eta(T) = 0$ が結論される． ∎

補題 2.20 f を凸領域 D 上の正則関数とする．このとき，
 (ⅰ) $F'(z) = f(z)$ を満たす D 上の正則関数 F が存在する．
 (ⅱ) D 内の任意の PS 閉曲線 Γ に対し，$\int_\Gamma f(z)dz = 0$．

［証明］ 1 点 $z_0 \in D$ を任意にとって固定し，D 上の関数

$$F(z) = \int_{\overrightarrow{z_0z}} f(\zeta)d\zeta \quad (z \in D)$$

を考える．ここで，$\overrightarrow{z_0z}$ は，z_0 から z までを結ぶ有向線分を表す．仮定から，この線分は D に含まれる．任意の点 $a \in D$ に対し，$F'(a) = f(a)$ を示そう．十分 0 に近い h に対し，3 点 $z_0, a, a+h$ が作る 3 角形に補題 2.19 を適用して，

$$(2.4) \quad F(a+h) - F(a) - \int_{\overrightarrow{a(a+h)}} f(z)dz = \int_{\overrightarrow{z_0(a+h)} - \overrightarrow{z_0a} - \overrightarrow{a(a+h)}} f(z)dz$$

$$= \int_{\pm \partial T} f(z)dz = 0$$

を得る（図 2.2）．$\int_a^{a+h} f(a)dz = f(a)h$ ゆえ，

$$\left| \frac{F(a+h) - F(a)}{h} - f(a) \right| = \left| \frac{1}{h} \int_{\overrightarrow{a(a+h)}} (f(z) - f(a))dz \right|$$

$$\leq \sup\{|f(z) - f(a)| \,;\, |z-a| \leq |h|\}$$

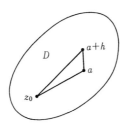

図 2.2

が得られ，f の連続性から，この値は，$h \to 0$ とともに 0 に収束する．従って，$F'(a) = f(a)$．また，命題 2.6 より (ii) を得る． ∎

(b) 正則関数の連続曲線に沿っての線積分

ここで，必ずしも区分的に滑らかでない連続曲線 $\Gamma: z = z(t)$ $(\sigma \leqq t \leqq \tau)$ および Γ を含む領域 D 上の正則関数 f に対し，f の Γ に沿っての線積分を説明する．

まず，D が凸領域の場合を述べる．このとき，補題 2.20 によって，D 上で $F'(z) = f(z)$ を満たす正則関数 F が存在する．この F を用いて，

$$\int_\Gamma f(z)dz = F(z(\sigma)) - F(z(\tau))$$

と定義する．容易に分かるように，この値は F の取り方によらない．また，命題 2.6 により，Γ が PS 曲線の場合には，以前に与えた定義と一致する．

領域が一般の場合，Γ の分割

(2.5) $\qquad \sigma = t_0 < t_1 < t_2 < \cdots < t_n = \tau$

で，条件

(D) $\qquad$ ある凸領域 D_i $(1 \leqq i \leqq n)$ に対し，$\{z(t); t_{i-1} \leqq t \leqq t_i\} \subset D_i$

を満たすものを考え，各 D_i 上で $F_i'(z) = f(z)$ を満たす正則関数 F_i をとり，

(2.6) $\qquad \displaystyle\int_\Gamma f(z)dz = \sum_{i=1}^n (F_i(z(t_i)) - F_i(z(t_{i-1})))$

と定義する（図 2.3）．ここで，この定義の妥当性を見るために，次を示す．

(i) 条件 (D) を満たす $[\sigma, \tau]$ の分割および関数 F_i を取ることができる．

(ii) (2.6) の右辺によって与えられる値は，f と Γ のみにより決まり，分割の取り方や D_i および F_i の選び方によらない．

(iii) Γ が PS 曲線の場合には，以前に定義した複素積分と一致する．

(i) を見るため，$\mathrm{dist}(\Gamma, \partial D)\, (= \inf\{|z - z'|; z \in \Gamma, z' \in \partial D\}) > \eta > 0$ を満たす η をとる．$z = z(t)$ の $[\sigma, \tau]$ 上での一様連続性から，十分小さな正数 δ に対し，

$$\sup\{|z(t) - z(t')|; |t - t'| < \delta, t, t' \in [\sigma, \tau]\} < \eta$$

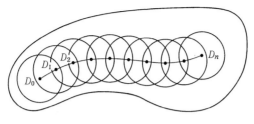

図 2.3

が成り立つ. $\max\{|t_i - t_{i-1}|\,;\, 1 \leqq i \leqq n\} < \delta$ を満たす分割 (2.5) をとれば, $D_i = \Delta_\eta(z(t_i))$ が条件 (D) を満たす. また, F_i の存在は補題 2.20 による.

(ii) を示そう. F_i の 2 通りの選び方に対して, その差が定数であることから, (2.6) の右辺の値が D_i や F_i の選び方によらないことは明らかである. 条件 (D) を満たす 2 通りの分割について比較する. 共通細分をとって対応する量を考え, それを仲立ちにして考えればよいから, 一方が他方の細分である場合を考えれば十分である. 分割 (2.5) の各細分区間 $[t_{i-1}, t_i]$ をさらに

$$t_{i-1} = u_{\ell_{i-1}} < u_{\ell_{i-1}+1} < \cdots < u_{\ell_i} = t_i$$

と細分した分割, すなわち, $[\sigma, \tau] = \bigcup_{i=1}^{n} \bigcup_{j=\ell_{i-1}+1}^{\ell_i} [u_{j-1}, u_j]$ を考える. このとき, 分割 (2.5) に対して考えた凸領域 D_i は, $\ell_{i-1}+1 \leqq j \leqq \ell_i$ に対して $\{z(t)\,;\, u_{j-1} \leqq t \leqq u_j\}$ を含む. 従って, このような j に対する D_j として, 共通の D_i がとれ, 各 F_j としても, 同じ F_i をとってよい. これより,

$$\sum_{j=1}^{\ell_n}(F_j(z(u_j)) - F_j(z(u_{j-1}))) = \sum_{i=1}^{n}(F_i(z(t_i)) - F_i(z(t_{i-1})))$$

(iii) は, 命題 2.5(iii) と (2.2) から明らかである.

平面内の 2 つの連続曲線 Γ_j ($\sigma_j \leqq t \leqq \tau_j$, $j = 1, 2$) に対し, 条件 (2.1) を満たす $[\sigma_1, \tau_1]$ 上の狭義単調連続関数が存在するとき, Γ_1 と Γ_2 は等しいと呼ばれる. また, 連続曲線 Γ の向きを逆にした曲線や, 連続曲線の結合の概念が, PS 曲線の場合と同様のやり方で定義され, 正則関数の連続曲線に沿った線積分に対しても命題 2.5 の公式 (i), (ii), (iii) が成り立つことが, 容易に確かめられる. さらに, 補題 2.20(ii) の結論が, 凸領域 D 内の任意の連続曲線に

ついて成り立つ.

(c) Cauchyの積分定理の証明

以上の準備のもとに，定理 2.18 の一般化である次の定理を証明しよう．

定理 2.21 領域 D 上の正則関数 f および D 内の 2 つの連続曲線
$$\Gamma_j : z = z_j(t) \quad (0 \leqq t \leqq 1, j = 1, 2)$$
に対し，Γ_1 と Γ_2 が D でホモトープならば，
$$\int_{\Gamma_1} f(z)dz = \int_{\Gamma_2} f(z)dz$$

[証明] 仮定より，$[0,1] \times [0,1]$ から D への連続写像 $\varphi(t, u)$ で，
$$\varphi(t, 0) = z_1(t), \quad \varphi(t, 1) = z_2(t) \quad (0 \leqq t \leqq 1)$$
$$\varphi(0, u) = z_1(0) = z_2(0), \quad \varphi(1, u) = z_1(1) = z_2(1) \quad (0 \leqq u \leqq 1)$$
を満たすものが存在する．$\text{dist}(\varphi([0,1] \times [0,1]), \partial D) > \eta > 0$ を満たす η をとる．$\varphi(t, u)$ の一様連続性から，十分小さな正数 δ に対し
$$\sup\{|\varphi(t, u) - \varphi(t', u')| ; |t - t'| < \delta, |u - u'| < \delta, t, t', u, u' \in [0, 1]\} < \eta$$
が成り立つ．$\max_{i,j}(t_i - t_{i-1}, u_j - u_{j-1}) < \delta$ を満たす $[0, 1] \times [0, 1]$ の分割
$$0 = t_0 < t_1 < \cdots < t_n = 1, \quad 0 = u_0 < u_1 < \cdots < u_m = 1$$
をとる(図 2.4)．このとき，$R_{ij} = [t_{i-1}, t_i] \times [u_{j-1}, u_j]$ に対し，
$$[0, 1] \times [0, 1] = \bigcup_{i,j} R_{ij}, \quad \varphi(R_{ij}) \subset \Delta_\eta(\varphi(t_i, u_j))$$
が言える．写像
$$\varphi|_{[t_{i-1}, t_i] \times \{u_{j-1}\}}, \quad \varphi|_{\{t_i\} \times [u_{j-1}, u_j]}, \quad \varphi|_{[t_{i-1}, t_i] \times \{u_j\}}, \quad \varphi|_{\{t_{i-1}\} \times [u_{j-1}, u_j]}$$
が決める連続曲線を，それぞれ，$\Gamma_{ij}^{(1)}, \Gamma_{ij}^{(2)}, \Gamma_{ij}^{(3)}, \Gamma_{ij}^{(4)}$ とすれば，曲線 $\Gamma_{ij} = \Gamma_{ij}^{(1)} + \Gamma_{ij}^{(2)} - \Gamma_{ij}^{(3)} - \Gamma_{ij}^{(4)}$ は，凸領域 $\Delta_\eta(\varphi(t_i, u_j))$ 内の連続閉曲線ゆえ，
$$\int_{\Gamma_{ij}} f(z)dz = 0$$
従って，$\sum_{i,j} \int_{\Gamma_{ij}} f(z)dz = 0$．一方，$[\sigma, \tau] \times [0, 1]$ の分割に使われた線分で内部にあるものについての積分は，和をとると互いに打ち消し合うゆえ，

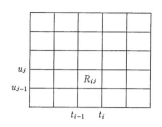
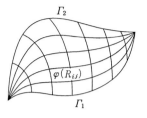

図 2.4

$$\sum_{i,j}\int_{\partial R_{ij}}f(z)dz = \int_{\Gamma_1+\Gamma_4-\Gamma_2-\Gamma_3}f(z)dz = 0$$

を得る．ここで，Γ_3, Γ_4 はそれぞれ，写像 $\varphi|_{\{0\}\times[0,1]}$ および $\varphi|_{\{1\}\times[0,1]}$ が決める曲線であり，φ に対する条件から，$\int_{\Gamma_3}f(z)dz = \int_{\Gamma_4}f(z)dz = 0$. 従って，

$$\int_{\Gamma_1}f(z)dz - \int_{\Gamma_2}f(z)dz = 0$$

を得る． ∎

§2.3　Cauchy の積分表示

(a) 正則関数の積分表示

定理 2.22（Cauchy の積分表示）　f を，閉円板 $\overline{\Delta_R(a)} = \{z;\ |z-a|\leqq R\}$ $(R>0)$ を含む領域 D 上の正則関数とする．このとき，$|z-a|<R$ に対し，

$$(2.7) \qquad f(z) = \frac{1}{2\pi i}\int_{|\zeta-a|=R}\frac{f(\zeta)}{\zeta-z}d\zeta$$

が成り立つ． □

証明のため，まず，次の補題を証明する．

補題 2.23　f を点 $a\in\mathbb{C}$ のある開近傍上の連続関数とする．このとき，

$$\lim_{\varepsilon\to 0}\frac{1}{2\pi i}\int_{|\zeta-a|=\varepsilon}\frac{f(\zeta)}{\zeta-a}d\zeta = f(a)$$

［証明］例 2.8 により，任意の正数 ε に対し，$\dfrac{1}{2\pi i}\int_{|\zeta-a|=\varepsilon}\dfrac{f(a)}{\zeta-a}d\zeta = f(a)$ が成り立つ．これより，正数 ε が十分小さいとき，

$$\left|\frac{1}{2\pi i}\int_{|\zeta-a|=\varepsilon}\frac{f(\zeta)}{\zeta-a}d\zeta - f(a)\right| = \left|\frac{1}{2\pi i}\int_{|\zeta-a|=\varepsilon}\frac{f(\zeta)-f(a)}{\zeta-a}d\zeta\right|$$

$$\leqq \frac{\sup\{|f(\zeta)-f(a)|\,;\,|\zeta-a|=\varepsilon\}}{2\pi}\frac{2\pi\varepsilon}{\varepsilon}$$

f の連続性から,この値は,$\varepsilon\to 0$ とするとき,0 に収束する. ∎

[定理 2.22 の証明] 任意の $z\in\Delta_R(a)$ に対し,$R-|z-a|>\varepsilon>0$ を満たす ε をとる.容易に分かるように,$D-\{z\}$ 内で,$\partial\Delta_R(a)$ は $\partial\Delta_\varepsilon(z)$ にホモトープである.ζ の関数 $f(\zeta)/(\zeta-z)$ は $D-\{z\}$ 上で正則ゆえ,定理 2.21 により,

$$\frac{1}{2\pi i}\int_{|\zeta-a|=R}\frac{f(\zeta)}{\zeta-z}d\zeta = \frac{1}{2\pi i}\int_{|\zeta-z|=\varepsilon}\frac{f(\zeta)}{\zeta-z}d\zeta$$

ここで,$\varepsilon\to 0$ とすると,補題 2.23 から,右辺は $f(z)$ に収束し,(2.7) を得る. ∎

命題 2.24 D を z 平面内の領域,Γ を ζ 平面内の PS 曲線とし,$f(z,\zeta)$ を $D\times\Gamma$ 上の連続関数とする.このとき,

(i) $F(z)=\int_\Gamma f(z,\zeta)d\zeta$ は z の連続関数である.

(ii) さらに,f が,任意に固定された $\zeta\in\Gamma$ に対し,z に関し正則であり,$f_z(z,\zeta)$ が $D\times\Gamma$ 上で連続なとき,

$$(2.8) \qquad F'(z) = \int_\Gamma \frac{\partial f}{\partial z}(z,\zeta)d\zeta \quad (z\in D)$$

が成り立つ.

[証明]

(i) 点 $a\in D$ に対し,$\overline{\Delta_{r_0}(a)}\subset D$ を満たす正数 r_0 をとる.任意の正数 $r<r_0$ に対し,$|z-a|<r$ のとき,

$$|F(z)-F(a)| \leqq \int_\Gamma |f(z,\zeta)-f(a,\zeta)||d\zeta|$$
$$\leqq \sup\{|f(z,\zeta)-f(a,\zeta)|\,;\,|z-a|\leqq r,\,\zeta\in\Gamma\}L(\Gamma)$$

が成り立つ.ここで,$L(\Gamma)$ は Γ の長さを表す.$f(z,\zeta)$ は,$\overline{\Delta_{r_0}(a)}\times\Gamma$ 上で一様連続ゆえ,この最右辺は,$r\to 0$ のとき 0 に収束し,F は a で連続であ

る．

（ii） $a \in D$ および 0 に十分近い $h (\neq 0)$ に対し，$g_h(t) = f(a+th, \zeta)$ とおくと，$g_h'(t) = h f_z(a+th, \zeta)$ が成り立つゆえ，

$$f(a+h, \zeta) - f(a, \zeta) = \int_0^1 g_h'(t) dt = h \int_0^1 f_z(a+th, \zeta) dt$$

が得られ，$F(a+h) - F(a) = \int_\Gamma (f(a+h, \zeta) - f(a, \zeta)) d\zeta$ より，

$$\left| \frac{F(a+h) - F(a)}{h} - \int_\Gamma f_z(a, \zeta) d\zeta \right|$$
$$\leq \int_\Gamma \left| \frac{1}{h}(f(a+h, \zeta) - f(a, \zeta)) - f_z(a, \zeta) \right| |d\zeta|$$
$$\leq \int_\Gamma \left| \int_0^1 (f_z(a+th, \zeta) - f_z(a, \zeta)) dt \right| |d\zeta|$$
$$\leq \sup\{|f_z(a+w, \zeta) - f_z(a, \zeta)|; |w| \leq |h|, \zeta \in \Gamma\} L(\Gamma)$$

この値は $h \to 0$ のとき 0 に収束する．従って，(2.8)が成り立つ． ∎

定理 2.25 正則関数 f に対し，f の導関数 f' もまた正則である．

[証明] f の定義域を D とする．各点 $a \in D$ に対し，$\overline{\Delta_R(a)} \subset D$ を満たす正数 R をとる．定理 2.22 により，$z \in \Delta_R(a)$ に対し(2.7)が成り立つ．一方，$\Delta_R(a) \times \partial \Delta_R(a)$ 上で $\dfrac{\partial}{\partial z}\left(\dfrac{f(\zeta)}{\zeta - z}\right) = \dfrac{f(\zeta)}{(\zeta - z)^2}$ が，z, ζ の連続関数ゆえ，

$$f'(z) = \frac{1}{2\pi i} \int_{|\zeta - a| = R} \frac{f(\zeta)}{(\zeta - z)^2} d\zeta$$

また，$\dfrac{\partial}{\partial z}\left(\dfrac{f(\zeta)}{(\zeta - z)^2}\right)$ も存在して連続ゆえ，f' も正則である． ∎

定理 2.25 を繰り返し適用することにより，正則関数が無限回複素微分可能であることが分かる．

系 2.26（Morera の定理） 領域 D 上の連続関数 f が，任意の D 内の PS 閉曲線 Γ に対し，$\int_\Gamma f(z) dz = 0$ を満たすとき，f は D 上で正則である．

[証明] 1点 $a_0 \in D$ を固定し，関数 F を

$$F(z) = \int_{\Gamma_z} f(\zeta) d\zeta \quad (z \in D)$$

によって定義する．ここで，Γ_z は a_0 と z を結ぶ D 内の任意の PS 曲線を表す．a_0, z を結ぶ2つの PS 曲線 $\Gamma_z^{(1)}, \Gamma_z^{(2)}$ に対し，$\Gamma_z^{(2)} - \Gamma_z^{(1)}$ は閉曲線ゆえ，

$$\int_{\Gamma_z^{(1)}} f(\zeta)d\zeta = \int_{\Gamma_z^{(1)}} f(\zeta)d\zeta + \int_{\Gamma_z^{(2)} - \Gamma_z^{(1)}} f(\zeta)d\zeta = \int_{\Gamma_z^{(2)}} f(\zeta)d\zeta$$

が言え，積分の値は，Γ_z の選び方によらず，z のみによって決まる．各点 $a \in D$ および十分 0 に近い h に対し，(2.4) が成り立ち，補題 2.20 の証明と同様のやり方で，$F' = f$ が示される．定理 2.25 により，F の導関数 f は正則である． ∎

(b) 正則関数の収束定理

正則関数の積分表示の応用として，次の収束定理を与える．

定理 2.27（Weierstrass の2重級数定理） 領域 D 上の正則関数列 $\{f_n; n = 1, 2, \cdots\}$ が，D 上で関数 f に局所一様収束するとき，

（ⅰ） $f(z)$ は，D 上の正則関数であり，

（ⅱ） 任意の正整数 k に対し，$\{f_n^{(k)}; n = 1, 2, \cdots\}$ は，D 上で，$f^{(k)}$ に局所一様収束する．

［証明］ 各点 $a \in D$ に対し，$\overline{\Delta_R(a)} \subset D$ を満たす正数 R を取る．(ⅰ), (ⅱ) いずれも，$\Delta_R(a)$ 上で示せば十分である．

（ⅰ） 定理 2.22 によって，$n = 1, 2, \cdots$ に対し

$$f_n(z) = \frac{1}{2\pi i} \int_{|\zeta - a| = R} \frac{f_n(\zeta)}{\zeta - z} d\zeta$$

仮定から，$\{f_n\}$ は $\Gamma_R = \{\zeta; |\zeta - a| = R\}$ 上で一様収束するゆえ，命題 2.13 により，

$$f(z) = \frac{1}{2\pi i} \int_{|\zeta - a| = R} \frac{f(\zeta)}{\zeta - z} d\zeta$$

定理 2.25 の証明と同様にして，

(2.9) $$f'(z) = \frac{1}{2\pi i} \int_{|\zeta - a| = R} \frac{f(\zeta)}{(\zeta - z)^2} d\zeta$$

が得られ，f は $\Delta_R(a)$ で正則である．

(ii) $k=1$ について言えば，一般の場合は帰納法で示される．$\Gamma_R = \partial \Delta_R(a)$ とおき，$0 < r < R$ を満たす r を任意にとる．(2.9)と共に，

$$f'_n(z) = \frac{1}{2\pi i} \int_{|\zeta-a|=R} \frac{f_n(\zeta)}{(\zeta-z)^2} d\zeta$$

が成り立ち，$|z-a| \leqq r$, $\zeta \in \Gamma_R$ に対し，$|\zeta-z| \geqq |\zeta-a|-|z-a| \geqq R-r$ が言えることから，$\overline{\Delta_r(a)}$ 上で

$$|f'_n(z) - f'(z)| \leqq \frac{1}{2\pi} \int_{|\zeta-a|=R} \left| \frac{f_n(\zeta)-f(\zeta)}{(\zeta-z)^2} \right| |d\zeta| \leqq \frac{\|f_n - f\|_{\Gamma_R} L(\Gamma_R)}{2\pi(R-r)^2}$$

最右辺は $n \to \infty$ のとき 0 に収束するゆえ，$\{f'_n\}$ は f' に局所一様収束する．∎

(c) Green の定理

ここで，Green の定理と Cauchy の積分定理との関係を述べよう．周知のように，実数値関数に対し，次の Green の定理が成り立つ([6], [9]参照).

定理 2.28（Green の定理） D を，互いに交わらない有限個の正則な単純閉曲線で囲まれた有界領域とし，$P(x,y), Q(x,y)$ を，$\overline{D}$ の開近傍上の C^1 級の実数値関数とする．このとき，

$$\iint_D \left(\frac{\partial Q}{\partial x} - \frac{\partial P}{\partial y} \right) dx dy = \int_{\partial D} P dx + Q dy$$

□

この定理を複素微分を使って書き直すことにより，次が得られる．

定理 2.29 定理 2.28 で述べた領域 D に対し，$f(z)$ を $\overline{D}$ の開近傍上の C^1 級の関数とする．このとき，

$$\iint_D \frac{\partial f}{\partial \overline{z}} dx dy = \frac{1}{2i} \int_{\partial D} f(z) dz$$

[証明] 定義 1.23, (1.7)および定理 2.28 を使えば，

$$\iint_D \frac{\partial f}{\partial \overline{z}} dx dy = \frac{1}{2} \iint_D (u_x - v_y) dx dy + \frac{i}{2} \iint_D (v_x + u_y) dx dy$$

$$= \frac{1}{2} \left(\int_{\partial D} (v dx + u dy) - i \int_{\partial D} (u dx - v dy) \right)$$

$$= \frac{1}{2i} \int_{\partial D} (u + iv)(dx + i dy)$$

が得られ，定理 2.29 が成り立つ．

これより，次の一般化された Cauchy の積分定理を導くことができる．

定理 2.30 D を，互いに交わらない有限個の正則な単純閉曲線で囲まれた有界領域とし，f を $\overline{D}$ の開近傍上の正則関数とする．このとき，

$$\int_{\partial D} f(z) dz = 0$$

[証明] 定理 2.25 により，正則関数はつねに C^1 級であり，$f_{\bar{z}} \equiv 0$ を満たす．従って，定理 2.30 は定理 2.29 の直接的結果である．

定理 2.31 D を定理 2.30 で述べた領域とする．$\overline{D}$ の開近傍上の C^1 級の関数 f に対し，

$$(2.10) \quad f(z) = \frac{1}{2\pi i} \int_{\partial D} \frac{f(\zeta)}{\zeta - z} d\zeta - \frac{1}{\pi} \iint_D \frac{1}{\zeta - z} \frac{\partial f}{\partial \bar{\zeta}} d\xi d\eta \quad (z \in D)$$

ここで，$\zeta = \xi + i\eta$．特に，f が正則のとき，

$$f(z) = \frac{1}{2\pi i} \int_{\partial D} \frac{f(\zeta)}{\zeta - z} d\zeta$$

[証明] 任意の $z \in D$ に対し，$\overline{\Delta_\varepsilon(z)} \subset D$ を満たす ε をとり，領域 $D'_\varepsilon = D - \overline{\Delta_\varepsilon(z)}$ とおく．$\overline{D'_\varepsilon}$ の開近傍上の ζ の関数 $f(\zeta)/(\zeta - z)$ に定理 2.29 を適用すれば，

$$\frac{1}{\pi} \iint_{D'_\varepsilon} \frac{1}{\zeta - z} \frac{\partial f}{\partial \bar{\zeta}} d\xi d\eta = \frac{1}{\pi} \iint_{D'_\varepsilon} \frac{\partial}{\partial \bar{\zeta}} \left(\frac{f(\zeta)}{\zeta - z} \right) d\xi d\eta$$

$$= \frac{1}{2\pi i} \int_{\partial D} \frac{f(\zeta)}{\zeta - z} d\zeta - \frac{1}{2\pi i} \int_{|\zeta - z| = \varepsilon} \frac{f(\zeta)}{\zeta - z} d\zeta$$

$\varepsilon \to 0$ とするとき，最左辺は D 全体の上の広義積分に近づき，最右辺の第 2 項は，補題 2.23 により，$f(z)$ に収束する．これより，(2.10) を得る．後半は，Cauchy–Riemann の関係式による．

§2.4 正則関数の級数展開

(a) ベキ級数の収束性

1点 $a \in \mathbb{C}$ および数列 $\{c_n\}_{n=1}^{\infty}$ により,

(2.11) $$\sum_{n=0}^{\infty} c_n(z-a)^n$$

の形で与えられる関数項級数を，**ベキ級数**(power series)という．ここで，$(z-a)^0$ は，$z=a$ のときも込めて 1 に等しいものとする．

ベキ級数の収束性に関して次が成り立つ．

定理 2.32 ベキ級数(2.11)が点 $z_0(\neq a)$ で収束するとき，開円板 $\Delta_{|z_0-a|}(a)$ で，絶対かつ局所一様収束する．

[証明] $\sum_{n=0}^{\infty} c_n(z_0-a)^n$ の収束性から，$\lim_{n \to \infty} c_n(z_0-a)^n = 0$．従って，
$$|c_n(z_0-a)^n| \leqq M \quad (n=1,2,\cdots)$$
を満たす正定数 M が存在する．このとき，$0 < r < |z_0-a|$ を満たす r に対し，

$$|c_n(z-a)^n| = |c_n(z_0-a)^n|\left(\frac{|z-a|}{|z_0-a|}\right)^n \leqq M\left(\frac{r}{|z_0-a|}\right)^n \quad (|z-a| \leqq r)$$

が成り立つ．$\sum_{n=1}^{\infty} M(r/|z_0-a|)^n < +\infty$ より，$\sum_{n=0}^{\infty} |c_n(z-a)^n|$ は収束し，命題 1.21 によって，(2.11)は $\overline{\Delta_r(a)}$ 上で一様収束する． ∎

定義 2.33 ベキ級数(2.11)に対し，
$$R_0 = \sup\{R \geqq 0;\ |z_0-a|=R\ \text{を満たすある点}\ z_0\ \text{で}\ (2.11)\ \text{が収束}\}$$
とおく．R_0 を(2.11)の**収束半径**(radius of convergence)と呼ぶ． □

$R_0 = 0$ となることは，a 以外のすべての z で(2.11)が発散することを意味し，$R_0 = +\infty$ は，(2.11)が $\mathbb{C}$ 全体で収束することに同値である．また，$0 < R_0 < +\infty$ の場合は，定理 2.32 から容易に分かるように，(2.11)は，$\{z;\ |z-a| < R_0\}$ で収束し，$\{z;\ |z-a| > R_0\}$ のどの点でも発散する．$\{z;\ |z-a| = R_0\}$ では，収束発散いずれも起こり得る．

例題 2.34 $\rho = \limsup_{n \to +\infty} \sqrt[n]{|c_n|}$ とおくとき，収束半径は，$1/\rho$ で与えられ

ることを示せ.ここで,$1/0=+\infty$, $1/+\infty=0$ とみなす.

[解] $\rho<+\infty$ とし,$|z-a|<1/\rho$ を満たす z を考える.$|z-a|\rho<r<1$ を満たす r をとれば,ある番号 n_0 以上のすべての n に対し,$|z-a|\sqrt[n]{|c_n|}<r$,従って,$|c_n||z-a|^n \leqq r^n$ が言え,$\sum_{n=n_0}^{\infty} r^n<+\infty$ ゆえ,(2.11)が z で収束する.一方,$\rho>0$ とし,$|z-a|>1/\rho$ を満たす z をみる.上極限の性質から,$|z-a|\sqrt[n_k]{|c_{n_k}|}>1$ を満たす $\{c_n\}$ の部分列 $\{c_{n_k}\}_{k=1}^{\infty}$ が存在する.このとき,$|c_{n_k}||z-a|^{n_k} \geqq 1$ ゆえ,$\lim_{n\to\infty}|c_n||z-a|^n=0$ ではあり得ない.従って,(2.11)は z で発散する.これより,収束半径は $1/\rho$ である.

問1 任意の数列 $\{c_n\}$ ($c_n \neq 0$) に対し,次を示せ.
$$\liminf_{n\to\infty}\frac{|c_{n+1}|}{|c_n|} \leqq \liminf_{n\to\infty}\sqrt[n]{|c_n|} \leqq \limsup_{n\to\infty}\sqrt[n]{|c_n|} \leqq \limsup_{n\to\infty}\frac{|c_{n+1}|}{|c_n|}$$
これより,ベキ級数 $\sum_{n\geqq 0} c_n(z-a)^n$ に対し,$\rho=\lim_{n\to+\infty}\frac{|c_{n+1}|}{|c_n|}$ が存在するとき,この級数の収束半径は,$1/\rho$ であることを導け.

定理2.35 ベキ級数 $\sum_{n=0}^{\infty} c_n(z-a)^n$ に対し,収束半径 R_0 が 0 と異なるとき,

(2.12) $$f(z)=\sum_{n=0}^{\infty} c_n(z-a)^n$$

は,開円板 $\Delta_{R_0}(a)$ 上で正則であり,その k 次導関数は,

(2.13) $$f^{(k)}(z)=\sum_{n=k}^{\infty} n(n-1)\cdots(n-k+1)c_n(z-a)^{n-k}$$

で与えられる.

[証明] 部分和 $\sum_{k=0}^{n} c_k(z-a)^k$ は多項式ゆえ,正則である.従って,定理2.27(i)により,その局所一様収束極限である f は $\Delta_{R_0}(a)$ 上で正則である.後半は,定理2.27(ii)による.

系2.36 正の収束半径をもつベキ級数で与えられる関数(2.12)に対し,
$$c_k=\frac{1}{k!}f^{(k)}(a) \quad (k=0,1,2,\cdots)$$

[証明] (2.13)において $z=a$ を代入することにより,容易に得られる. ∎

ベキ級数に関連して,

(2.14) $$\sum_{n=1}^{\infty} \frac{c_n}{(z-a)^n}$$

の形で与えられる級数について触れておこう.

命題 2.37 級数(2.14)が点 $z_0(\neq a)$ で収束するとき,任意の $r>|z_0-a|$ に対し,$\{z;|z-a|\geqq r\}$ で絶対かつ一様収束する.これより,
$$R_0 = \inf\{R\geqq 0; |z_0-a|=R を満たすある点 z_0 で(2.14)が収束\}$$
とおくと,(2.14)の極限関数は,$\{z;|z-a|>R_0\}$ で正則である.

[証明] $\zeta=a+1/(z-a)$ とおくと,(2.14)は,$\sum_{n=1}^{\infty} c_n(\zeta-a)^n$ を表され,命題 2.37 は,定理 2.32 に帰着される. ∎

(b) 正則関数のベキ級数展開

正則関数の級数展開定理を与えるため,まず次の補題を与える.

補題 2.38 $\Gamma=\{\zeta;|\zeta-a|=R\}$ $(R>0)$ 上の連続関数 f に対し,級数展開

$$\frac{1}{2\pi i}\int_\Gamma \frac{f(\zeta)}{\zeta-z}d\zeta = \begin{cases} \sum_{n=0}^{\infty} c_n(z-a)^n & |z-a|<R \\ -\sum_{n=1}^{\infty} \frac{c_{-n}}{(z-a)^n} & |z-a|>R \end{cases}$$

が成り立つ.ここで,

(2.15) $$c_n = \frac{1}{2\pi i}\int_{|\zeta-a|=R} \frac{f(\zeta)}{(\zeta-a)^{n+1}}d\zeta \quad (n=0,\pm 1,\pm 2,\cdots)$$

[証明] まず $|z-a|<R$ の場合を考える.$|z-a|<r<R$ を満たす r をとる.$|\zeta-a|=R$ に対し,$|(z-a)/(\zeta-a)|\leqq r/R<1$ であることに注意すれば,

$$\frac{f(\zeta)}{\zeta-z} = \frac{f(\zeta)}{(\zeta-a)\left(1-\frac{z-a}{\zeta-a}\right)} = \sum_{n=0}^{\infty} \frac{f(\zeta)(z-a)^n}{(\zeta-a)^{n+1}}$$

が得られ，これは $\partial\Delta_R(a)$ 上で一様収束である．従って，$\Delta_r(a)$ 上で，

$$\frac{1}{2\pi i}\int_{|\zeta-a|=R}\frac{f(\zeta)}{\zeta-z}d\zeta = \sum_{n=0}^{\infty}\left(\frac{1}{2\pi i}\int_{|\zeta-a|=R}\frac{f(\zeta)}{(\zeta-a)^{n+1}}d\zeta\right)(z-a)^n$$

を得る．右辺の $(z-a)^n$ の係数を c_n とおけば，求める結果を得る．

次に，$|z-a|>R$ とし，$|z-a|>r>R$ を満たす r をとる．$|\zeta-a|=R$ のとき，$|\zeta-a|/|z-a|\leq R/r<1$ ゆえ，

$$\frac{f(\zeta)}{\zeta-z} = -\frac{f(\zeta)}{(z-a)\left(1-\frac{\zeta-a}{z-a}\right)} = -\sum_{n=0}^{\infty}\frac{f(\zeta)(\zeta-a)^n}{(z-a)^{n+1}}$$

が成り立ち，ζ に関して一様収束する．従って，n を1つずらせて，

$$\frac{1}{2\pi i}\int_{|\zeta-a|=R}\frac{f(\zeta)}{\zeta-z}d\zeta = -\sum_{n=1}^{\infty}\left(\frac{1}{2\pi i}\int_{|\zeta-a|=R}f(\zeta)(\zeta-a)^{n-1}d\zeta\right)(z-a)^{-n}$$

を得る．右辺の $(z-a)^{-n}$ の係数を c_{-n} とおけば，求める級数展開を得る．$-n$ を n と書き換えれば，この場合にも(2.15)が成り立つ．∎

定理 2.39 f を領域 D 上の正則関数とし，1点 $a\in D$ に対し，

$$R_a = \mathrm{dist}(a, \partial D)$$

とおく．このとき，f は，$\Delta_{R_a}(a)$ 上で収束するベキ級数

(2.16) $$f(z) = \sum_{n=0}^{\infty} c_n(z-a)^n$$

に一意的に展開される．ここで，c_n $(n\geq 0)$ は，$0<R<R_a$ を満たす任意の R に対し(2.15)で与えられる．

[証明] $0<r<R<R_a$ を満たす任意の r, R をとるとき，定理2.22により，$z\in\Delta_r(a)$ に対し(2.7)が成り立ち，補題2.38により，$\Delta_r(a)$ 上で(2.16)が得られる．系2.36を見れば分かるように，f が a の近くでベキ級数展開されたとき，その係数は一意的に決まり，r, R を取り替えても同じ展開式が得られる．従って，$\Delta_{R_a}(a)$ 上で(2.16)が成り立つ．∎

(c) Laurent 展開

定理 2.40 f を $\Delta_{R_2}^{R_1}(a) = \{z;\ R_1<|z-a|<R_2\}$ $(0\leq R_1<R_2\leq\infty)$ 上の

正則関数とする．このとき，f は，$\Delta_{R_2}^{R_1}(a)$ 上で絶対かつ局所一様収束する級数

$$(2.17) \quad f(z) = \sum_{-\infty < n < +\infty} c_n(z-a)^n = \sum_{n=1}^{\infty} \frac{c_{-n}}{(z-a)^n} + \sum_{n=0}^{\infty} c_n(z-a)^n$$

に一意的に展開される．ここで，係数 c_n は，$R_1 < R < R_2$ を満たす任意の R によって，(2.15)で与えられる．

［証明］まず，展開の一意性を示す．f が $\Delta_{R_2}^{R_1}(a)$ 上で，絶対かつ局所一様収束する級数(2.17)に展開されたとき，任意の整数 m および $R_1 < R < R_2$ に対し

$$\frac{1}{2\pi i}\int_{|\zeta-a|=R}\frac{f(\zeta)}{(\zeta-a)^{m+1}}d\zeta = \sum_{-\infty<n<+\infty}\frac{c_n}{2\pi i}\int_{|\zeta-a|=R}(\zeta-a)^{n-m-1}d\zeta$$
$$= c_m$$

が成り立つ．また，$f(\zeta)/(\zeta-a)^{m+1}$ が $\Delta_{R_2}^{R_1}(a)$ 上で正則であり，$\partial\Delta_R(a)$ が，R を変えても互いにホモトープであることから，この値は R に依存しない．従って，c_m は f のみにより一意的に決まる．

次に，展開の存在を示す．$R_1 < |z-a| < R_2$ を満たす z に対し，$R_1 < r_1 < |z-a| < r_2 < R_2$ を満たす任意の r_1, r_2 をとる．このとき，定理2.31の後半により，

$$f(z) = \frac{1}{2\pi i}\int_{|\zeta-a|=r_2}\frac{f(\zeta)}{\zeta-z}d\zeta - \frac{1}{2\pi i}\int_{|\zeta-a|=r_1}\frac{f(\zeta)}{\zeta-z}d\zeta$$

が成り立つ．それぞれの項に補題2.38における展開を行えば求める結果を得る． ∎

$\Delta_{R_2}^{R_1}(a)$ 上の正則関数 f に対し，級数(2.17)を f の **Laurent 展開**(Laurent expansion)という．特に $R_1 = 0$ のとき，f の a の近くでの Laurent 展開という．

定理2.40において，f が $\Delta_{R_2}(a)$ で正則なとき，$n < 0$ に対して，$c_n = 0$ が成り立つ．これは定理2.39における展開に他ならない．

§2.5 正則関数の基本的諸性質

(a) 一致の定理

定理 2.41 領域 D 上の正則関数 f が, 1 点 $a_0 \in D$ において
$$f^{(n)}(a_0) = 0 \quad (n = 1, 2, \cdots)$$
を満たすとき, f は定数関数である.

[証明] D の部分集合
$$O_1 = \{a \in D\,;\, f^{(n)}(a) = 0,\, n = 1, 2, \cdots\}$$
および, $O_2 = D - O_1$ を考える. O_2 は開集合である. なぜなら, 任意に $a \in O_2$ に対し, $f^{(n_0)}(a) \neq 0$ を満たすある n_0 が存在し, $f^{(n_0)}$ の連続性から, a の近傍 $U(\subset D)$ 上でも $f^{(n_0)}(z) \neq 0$, 従って, $U \subset O_2$ が言え, a は O_2 の内点である. O_1 も開集合である. なぜなら, 任意の $a \in O_1$ に対し, f は, $\overline{\Delta_R(a)} \subset D$ を満たす開円板 $\Delta_R(a)$ 上で, (2.16)の形に展開されるが, O_1 の定義から $c_n = f^{(n)}(a)/n! = 0$ $(n = 1, 2, \cdots)$ が言え, $\Delta_R(a)$ 上で $f \equiv c_0$ となる. これより, $\Delta_R(a) \subset O_1$ となり, a は O_1 の内点である.

仮定から, $a \in O_1$, 従って $O_1 \neq \emptyset$. O_j の定義から, $D = O_1 \cup O_2$, $O_1 \cap O_2 = \emptyset$ が成り立つ. D の連結性から, $O_2 = \emptyset$ かつ $O_1 = D$ が帰結される. 従って $f' \equiv 0$ となり, f は D 上で定数である. ∎

定理 2.42 (一致の定理) 領域 D 上の 2 つの正則関数 f, g に対し, 集合 $\{z \in D\,;\, f(z) = g(z)\}$ が D 内に集積点を持てば, $f \equiv g$ が成り立つ.

[証明] 仮定から, 1 点 $a_0 \in D$ に収束する数列 $\{a_\ell\,;\, \ell = 1, 2, \cdots\}(\subset D)$ で, $a_\ell \neq a_0$, $f(a_\ell) = g(a_\ell)$ $(\ell = 1, 2, \cdots)$ を満たすものが存在する. $h = f - g$ とおき $h \not\equiv 0$ と仮定する. 定理 2.39 により, 十分小さい開円板 $\Delta_R(a_0)$ 上で, h は
$$h(z) = \sum_{n=m}^{\infty} c_n(z - a_0)^n \quad (ここで, c_m \neq 0)$$
と展開される. そこで, $\widetilde{h}(z) = \sum_{n=m}^{\infty} c_n(z - a_0)^{n-m}$ とおく. $\widetilde{h}$ は $\Delta_R(a_0)$ 上で正則であり, $h(z) = (z - a_0)^m \widetilde{h}(z)$ が成り立つ. 仮定から,
$$(a_\ell - a_0)^m \widetilde{h}(a_\ell) = h(a_\ell) = 0 \quad (\ell = 1, 2, \cdots)$$

が言え，$\widetilde{h}(a_\ell)=0$ を得る．従って，

$$0 = \lim_{\ell \to \infty} \widetilde{h}(a_\ell) = \widetilde{h}(a_0) = c_m$$

これは矛盾である．従って $h \equiv 0$，すなわち $f \equiv g$ が成り立つ． ∎

(b) 級数展開の係数評価

定理 2.43 (Gutzmer の不等式)　$\Delta_{R_2}^{R_1}(a) = \{z\,;\,R_1 < |z-a| < R_2\}$ $(0 \leqq R_1 < R_2 \leqq \infty)$ 上の正則関数 f に対し，

$$f(z) = \sum_{-\infty < n < +\infty} c_n (z-a)^n \quad (z \in \Delta_{R_2}^{R_1}(a))$$

が成り立つとき，任意の $R_1 < R < R_2$ に対し，

$$(2.18) \quad \sum_{-\infty < n < +\infty} |c_n|^2 R^{2n} = \frac{1}{2\pi} \int_0^{2\pi} |f(a+Re^{i\theta})|^2 d\theta \quad (\leqq +\infty)$$

特に，$\Delta_{R_2}^{R_1}(a)$ 上で $|f(z)| \leqq M$ を満たす定数 M が存在するとき，

$$\sum_{-\infty < n < +\infty} |c_n|^2 R^{2n} \leqq M^2$$

［証明］　(2.18) の右辺を $I(r)$ とおくと，

$$\int_0^{2\pi} e^{i(m-n)\theta} d\theta = \begin{cases} \int_0^{2\pi} d\theta = 2\pi & m = n \\ \left[\dfrac{1}{i(m-n)} e^{i(m-n)\theta} \right]_{\theta=0}^{\theta=2\pi} = 0 & m \neq n \end{cases}$$

が成り立つことから，

$$I(r) = \frac{1}{2\pi} \int_0^{2\pi} \left(\sum_n c_n R^n e^{in\theta} \right) \left(\sum_m \bar{c}_m R^m e^{-im\theta} \right) d\theta$$

$$= \sum_{n,m} \frac{1}{2\pi} \int_0^{2\pi} c_n \bar{c}_m R^{m+n} e^{i(n-m)\theta} d\theta$$

$$= \sum_n |c_n|^2 R^{2n}$$

を得る．後半は前半より明らかである． ∎

定理 2.43 の応用として，正則関数のいくつかの重要な性質を導こう．

定理 2.44（Cauchy の係数評価）　$\Delta_R(a)$ 上で $|f(z)| \leq M$ $(M > 0)$ を満たす正則関数 f のベキ級数展開 (2.16) に対し，

$$|c_n| \leq \frac{M}{R^n}$$

［証明］　定理 2.43 によって，任意の $r < R$ に対し，

$$|c_n|^2 r^{2n} \leq \sum_{m=0}^{\infty} |c_m|^2 r^{2m} \leq M^2$$

が成り立ち，$|c_n| \leq M/r^n$ を得る．$r \to R$ とすれば，求める結果を得る．∎

複素平面全体で正則な関数は**整関数**（integral function, entire function）と呼ばれる．

定理 2.45（Liouville の定理）　有界な整関数は定数のみである．

［証明］　仮定により，$|f(z)| \leq M$ $(z \in \mathbb{C})$ を満たす定数 M が存在する．f のベキ級数展開 $f(z) = \sum_{n=0}^{\infty} c_n z^n$ に対し，任意の正数 R について，$|c_n| \leq M/R^n$ が成り立つ．$R \to \infty$ として，$c_n = 0$ $(n \geq 1)$ が得られ，f は定数である．∎

Liouville の定理から，いわゆる**代数学の基本定理**が導かれる．

定理 2.46　定数でない任意の多項式は，少なくとも 1 つの零点をもつ．

［証明］　零点をもたない $n \, (\geq 1)$ 次多項式

$$f(z) = a_0 z^n + a_1 z^{n-1} + \cdots + a_n \quad (\text{ここで}, \, a_0 \neq 0)$$

が存在したとする．関数 $g(z) = 1/f(z)$ は $\mathbb{C}$ 上で正則である．一方，

$$\lim_{|z| \to +\infty} |g(z)| \leq \lim_{|z| \to +\infty} \frac{1}{|z|^n \left(|a_0| - \frac{|a_1|}{|z|} - \cdots - \frac{|a_n|}{|z|^n} \right)} = 0$$

ゆえ，ある正数 R_0 に対し，$\{z; |z| \geq R_0\}$ 上で，$|g(z)| < 1$ が言える．従って，

$$|g(z)| \leq \max(1, \max\{|g(z)|; |z| \leq R_0\}) < +\infty \quad (z \in \mathbb{C})$$

が成り立ち，g は有界である．定理 2.45 によって g は定数である．従って，f が定数関数となり，仮定に矛盾する．∎

Liouville の定理に関連して，次の定理が成り立つ．

定理 2.47（Riemann の特異点除去可能定理）　$\Delta_R^0 = \{z; 0 < |z-a| < R\}$

$(R>0)$ 上の任意の有界正則関数 f は,$\{z\,;\,|z-a|<R\}$ 上の正則関数に拡張できる.

[証明]　$\Delta_R^0(a)$ 上で $|f(z)| \leq M$ $(M>0)$ のとき,f の Laurent 展開を

$$f(z) = \sum_{n=-\infty}^{+\infty} c_n(z-a)^n$$

とすると,任意の負の整数 m に対し,定理2.43により,

$$|c_m|^2 R^{2m} \leq \sum_{n=-\infty}^{+\infty} |c_n|^2 R^{2n} \leq M^2$$

特に,$|c_m| \leq MR^{|m|}$ が成り立つ.$R \to 0$ として,$c_m = 0$ が得られ,f は

$$f(z) = \sum_{n=0}^{+\infty} c_n(z-a)^n$$

と展開される.$f(a) = c_0$ とおけば,f は $\Delta_R(a)$ 上の正則関数になる.　∎

(c) 最大絶対値の原理

定理 2.48(最大絶対値の原理)　f を領域 D 上の正則関数とする.D 内の 1 点 a に対し,

$$|f(a)| = \sup\{|f(\zeta)|\,;\,\zeta \in D\}$$

が成り立つならば,f は定数である.

[証明]　$\Delta_R(a) \subset D$ を満たす正数 R をとる.f の $\Delta_R(a)$ 上でのベキ級数展開 $f(z) = \sum_{n=0}^{\infty} c_n(z-a)^n$ に対し,

$$|f(a)|^2 = |c_0|^2 \leq |c_0|^2 + \sum_{n=1}^{\infty} |c_n|^2 R^{2n} \leq \|f\|_D^2 = |f(a)|^2$$

が成り立つことから,$c_n = 0$ $(n=1,2,\cdots)$ が得られる.従って,$\Delta_R(a)$ 上で,$f \equiv c_0$ となり,一致の定理から,D 全体で定数である.　∎

系 2.49　有界領域 D に対し,$\overline{D}$ 上の連続関数 f が D で正則ならば,

$$\max\{|f(z)|\,;\,z \in \partial D\} = \max\{|f(z)|\,;\,z \in \overline{D}\}$$

[証明]　f は有界閉集合 $\overline{D}$ 上の連続関数ゆえ,1 点 $a \in \overline{D}$ で最大値をとる.$a \in D$ なら,定理2.48により f は定数であり,a を取り替え $a \in \partial D$ としてよい.　∎

最大絶対値の原理から次の定理を導くことができる.

定理 2.50（Schwarz の補題） f を $|f(z)| \leqq 1$ および $f(0) = 0$ を満たす単位開円板 $\Delta = \{z; |z| < 1\}$ 上の正則関数とする. このとき,
$$|f'(0)| \leqq 1, \quad |f(z)| \leqq |z| \quad (z \in \Delta)$$
もし, $|f'(0)| = 1$ か, または $|f(z_0)| = |z_0|$ をみたす点 $z_0 \in \Delta - \{0\}$ が存在すれば, ある $\theta \in \mathbb{R}$ によって, $f(z) \equiv e^{i\theta}z$ と書ける.

［証明］ 仮定から, f は, $f(z) = \sum\limits_{n=1}^{\infty} c_n z^n$ の形に展開されるゆえ,
$$g(z) = \sum_{n=1}^{\infty} c_n z^{n-1} = \begin{cases} \dfrac{f(z)}{z} & z \neq 0 \\ c_1 = f'(0) & z = 0 \end{cases}$$
とおくと, g は Δ 上の正則関数である. 正数 $r (<1)$ を任意にとる. $0 < |z| \leqq r$ を満たす z について, 最大絶対値の原理により,
$$|g(z)| \leqq \max\{|g(\zeta)|; |\zeta| = r\} = \max\left\{\frac{|f(\zeta)|}{r}; |\zeta| = r\right\} \leqq \frac{1}{r}$$
が成り立つ. $r \to 1$ とすることによって, $|g(z)| \leqq 1$ を得る. 特に, $|g(0)| = |f'(0)| \leqq 1$ が成り立つ. また, $z \neq 0$ のとき, $|f(z)| = |z||g(z)| \leqq |z|$. この式は, $z = 0$ についても明らかに正しい. 後半は, 仮定から $|g|$ が Δ の内部で最大値をとり, 定数関数になることによる. ∎

《要約》

2.1 複素積分は, 複素関数の曲線に沿っての線積分であり, 線形性, 加法性などの公式が成り立つ.

2.2 正則関数に対し, ホモトープである 2 つの曲線に沿っての複素積分は等しい.

2.3 正則関数の各点での値は, 領域の周囲の値の積分によって計算される.

2.4 円板上の正則関数はベキ級数に展開され, 円環上の正則関数は, Laurent 級数として表される.

2.5 定数でない正則関数の絶対値は, 領域の内部で最大値をとることがない.

―――― 演習問題 ――――

2.1 凸領域 D 上の正則関数 f に対し，$\operatorname{Re} f'(z) > 0$ ($z \in D$) のとき，写像 $f: D \to \mathbb{C}$ は単射であることを示せ．

2.2 $\Delta h = 0$ を満たす C^2 級の関数 h は**調和関数**(harmonic function) と呼ばれる．正則関数 f の実部および虚部は，調和関数であることを示せ．また，単連結領域 D 上の調和関数 u に対し，$f = u + iv$ が D 上で正則となるような調和関数 v が存在することを示せ．

2.3 h を $\overline{\Delta_R(a)}$ を含む領域の上の調和関数とする．$0 \leq r < R$ に対し，次を示せ．
$$h(a + re^{i\theta}) = \frac{1}{2\pi} \int_0^{2\pi} h(a + Re^{i\phi}) \frac{R^2 - r^2}{R^2 - 2Rr\cos(\theta - \phi) + r^2} d\phi$$

2.4 Δ 上の正則関数 $f(\zeta) = \sum_{n=1}^{\infty} c_n \zeta^n$, $g(\zeta) = \sum_{n=1}^{\infty} d_n \zeta^n$ および $0 < r < 1$ に対し次を示せ．

(i) $\displaystyle \frac{1}{2\pi} \int_{|\zeta|=1} f(e^{i\theta}) \overline{g(e^{i\theta})} d\theta = \sum_{n=1}^{\infty} c_n \overline{d_n} r^{2n}$

(ii) $\displaystyle \frac{2}{\pi} \int_0^r \frac{dt}{t} \iint_{|\zeta| \leq t} |f'(x+iy)|^2 dx dy = \frac{1}{2\pi} \int_0^{2\pi} |f(re^{i\theta})|^2 d\theta - |f(0)|^2$

2.5 整関数 f に対し，任意に固定された y について，$u(x,y) = \operatorname{Re} f(z)$ ($z = x + iy \in \mathbb{C}$) が x の多項式であるとき，f は z の多項式であることを示せ．

2.6 $\phi(u, v)$ を，$\{(u, v) ; \phi_u(u,v) = \phi_v(u,v) = 0\}$ が離散集合であるような $\mathbb{R}^2$ 上の C^1 級の関数とする．領域 D 上の正則関数 $f(z) = u(z) + iv(z)$ に対し，$\phi(u(z), v(z)) \equiv 0$ が成り立つとき，f は定数関数であることを示せ．

2.7 K を領域 D の有界閉部分集合とする．正数 C を適当にとれば，任意の D 上の正則関数 f に対し，次が成り立つことを示せ．
$$\|f\|_K \leq C \left(\iint |f(x+iy)|^2 dx dy \right)^{1/2}$$

2.8 領域 D に対し，
$$H^2(D) = \{f ; f\text{ は }D\text{ 上で正則でありかつ }\|f\|_{2,D} = \left(\iint_D |f|^2 dx dy \right)^{1/2} < +\infty\}$$
とおく．$H^2(D)$ 内の関数列 $\{f_n\}$ が，$\lim_{m,n \to \infty} \|f_m - f_n\|_{2,D} = 0$ を満たせば，$\{f_n\}$ は，D 上である正則関数に局所一様収束することを示せ．

2.9 $w = f(z)$ を領域 D 上の定数でない正則関数，$z = g(\zeta)$ を領域 G 上の連

続関数とし，$g(G) \subseteq D$ を満たすものとする．合成関数 $f \cdot g$ が G 上で正則なとき，g も G 上で正則であることを示せ．

2.10 整関数 f に対し，$\limsup\limits_{z \to \infty} |f(z)|/|z|^{n_0} < +\infty$ が成り立つとき，f はたかだか n_0 次の多項式であることを示せ．

3 有理型関数

複素平面に対する無限遠点を導入し,この概念を使って,正則関数の孤立特異点を分類し,それぞれについて,その性質を論じる.孤立特異点に対し留数を定義し,留数定理を与えるとともに,これを積分の計算,極や零点の個数の評価などに応用する.また,有理型関数を定義し,Runge の近似定理を与える.

§3.1 孤立特異点

(a) Riemann 球

実数列や実数値関数の極限値を論じる場合に,実軸 $\mathbb{R}$ に仮想的な数 $\pm\infty$ をつけ加えると便利であるが,複素数列や複素関数の極限値を論じる場合にも,複素平面以外に**無限遠点**(point at infinity)と呼ばれる 1 点 ∞ を考えると便利である.例えば,関数 $f(z)=1/z$ は,$z=0$ を除けば正則であるが,z を 0 に近づけたとき,$f(z)$ の値は複素平面上を無限に遠くに発散する.これを ∞ に収束すると考えると,$\lim_{z\to 0} f(z)$ が存在するとみなせる.そこで,複素数全体 $\mathbb{C}$ に無限遠点 ∞ をつけ加えた集合を考え,これを**全複素平面**(extended complex plane)と呼び,$\overline{\mathbb{C}}$ で表すことにする.

この $\overline{\mathbb{C}}$ に位相を導入しよう.点 $a\in\mathbb{C}$ の基本近傍系として,$\mathbb{C}$ の場合と同様に開円板族 $\{\Delta_\delta(a);\delta>0\}$ を考え,$a=\infty$ の基本近傍系としては,$\{\overline{\mathbb{C}}-$

$\overline{\Delta_K(0)}; K > 0$} を採用する．ここで，容易に確かめられるように，$\overline{\mathbb{C}}$ に，このように定義された集合族を基本近傍系とする位相（[4]参照）を導入することができる．この位相に関して，数列 $\{z_n\}_{n=1}^{\infty}$ が ∞ に収束することは，$\lim_{n\to\infty}|z_n| = +\infty$ に同値である．

関数 f に対し，$\lim_{z\to a} f(z) = \infty$ は，$\lim_{z\to a}|f(z)| = +\infty$，すなわち，任意の正数 K に対し，正数 δ を十分小さくとれば，$0 < |z-a| < \delta$ を満たすすべての z について，$|f(z)| > K$ が成り立つことを意味する．また，$\lim_{z\to\infty} f(z) = \gamma \,(\in \mathbb{C})$ は，任意の正数 ε に対し，正数 K を十分大きくとれば，$|z| > K$ を満たすすべての z について，$|f(z) - \gamma| < \varepsilon$ が成り立つことを意味する．$\lim_{z\to\infty} f(z) = \infty$ の意味については，もはや明らかであろう．これについては読者自身で定式化してほしい．

次のような形式的演算を導入しておくと便利である．
 (ⅰ) 任意の $a \in \mathbb{C}$ に対し，$a + \infty = \infty + a = \infty$.
 (ⅱ) 任意の $a \in \overline{\mathbb{C}} - \{0\}$ に対し，$a \times \infty = \infty \times a = \infty$.
 (ⅲ) $a \neq 0$ に対し，$a/0 = \infty$, $a \neq \infty$ に対し，$a/\infty = 0$.

このように決める理由は，例えば(ⅰ)については，$\lim_{n\to\infty} z_n = \infty$ のとき，つねに $\lim_{n\to\infty}(a+z_n) = \infty$ が成り立つことによる．他の場合も同様である．

$\overline{\mathbb{C}}$ の位相的構造を捉える便利な方法の 1 つとして，次のような $\overline{\mathbb{C}}$ の球面表示がある．(X, Y, Z) 空間 $\mathbb{R}^3$ 内に単位球面 $S^2 := \{(X, Y, Z); X^2 + Y^2 + Z^2 = 1\}$ を考える．$N = (0, 0, 1)$ とおき，任意の点 $P \in S^2 - \{0\}$ に対し，N, P, Q が 1 直線上にあるような，(X, Y) 平面 $\Pi = \{(X, Y, Z); Z = 0\}$ 上の点 Q がただ 1 つ存在する（図3.1）．このような点 Q をとって，$\pi(P) = Q$ と定める．また，$\pi(N) = \infty$ とおく．これによって，写像 $\pi: S^2 \to \overline{\mathbb{C}}$ が定義される．明らかに，π は全単射な写像である．

容易に見られるように次が成り立つ．

命題 3.1 写像 $\pi: S^2 \to \overline{\mathbb{C}}$ は，同相写像である． □

定義 3.2 このような写像 π は**立体射影**（stereographic projection）と呼ばれ，点 $P \in S^2$ と $\pi(P)$ との同一視によって $\overline{\mathbb{C}}$ と同一視された単位球面は **Riemann 球**（Riemann sphere）と呼ばれている． □

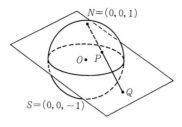

図 3.1 立体射影

(b) 孤立特異点の分類

関数 f が，集合 $\{z; 0<|z-a|<R\}$ を含むある領域で正則で，点 a では定義されていないか，定義されていても a を込めては正則でないとき，a は f の**孤立特異点**(isolated singularity)と呼ばれる．

f の孤立特異点 a は，次の 3 種類に分類される．

（Ⅰ） $\lim_{z\to a} f(z) = \gamma \in \mathbb{C}$ が存在する場合，a は f の**除去可能な特異点**(removable singularity)と呼ばれる．実際，この場合，f は十分小さな正数 R に対し，$\{z; 0<|z-a|<R\}$ 上の有界正則関数であり，定理 2.47 によって a で正則な関数に拡張でき，a は f の特異点と考えなくてもよい．

（Ⅱ） $\lim_{z\to a} f(z) = \infty$ が成り立つとき，a は f の**極**(pole)と呼ばれる．

（Ⅲ） Ⅰ でも Ⅱ でもない，すなわち，$\overline{\mathbb{C}}$ で考えても $\lim_{z\to a} f(z)$ が存在しない場合，a は f の**真性特異点**(essential singularity)と呼ばれる．

また，f が a で正則であるか，または a が Ⅰ か Ⅱ のいずれかの条件を満たす孤立特異点であるとき，f は a で**たかだか極**であると言う．

例 3.3

（ⅰ） $f(z) = \dfrac{\sin z}{z}$ は，$z=0$ で除去可能な特異点を持つ．なぜなら，
$$\lim_{z\to 0} f(z) = \frac{1}{2}\left(\lim_{z\to 0}\frac{e^{iz}-e^{0}}{iz} + \lim_{z\to 0}\frac{e^{-iz}-e^{0}}{-iz}\right) = \left.\frac{de^z}{dz}\right|_{z=0} = 1$$

（ⅱ） 互いに共通零点を持たない多項式 $P(z), Q(z)(\neq 0)$ で与えられる有理関数 $f(z) = P(z)/Q(z)$ は，領域 $D = \{z\in\mathbb{C}; Q(z)\neq 0\}$ で正則である．任意の $Q(z)$ の零点 a に対し，$\lim_{z\to a} f(z) = \infty$ ゆえ，a は f の極である．

(iii) $\mathbb{C}-\{0\}$ 上の正則関数 $f(z)=\sin(1/z)$ に対し,$z=0$ は真性特異点である.なぜなら,$z\to 0$ に対し,z を実数に限った場合に既に振動して,収束しない. □

命題 3.4 正則関数 $f(\not\equiv 0)$ が a でたかだか極をもつならば,a の近くで,整数 m および $\tilde{f}(a)\neq 0$ を満たす a で正則な関数 $\tilde{f}$ によって,

$$(3.1) \qquad f(z)=(z-a)^m\tilde{f}(z)$$

の形に一意的に表される.また,a の近くでこの形に表される関数 f は,a でたかだか極をもつ.

[証明] f が a で除去可能な特異点をもつとき,$f(a)=\lim_{z\to a}f(z)$ と定義することにより,a で正則な関数に拡張され,ベキ級数

$$f(z)=\sum_{n=m}^{\infty}c_n(z-a)^n \quad (ここで,\ c_m\neq 0)$$

に展開される.このとき,

$$\tilde{f}(z)=\sum_{n=m}^{\infty}c_n(z-a)^{n-m}$$

とおけば,$\tilde{f}$ は a で正則で,$\tilde{f}(a)=c_m\neq 0$ を満たし,(3.1)が成り立つ.a が f の極の場合,$\lim_{z\to a}f(z)=\infty$ ゆえ,ある正数 R に対し,$\{z;0<|z-a|<R\}$ 上で $f(z)\neq 0$ である.この上で,$g(z)=1/f(z)$ とおく.$\lim_{z\to a}g(z)=0$ ゆえ,g は a で除去可能な特異点をもち,上述のことから,a の近くで

$$g(z)=(z-a)^{m'}\tilde{g}(z), \quad \tilde{g}(a)\neq 0$$

を満たす整数 m' および a で正則な関数 $\tilde{g}$ が存在する.このとき,$m=-m'$ および $\tilde{f}=1/\tilde{g}$ とおけば,(3.1)が成り立つ.

(3.1)の形の分解は一意的である.なぜなら,

$$f(z)=(z-a)^{m_1}\tilde{f}_1(z)=(z-a)^{m_2}\tilde{f}_2(z), \quad \tilde{f}_j(a)\neq 0 \quad (j=1,2)$$

を満たす整数 m_1,m_2,および a で正則な関数 $\tilde{f}_1,\tilde{f}_2$ が存在したとき,等式 $(z-a)^{m_2-m_1}=\tilde{f}_1(z)/\tilde{f}_2(z)$ で,$z\to a$ の極限値をみれば,$m_1=m_2$,$\tilde{f}_1=\tilde{f}_2$ 以外にあり得ない.また,f が a の近くで,(3.1)の形に書けるとき,$m\geq 0$ なら $\lim_{z\to a}f(z)\in\mathbb{C}$ が存在し,$m<0$ なら $\lim_{z\to a}f(z)=\infty$ となり,f は a でたかだか極をもつ. ■

§3.1 孤立特異点 ── 67

定義 3.5 正則関数 f が，a の近くで (3.1) の形に分解されるとき，m を f の a での**位数** (order) といい，$\mathrm{ord}_f(a)$ で表す．$m = \mathrm{ord}_f(a) > 0$ のとき，f は a で m 位の 0 であるといい，$m < 0$ のとき，f は a で位数 $|m|$ の極をもつという． □

定理 2.40 によって，$\Delta_R^0 = \{z ; 0 < |z-a| < R\}$ $(R > 0)$ 上の正則関数 f は，

$$(3.2) \qquad f(z) = \sum_{n<0} c_n (z-a)^n + \sum_{n \geqq 0} c_n (z-a)^n$$

の形に展開される．(3.2) の第 1 項は，f の a での Laurent 展開の**主要部** (principal part) と呼ばれている．次の定理により，特異点は主要部の形によって特徴づけられる．

定理 3.6 Δ_R^0 上の正則関数 f が (3.2) の形の Laurent 展開をもつとき，
 (ⅰ) a が f の除去可能な特異点ならば，(3.2) の主要部は 0 である．
 (ⅱ) a が f の極ならば，(3.2) の主要部に 0 ではない項が少なくとも 1 つあり，かつ有限個以外のすべての項が 0 である．
 (ⅲ) a が f の真性特異点ならば，(3.2) の主要部に 0 でない項が無限個ある．

さらに，(ⅰ)–(ⅲ) それぞれの逆も成り立つ．

[証明]
 (ⅰ) 既述のように，a が f の除去可能な特異点なら，a の近くでベキ級数に展開され，Laurent 展開の主要部は 0 である．逆に，主要部が 0 なら，ベキ級数に展開され，$\lim_{z \to a} f(z)$ が存在する．
 (ⅱ) a が f の p 位の極のとき，命題 3.4 により，a の近くで，

$$f(z) = (z-a)^{-p} \widetilde{f}(z), \quad \widetilde{f}(a) \neq 0$$

と書ける．ここで，$\widetilde{f}$ は，a の近くでベキ級数展開 $\widetilde{f}(z) = \sum_{n=0}^{\infty} c_n (z-a)^n$ ($c_0 \neq 0$) をもつ関数である．このとき，

$$f(z) = \sum_{n=0}^{p-1} c_n (z-a)^{n-p} + \sum_{n=p}^{\infty} c_n (z-a)^{n-p}$$

これは，f の a の近くでの Laurent 展開を与えており，主要部は有限個の項からなる．逆に，f の Laurent 展開において，主要部の 0 でない項が有限個

で，

$$f(z) = \sum_{n=m}^{\infty} c_n(z-a)^n \quad (c_m \neq 0, \ m < 0)$$

と書けるとき，$\widetilde{f}(z) = \sum_{n=m}^{\infty} c_n(z-a)^{n-m}$ とおくと，$f(z) = (z-a)^m \widetilde{f}(z)$ となり，f は a で極をもつ．

 (iii) 主要部が無限個の 0 でない項をもてば，(i), (ii) から，a は極でも除去可能な特異点でもありえないゆえ，(iii) の逆が成り立つ．また，(i), (ii) の逆から，(iii) が得られる． ∎

ここで，無限遠点の近くの正則関数について述べておこう．$\{z; R<|z|<\infty\}$ ($R>0$) 上の正則関数 f を考える．$g(u) = f(1/u)$ とおくと，g は $\{u; 0<|u|<1/R\}$ 上で正則である．$u=0$ が，g の除去可能な特異点，極および真性特異点のそれぞれの場合に応じ，∞ が f の除去可能な特異点，極および真性特異点と呼ぶ．また，$\mathrm{ord}_f(\infty) = \mathrm{ord}_g(0)$ を f の ∞ での位数という．$m = \mathrm{ord}_f(\infty) < 0$ のとき，$|m|$ を極の位数という．f の $\{z; R<|z|<\infty\}$ での Laurent 展開を

$$f(z) = \sum_{-\infty < n < +\infty} c_n z^n = \sum_{n>0} c_n z^n + \sum_{n \leq 0} c_n z^n$$

とすると，g の $\{u; 0<|u|<1/R\}$ 上での Laurent 展開は，

$$g(u) = \sum_{n>0} c_n u^{-n} + \sum_{n \leq 0} c_n u^{-n}$$

となり，主要部は $g(u) = \sum_{n>0} c_n u^{-n}$ である．f の Laurent 展開のこれに対応する部分 $\sum_{n>0} c_n z^n$ を，f の ∞ の近くでの Laurent 展開の主要部と呼ぶ．

(c) Casorati–Weierstrass の定理

定理 3.7 (Casorati-Weierstrass の定理)　f を $\Delta_R^0(a) = \{z; 0<|z-a|<R\}$ ($R>0$) 上の正則関数とする．a が f の真性特異点ならば，任意の $\gamma \in \overline{\mathbb{C}}$ に対し，a に収束する Δ_R^0 内の数列 $\{z_n\}$ で，$\lim_{n \to \infty} f(z_n) = \gamma$ を満たすものが存在する．

 [証明]　まず，$\gamma = \infty$ の場合を考える．任意の正整数 n に対し，f は

$\Delta^0_{1/n}(a)$ 上で非有界である．なぜなら，もし有界ならば，Riemann の特異点除去可能定理により，f は a で真性特異点をもちえないからである．従って，$0<|z_n-a|<1/n$, $|f(z_n)|>n$ $(n=1,2,\cdots)$ を満たす $\Delta^0_R(a)$ 内の数列 $\{z_n\}$ が存在する．この数列に対し，$\lim_{n\to\infty}f(z_n)=\gamma$ が成り立ち，この場合に定理3.7は正しい．

$\gamma\neq\infty$ の場合に，$g(z)=1/(f(z)-\gamma)$ とおく．g は a で真性特異点をもつ．なぜなら，もし g が a でたかだか極とすると，$\lim_{z\to a}f(z)=\lim_{z\to a}(1/g(z)+\gamma)\in\overline{\mathbb{C}}$ が存在して仮定に反する．従って，上で示したように，$\lim_{n\to\infty}z_n=a$ および $\lim_{z_n\to\infty}g(z_n)=\infty$ を満たす $\Delta^0_R(a)$ 内の数列 $\{z_n\}$ が存在する．このとき，$\lim_{n\to\infty}f(z_n)=\gamma$ が成り立つゆえ，この場合も定理3.7は成立する． ∎

後に，定理3.7でのべた関数 f は，たかだか2個の値を除いてすべての値を無限回とることを示す(§5.2参照)．

§3.2 留数定理

(a) 留 数

f を $\Delta^0_R(a)=\{z\,;\,0<|z-a|<R\}$ を含むある領域上の正則関数とする．$0<r<R$ を満たす r を任意にとり，f の a での**留数**(residue)を

$$\mathrm{Res}(f,a)=\frac{1}{2\pi i}\int_{|\zeta-a|=r}f(\zeta)d\zeta$$

によって定義する．定理2.21によって，この値は，r のとり方によらない．

命題 3.8 $\Delta^0_R(a)$ 上の正則関数 f の Laurent 展開を

$$f(z)=\sum_{-\infty<n<+\infty}c_n(z-a)^n$$

とするとき，$\mathrm{Res}(f,a)=c_{-1}$.

[証明] Laurent 展開の係数を与える公式(2.15)において，$n=-1$ の場合をみれば明らかである． ∎

f を，$\{z\,;\,R<|z|<+\infty\}$ $(r>0)$ を含むある領域上の正則関数とする．$R<r<+\infty$ を満たす r を任意にとって，

$$\mathrm{Res}(f,\infty) = -\frac{1}{2\pi i}\int_{|\zeta|=r}f(\zeta)d\zeta$$

とおき，この値を f の ∞ での留数という．このように定義する理由は，$a \neq \infty$ の場合，$\mathrm{Res}(f,a)$ は，a の近傍 $\Delta_r(a)$ の境界を $\Delta_r(a)$ に関して正の方向に 1 回り積分したものであり，$a=\infty$ の場合，∞ の近傍 $U = \overline{\mathbb{C}} - \overline{\Delta_r(0)}$ に対し，∂U の U に関する正の向きが，通常の $\{\zeta\,;\,|\zeta|=r\}$ の向きと逆になることによる．

命題 3.8 と同様の考察から，容易に次を得る．

命題 3.9 f の $\{z\,;\,R<|z|<+\infty\}$ の Laurent 展開を

$$f(z) = \sum_{-\infty<n<+\infty} c_n z^n$$

とするとき，$\mathrm{Res}(f,\infty) = -c_{-1}$． □

f が a でたかだか極をもつ場合の留数の求め方を述べよう．$-m \leqq \mathrm{ord}_f(a)$ $(m \geqq 1)$ とする．このとき，f は a の近くで

$$f(z) = \frac{c_{-m}}{(z-a)^m} + \frac{c_{-m+1}}{(z-a)^{m-1}} + \cdots + \frac{c_{-1}}{z-a} + c_0 + c_1(z-a) + \cdots$$

と展開される．従って，

$$(z-a)^m f(z) = c_{-m} + c_{-m+1}(z-a) + \cdots + c_{-1}(z-a)^{m-1} + c_0(z-a)^m + \cdots$$

が成り立つ．この右辺を $g(z)$ とおくと，g は a で正則であり，系 2.36 により，

$$\mathrm{Res}(f,a) = c_{-1}$$
$$= \frac{g^{(m-1)}(a)}{(m-1)!} = \lim_{z\to a}\frac{1}{(m-1)!}\frac{d^{m-1}}{dz^{m-1}}(z-a)^m f(z)$$

が成り立つ．従って，この右辺によって留数を計算することができる．

f を，∞ でたかだか極をもつ正則関数とする．$\{z\,;\,R<|z|<+\infty\}$ $(R>0)$ 上での f の Laurent 展開を

$$f(z) = c_m z^m + c_{m-1}z^{m-1} + \cdots + c_0 + \frac{c_{-1}}{z} + \cdots$$

とすると，関数 $g(u) = u^m f(1/u)$ に対し，

§3.2 留数定理 — 71

$$g(u) = c_m + c_{m-1}u + \cdots + c_0 u^m + c_{-1} u^{m+1} + \cdots$$

を得る．系 2.36 により次の等式が成立する．

$$\mathrm{Res}(f, \infty) = -c_{-1}$$
$$= -\frac{g^{(m+1)}(0)}{(m+1)!} = -\lim_{z \to 0} \frac{1}{(m+1)!} \frac{d^{m+1}}{dz^{m+1}}(z^m f(1/z))$$

(b) 留数定理

定理 3.10（留数定理） D を互いに交わらない有限個の正則な単純閉曲線で囲まれた有界領域とする．D 内の有限個の点 $a_1, a_2, \cdots, a_s$ に対し，f を $\overline{D} - \{a_1, \cdots, a_s\}$ 上の正則関数とするとき，

$$\frac{1}{2\pi i} \int_{\partial D} f(\zeta) d\zeta = \sum_{j=1}^{s} \mathrm{Res}(f, a_j)$$

［証明］ 正数 r を，閉円板 $\overline{\Delta_r(a_j)}$ $(1 \leq j \leq s)$ が D に含まれかつ互いに他と交わらないようにとり，領域 $D' = D - \bigcup_{j=1}^{s} \overline{\Delta_r(a_j)}$ を考える．f は $\overline{D'}$ 上で正則ゆえ，定理 2.30 によって，

$$0 = \frac{1}{2\pi i} \int_{\partial D'} f(\zeta) d\zeta = \frac{1}{2\pi i} \int_{\partial D} f(\zeta) d\zeta - \sum_{j=1}^{s} \frac{1}{2\pi i} \int_{|\zeta - a_j| = r} f(\zeta) d\zeta$$

が成り立つ．この右辺第 2 項は，留数の定義から $\sum_{j=1}^{s} \mathrm{Res}(f, a_j)$ に等しいゆえ，求める結果を得る． ∎

系 3.11 $\mathbb{C}$ から有限個の点 $a_1, a_2, \cdots, a_s$ を除いた領域で正則な関数 f に対し，

$$\sum_{j=1}^{s} \mathrm{Res}(f, a_j) + \mathrm{Res}(f, \infty) = 0$$

［証明］ $R > \max(|a_1|, |a_2|, \cdots, |a_s|)$ を満たす R をとり，領域 $D = \Delta_R$ および関数 f に対して定理 3.10 を適用すれば，

$$\sum_{j=1}^{s} \mathrm{Res}(f, a_j) = \frac{1}{2\pi i} \int_{|\zeta| = R} f(\zeta) d\zeta = -\mathrm{Res}(f, \infty)$$

が得られる． ∎

(c) 留数定理の応用

実変数実数値関数の積分の計算に，留数定理を応用することができる．

(i) $F(x,y)$ を実変数 x,y の実数値有理関数とする．$x^2+y^2=1$ 上到るところで $F(x,y)$ の分母が零でないという仮定のもとに，$I = \int_0^{2\pi} F(\cos\theta, \sin\theta)d\theta$ を求めよう．

$z = e^{i\theta} = \cos\theta + i\sin\theta$ とおくと，$1/z = e^{-i\theta} = \cos\theta - i\sin\theta$ から

$$\cos\theta = \frac{1}{2}\left(z + \frac{1}{z}\right), \quad \sin\theta = \frac{1}{2i}\left(z - \frac{1}{z}\right), \quad \frac{dz}{d\theta} = iz$$

が言える．従って，

$$I = \int_{|z|=1} F\left(\frac{1}{2}\left(z + \frac{1}{z}\right), \frac{1}{2i}\left(z - \frac{1}{z}\right)\right) \frac{dz}{iz}$$

そこで，$g(z) = F\left(\frac{1}{2}\left(z + \frac{1}{z}\right), \frac{1}{2i}\left(z - \frac{1}{z}\right)\right)\frac{1}{z}$ とおき，g の $\{z; |z|<1\}$ 内の極の全体を $\{a_1, a_2, \cdots, a_s\}$ とすると，

$$I = \frac{1}{i}\int_{|z|=1} g(z)dz = 2\pi \sum_{j=1}^{s} \mathrm{Res}(g, a_j)$$

が成り立ち，I は，留数の計算によって求められる．

(ii) 実数 a，実係数の多項式 P, Q に対し，

$$a \geqq 0, \quad \deg Q \geqq \deg P + 2, \quad Q(x) \neq 0 \quad (x \in \mathbb{R})$$

と仮定する．この条件のもとで，広義積分

$$I_1 = \int_{-\infty}^{+\infty} \cos ax \frac{P(x)}{Q(x)} dx, \quad I_2 = \int_{-\infty}^{+\infty} \sin ax \frac{P(x)}{Q(x)} dx$$

を考える．これらを求めるには，

$$\int_{-\infty}^{+\infty} e^{iax} \frac{P(x)}{Q(x)} dx = I_1 + iI_2$$

を求めればよい．ここで，広義積分 I_1, I_2 は絶対収束する．なぜなら，仮定によって $\lim_{z\to\infty} z^2 P(z)/Q(z)$ が存在し，十分大きな正数 C, R_0 に対し，

(3.3) $$\left|\frac{P(z)}{Q(z)}\right| \leqq \frac{C}{|z|^2} \quad (|z| \geqq R_0)$$

が成り立つことから，$h(x) = \cos ax$ または $h(x) = \sin ax$ について，

$$\int_{|x| \geq R_0} |h(x)| \left|\frac{P(x)}{Q(x)}\right| dx \leq C \int_{|x| \geq R_0} \frac{dx}{x^2} < \infty$$

そこで，$\mathrm{Im}\, z > 0$ での $Q(z) = 0$ の根の全体を $a_1, a_2, \cdots, a_s$ とする．$R > \max(|a_1|, |a_2|, \cdots, |a_s|, R_0)$ を満たす任意の R に対し，曲線

$$\Gamma_1(R): z = Re^{i\theta} \quad (0 \leq \theta \leq \pi), \qquad \Gamma_2(R): z = x \quad (-R \leq x \leq R)$$

および関数 $f(z) = e^{iaz} P(z)/Q(z)$ を考える．このとき，留数定理により，

$$\int_{\Gamma_1(R)} f(z) dz + \int_{\Gamma_2(R)} f(z) dz = 2\pi i \sum_{j=1}^{s} \mathrm{Res}(f, a_j)$$

が成り立ち，この右辺は R によらない．また，左辺の第1項，第2項それぞれを，$J_1(R), J_2(R)$ とおけば，$\{z; \mathrm{Im}\, z \geq 0\}$ 上で $|e^{ia(x+iy)}| = e^{-ay} \leq 1$ であることと(3.3)によって，

$$|J_1| \leq \int_{\Gamma_1(R)} \left|e^{iaz} \frac{P(z)}{Q(z)}\right| |dz| \leq \frac{C}{R^2} \times \pi R = \frac{C\pi}{R}$$

が成り立ち，$\lim_{R \to \infty} J_1(R) = 0$ を得る．一方，

$$\lim_{R \to \infty} J_2(R) = \int_{-\infty}^{+\infty} e^{iax} \frac{P(x)}{Q(x)} dx$$

これより，

$$\int_{-\infty}^{+\infty} e^{iax} \frac{P(x)}{Q(x)} dx = 2\pi i \sum_{j=1}^{s} \mathrm{Res}(f, a_j)$$

が得られ，考えている広義積分を，留数の計算によって求めることができる．

§3.3 有理型関数の零点および極の個数

(a) 有理型関数

定義 3.12 領域 D 上の $\overline{\mathbb{C}}$ に値をもつ関数 f が，D から $\overline{\mathbb{C}}$ への写像として連続であり，$E_\infty = f^{-1}(\{\infty\})$ が D 内で集積点をもたず，$D - E_\infty$ 上で正則であるとき，f を D 上の**有理型関数**(meromorphic function)と呼ぶ．また，領域 D が $\{z; R < |z| < +\infty\} (R > 0)$ を含む場合，D 上の有理型関数 f が ∞

でたかだか極であるとき，f は $D\cup\{\infty\}$ で有理型であると言う． □

　領域 D 上の有理型関数 f に対し，E_∞ の各点は f の極である．他方，領域 D および D 内に集積点をもたない集合 $E(\subseteq D)$ に対し，E の各点でたかだか極であるような $D-E$ 上の正則関数 f は，$f(a) = \lim_{z\to a} f(z)$ $(a\in E)$ と定義することによって，D 上の有理型関数とみなせる．

　命題 3.4 から容易に分かるように，点 a で孤立特異点をもつ正則関数 f が a でたかだか極である必要かつ十分な条件は，a の近くで，f にある正則関数 $g(\not\equiv 0)$ を掛ければ，a が除去可能な特異点となることである．従って，有理型関数とは，各点の近くで正則関数の比として書けるような関数であると言ってよい．これが有理型と呼ばれる理由である．

　領域 D 上の非定数有理型関数 f に対し，任意の値 $\gamma\in\mathbb{C}$ についても，$E_\gamma = f^{-1}(\gamma)$ は D 内に集積点をもたない．なぜなら，E_γ が集積点をもてば，一致の定理から，f が定数になってしまうからである．

　f, g を領域 D 上の恒等的に 0 ではない有理型関数とするとき，集合 $E = f^{-1}(\infty) \cup g^{-1}(0) \cup g^{-1}(\infty)$ は D 内に集積点をもたない．$D-E$ 上で，関数
$$h_1 = f+g, \quad h_2 = f-g, \quad h_3 = fg, \quad h_4 = f/g$$
を考える．これらはいずれも，E の各点でたかだか極をもつ．従って，D 上の有理型関数である．h_j $(j=1,2,3,4)$ をそれぞれ関数 f,g の和差積商と呼び，それぞれ $f+g, f-g, fg, f/g$ で表す．容易に分かるように，これらの四則演算に対し，通常の計算規則が成り立つ．従って次を得る．

　命題 3.13　複素平面内の領域 D に対し，D 上の有理型関数全体は体をつくる． □

　有理関数は，$\overline{\mathbb{C}}$ 上の有理型関数である．次に述べるように，この逆が成り立つ．

　定理 3.14　全複素平面 $\overline{\mathbb{C}}$ 上の有理型関数は有理関数である．

　[証明]　f を $\overline{\mathbb{C}}$ 上の有理型関数とする．f の極全体の集合は，コンパクト空間内で集積点をもたないゆえ，有限集合である．∞ 以外の極を $a_1, a_2, \cdots, a_s$ とし，$a_{s+1} = \infty$ とおく．各 a_j の近くでの Laurent 展開の主要部を

$$R_j(z) = \frac{c^{(j)}_{-m_j}}{(z-c_j)^{m_j}} + \frac{c^{(j)}_{-m_j+1}}{(z-c_j)^{m_j-1}} + \cdots + \frac{c^{(j)}_{-1}}{z-c_j} \quad (j=1,2,\cdots,s)$$

$$R_{s+1} = c_1^{s+1}z + c_2^{s+1}z^2 + \cdots + c_{m_{s+1}}^{s+1}z^{m_{s+1}}$$

とする.そこで,

$$g(z) = f(z) - (R_1(z) + \cdots + R_s(z) + R_{s+1}(z))$$

とおくと,g は $\mathbb{C} - \{a_1, \cdots, a_s\}$ で正則であり,各 $j=1,\cdots,s$ に対し,

$$g = (f - R_j) - (R_1 + \cdots + R_{j-1} + R_{j+1} + \cdots + R_{s+1})$$

と書き直せば分かるように,a_j で除去可能な特異点をもつ.一方,

$$\lim_{z\to\infty} g(z) = \lim_{z\to\infty}(f(z) - R_{s+1}(z)) - \lim_{z\to\infty} \sum_{\ell=1}^{s} R_\ell(z) = c_0^{s+1} \in \mathbb{C}$$

が存在し,g は,$\mathbb{C}$ 上の有界正則関数である.従って,Liouville の定理(定理 2.45)によって,$g(z) \equiv c_0^{s+1}$ である.結局,

(3.4) $\qquad f(z) = R_1(z) + \cdots + R_s(z) + R_{s+1}(z) + c_0^{s+1}$

と書け,f は有理関数である. ∎

上述の証明からわかるように,任意の有理関数 f は,表現(3.4)をもつ.すなわち,多項式と有限個の $c/(z-a)^m$ ($m=1,2,\cdots,a,c\in\mathbb{C}$)の形の関数の和として表される.これは,$f$ の**部分分数分解**(partial fractional decomposition)と呼ばれている.

(b) 偏角の原理

命題 3.15 $f(\not\equiv 0)$ を領域 D 上の有理型関数とするとき,任意の $a\in D$ に対し,

$$\mathrm{ord}_f(a) = \mathrm{Res}\left(\frac{f'}{f}, a\right)$$

これは,$a=\infty$ がたかだか極の孤立特異点の場合にも成り立つ.

[証明] $a \neq \infty$ の場合に,$m = \mathrm{ord}_f(a)$ とおくと,

$$f = (z-a)^m \widetilde{f}(z), \quad \widetilde{f}(a) \neq 0$$

を満たす a で正則な関数 $\widetilde{f}$ が存在する.このとき,$\widetilde{f}'(z)/\widetilde{f}(z)$ は a で正則ゆ

え,
$$\frac{f'(z)}{f(z)} = \frac{m}{z-a} + \frac{\widetilde{f}'(z)}{\widetilde{f}(z)} = \frac{m}{z-a} + \sum_{n=0}^{\infty} c_n(z-a)^n \quad (c_n \in \mathbb{C})$$
と展開される.これは,f'/f の a の近くでの Laurent 展開に他ならない.命題 3.8 によって,$\mathrm{Res}(f,a)=m$ である.

次に $a=\infty$ の場合に $m=\mathrm{ord}_f(a)$ とおく.$g(u)=f(1/u)$ とおくと,
$$g(u) = u^m \widetilde{g}(u), \quad \widetilde{g}(0) \neq 0$$
を満たす $u=0$ で正則な関数 $\widetilde{g}(u)$ が存在する.$\widetilde{g}'(u)/\widetilde{g}(u)$ は $u=0$ で正則ゆえ,
$$\frac{\widetilde{g}'(u)}{\widetilde{g}(u)} = \sum_{n=0}^{\infty} d_n u^n \quad (d_n \in \mathbb{C})$$
と展開される.$f(z)=z^{-m}\widetilde{g}(1/z)$ より,f'/f の Laurent 展開は,
$$\frac{f'(z)}{f(z)} = \frac{-m}{z} - \frac{1}{z^2} \frac{\widetilde{g}'(1/z)}{\widetilde{g}(1/z)} = \frac{-m}{z} - \sum_{n=0}^{\infty} d_n \frac{1}{z^{n+2}}$$
で与えられる.命題 3.9 によって,$\mathrm{Res}(f,\infty)=m$ である. ∎

領域 D 上の有限個の零点を持つ有理型関数 f に対し,f の零点の位数の総和を f の D 上での零点の個数と呼び,極が有限個のとき,極の位数の総和を f の極の個数と呼ぶことにする.零点および極の個数に関して,次が成り立つ.

定理 3.16 D を互いに他と交わらない有限個の正則な単純閉曲線で囲まれた有界領域とし,f を $\varGamma=\partial D$ 上で零点も極も持たない $\overline{D}$ の開近傍上の有理型関数とする.f の D 上での零点の個数を N とし,極の個数を P とするとき,
$$\frac{1}{2\pi i} \int_\varGamma \frac{f'(\zeta)}{f(\zeta)} d\zeta = N - P$$

[証明] f の零点および極の全体をそれぞれ $\{a_1, a_2, \cdots, a_m\}$,$\{b_1, b_2, \cdots, b_n\}$ とすると,留数定理および命題 3.15 により,
$$\frac{1}{2\pi i} \int_\varGamma \frac{f'(\zeta)}{f(\zeta)} d\zeta = \sum_{k=1}^{m} \mathrm{Res}\left(\frac{f'}{f}, a_k\right) + \sum_{\ell=1}^{n} \mathrm{Res}\left(\frac{f'}{f}, b_\ell\right) = N - P$$ ∎

定理 3.16 の幾何学的意味を述べよう．

正則曲線 $\Gamma: z=z(t)$ $(\sigma \leq t \leq \tau)$ に対し，Γ の開近傍上の正則関数 $w=f(z)$ で，Γ の像 $f(\Gamma)$ が原点を含まないものを考える．$f(\Gamma)$ の偏角の増加量を，$\int_\Gamma d\arg f$ で表すことにする．

定理 3.17（偏角の原理） D を正則な単純閉曲線で囲まれた領域とする．定理 3.16 と同じ仮定のもとで，

$$\frac{1}{2\pi}\int_\Gamma d\arg f = N-P$$

［証明］ 曲線 $f(\Gamma): w=w(t)=f(z(t))$ に対し，例 2.9 で述べた関数 $\Theta(t)$ を用いて，$\log f(z(t))=\log|f(z(t))|+i\arg f(z(t))$ の 1 つの分枝

$$\varphi(t)=\log|f(z(t))|+i\Theta(t)$$

を考える．両辺を微分すると，

$$\frac{f'(z(t))}{f(z(t))}z'(t)=\frac{d}{dt}\log|f(z(t))|+i\frac{d\Theta(t)}{dt}$$

が得られる．従って，$w(\sigma)=w(\tau)$ に注意すれば，

$$\frac{1}{2\pi i}\int_\Gamma \frac{f'(\zeta)}{f(\zeta)}d\zeta = \frac{1}{2\pi i}(\log|w(\tau)|-\log|w(\sigma)|)+\frac{1}{2\pi}(\Theta(\tau)-\Theta(\sigma))$$

$$=\frac{1}{2\pi}(\Theta(\tau)-\Theta(\sigma))$$

が成り立ち，この値が $\dfrac{1}{2\pi}\int_\Gamma d\arg f$ に他ならない．定理 3.16 によって求める結果を得る． ∎

系 3.18 f を任意の非定数有理関数とするとき，任意の値 $\gamma \in \overline{\mathbb{C}}$ に対し，$\overline{\mathbb{C}}$ における $f-\gamma$ の零点の個数と f の極の個数は等しい．

［証明］ $f-\gamma$ の零点の全体を $\{a_j\}$ とし，それらの位数の総和を N_γ とおく．また，$f-\gamma$ の極の全体，つまりは，f の極の全体を $\{b_k\}$ とし，それらの位数の総和を P とおく．このとき，系 3.11 により

$$N_\gamma - P = \sum_{a=a_j,b_k}\operatorname{Res}\left(\frac{f'}{f-\gamma},a\right)=0$$

が成り立ち，$N_\gamma = P$ を得る． ∎

(c) Rouché の定理

定理 3.19(Rouché の定理)　D を互いに他と交わらない有限個の正則な単純閉曲線の集まり Γ で囲まれた有界領域とし，f, g を $\overline{D}$ の開近傍上の正則関数とする．
$$|f(z)| > |g(z)| \quad (z \in \Gamma)$$
が成り立つならば，D 内での $f+g$ の零点の個数と f の零点の個数は等しい．

[証明]　$D \times [0,1]$ 上の関数 $h(z,t) = \dfrac{f'(z)+tg'(z)}{f(z)+tg(z)}$ を考える．仮定により，Γ 上で，
$$|f(z)+tg(z)| \geqq |f(z)| - t|g(z)| \geqq |f(z)| - |g(z)| > 0$$
ゆえ，定理 3.16 により，
$$N(t) = \frac{1}{2\pi i} \int_\Gamma h(\zeta, t) d\zeta$$
は，D 内での $f+tg$ の零点の個数を与える．一方，命題 2.24(i) と同様の方法で示されるように，$N(t)$ は t の連続関数である．ところで，つねに整数をとる $[0,1]$ 上の連続関数は，定数関数しかありえない．従って，$N(0) = N(1)$ を得る．これは，定理 3.19 における結論を意味する． ∎

この定理の応用の1つとして，次の定理を与える．

定理 3.20(Hurwitz の定理)　D を互いに他と交わらない有限個の正則な単純閉曲線の集まり Γ で囲まれた有界領域とし，$\overline{D}$ を含む領域 G 上の正則関数列 $\{f_n\}$ が G 上で関数 f に局所一様収束し，Γ 上で $f(z) \neq 0$ とする．このとき，十分大きな番号 n_0 以上の任意の n について，f_n と f は D 内に同じ個数の零点を持つ．

[証明]　$m = \min\{|f(z)|; z \in \Gamma\} (> 0)$ に対し，
$$|f_n(z) - f(z)| < m \quad (z \in \Gamma,\ n \geqq n_0)$$
を満たす n_0 が存在する．$n \geqq n_0$ に対し，Γ 上で，$|f(z)| \geqq m > |f_n(z) - f(z)|$ が言え，$f + (f_n - f) = f_n$ と f は D 内で同じ個数の零点を持つ． ∎

系 3.21　D 上で関数 f に局所一様収束するような正則関数列 $\{f_n\}$ を考え

る．もし，各 f_n が単射でかつ f が定数関数でなければ，f も単射である．

［証明］ D 内の相異なる 2 点 a, b に対し，$f(a) = f(b)$ となったとする．正則な単純閉曲線 Γ で囲まれた有界領域 D' で，a, b を含み，$\overline{D'} \subset D$ を満たし，かつ $\Gamma = \partial D'$ 上で $f(z) \neq f(a)$ となるものをとる．正則関数列 $\{f_n(z) - f_n(a)\}$ は $f(z) - f(a)$ に局所一様収束し，定理 3.20 の仮定を満たすゆえ，十分大きな n に対し，$f_n(z) - f_n(a)$ と $f(z) - f(a)$ は D' 内で同じ個数の零点を持つ．一方，前者の D' 内での零点は a のみであり，後者は，零点 a, b を持つ．これは矛盾である．従って，f は単射である． ∎

§3.4 近似定理

(a) Runge の定理

本節では，次の Runge の近似定理を与え，関連する事柄を述べる．

定理 3.22（Runge の近似定理） 領域 D に含まれる有界閉集合 K に対し，次の条件は同値である．

(i) K の開近傍上の任意の正則関数が，K 上一様に，D 上の正則関数により近似できる．

(ii) $D - K$ の任意の有界な連結成分 D' について $\overline{D'} \not\subset D$ が成り立つ． ∎

定理 3.22 の証明のために，まず次の補題を与える．

補題 3.23 K を有界閉集合とし，U および V を，$K \subset U \subset \overline{U} \subset V$ を満たす有界開集合とする．このとき，V 上の任意の正則関数は，$V - \overline{U}$ 上でのみ極をもつ有理関数により，K 上一様に近似される．

［証明］ $\mathrm{dist}(\partial V, \overline{U}) > 2/n$ を満たす正整数 n をとり，実軸および虚軸に平行な直線で，平面を 1 辺が $1/n$ の小正方形に分割する．これらの小正方形のうち周もこめて V の内部に含まれるようなものの和集合の内部を D とする（図 3.2）．このとき，$K \subset \overline{U} \subset D$ であり，D の境界 $\partial D\,(\subset V - \overline{U})$ は，有限個の線分 $F_\ell\,(\ell = 1, 2, \cdots, k)$ の和集合である．

任意の $z \in K$ をとる．D を構成する小長方形の全体を $\{D_j\}_{j=1}^{\ell}$ とし，$I =$

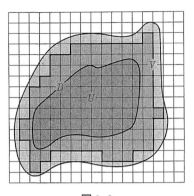

図 3.2

$\{j\,;\,z\in\overline{D}_j\}$ に対し, $E_z=\bigcup_{j\in I}\overline{D}_j$ とおくと, Cauchy の積分定理により
$$f(z) = \frac{1}{2\pi i}\int_{\partial E_z}\frac{f(\zeta)}{\zeta - z}d\zeta$$
が成り立ち, $j\notin I$ に対しては,
$$\frac{1}{2\pi i}\int_{\partial D_j}\frac{f(\zeta)}{\zeta - z}d\zeta = 0$$
これらを足し合わせると,
$$f(z) = \frac{1}{2\pi i}\int_{\partial D}\frac{f(\zeta)}{\zeta - z}d\zeta = \sum_{\ell=1}^{k}\frac{1}{2\pi i}\int_{F_\ell}\frac{f(\zeta)}{\zeta - z}d\zeta \quad (z\in K)$$
を得る. 一方, 各 $\ell = 1, 2, \cdots, k$ について, $f(\zeta)/(\zeta-z)$ は, $F_\ell\times K$ 上で一様連続ゆえ, 任意の正数 ε に対し, 十分小さい正数 δ を選べば,
$$\left|\frac{f(\zeta)}{\zeta - z} - \frac{f(\zeta')}{\zeta' - z}\right| < \varepsilon \quad (|\zeta - \zeta'| < \delta,\ \zeta, \zeta' \in F_\ell,\ z \in K)$$
が成り立つ. 従って, F_ℓ を十分細かく分割し, 分点 $\zeta_{\ell 1}, \cdots, \zeta_{\ell m_\ell}$ をとれば,
$$R_\ell(z) = \sum_{j=1}^{m_\ell}\frac{1}{2\pi i}\frac{f(\zeta_{\ell j})}{\zeta_{\ell j} - z}(\zeta_{\ell j} - \zeta_{\ell j-1})$$
によって定義される有理関数 R_ℓ に対し,
$$\left|\frac{1}{2\pi i}\int_{F_\ell}\frac{f(\zeta)}{\zeta - z}d\zeta - R_\ell(z)\right|$$

$$\leq \sum_{j=1}^{m_\ell} \frac{1}{2\pi} \left| \int_{\overrightarrow{\zeta_{\ell_j-1}\zeta_{\ell_j}}} \left(\frac{f(\zeta)}{\zeta-z} - \frac{f(\zeta_{\ell_j})}{\zeta_{\ell_j}-z} \right) d\zeta \right| < \varepsilon L(F_\ell)$$

が成り立つ．ここで，$L(F_\ell)$ は，線分 F_ℓ の長さを表す．$R(z) = \sum_{\ell=1}^{k} R_\ell(z)$ とおけば，$R(z)$ は $\partial D (\subset V - \overline{U})$ のみに極を持つ有理関数で，

$$|f(z) - R(z)| \leq \sum_{\ell=1}^{k} \left| \frac{1}{2\pi i} \int_{F_\ell} \frac{f(\zeta)}{\zeta-z} d\zeta - R_\ell(z) \right| \leq \frac{\varepsilon}{2\pi} \sum_{\ell=1}^{k} L(F_\ell)$$

を満たす．この最右辺は，任意に小さくできるゆえ，補題 3.23 を得る． ∎

補題 3.24 K を複素平面内の有界閉集合とし，任意の点 $a \notin K$ に対し，K 上の連続関数で，$1/(z-a)$ の多項式列の K 上での一様収束極限として表されるようなものの全体を $\mathcal{F}_a$ とおく．$\mathbb{C} - K$ の1つの連結成分 D 内の任意の2点 a, b について，$\mathcal{F}_a = \mathcal{F}_b$ が成り立つ．

［証明］ 1点 $a \in D$ を任意に固定し，$\mathcal{F}_c \subseteq \mathcal{F}_a$ を満たす D 内の点 c の全体を O とおいて，$O = D$ を示す．もし，これが示されれば，a の任意性から，$\mathcal{F}_a = \mathcal{F}_b$ $(a, b \in D)$ が言え，求める結論を得る．そこで，$O \neq D$ と仮定する．このとき，$\partial O \cap D$ は少なくとも1点 c_0 を含む．なぜなら，もし，$\partial O \cap D = \emptyset$ ならば，連結成分 D が，空でなく互いに交わらない2つの開集合 O と $D - O$ の和集合として表されることになるからである．$\mathrm{dist}(c_0, K) > 3d > 0$ を満たす d をとる．このとき，c_0 の近傍 $\{z; |z - c_0| < d\}$ が O の1点 c_1 を含む．そこで，$|c - c_1| < d$ を満たす c を任意にとると，$\mathrm{dist}(c_1, K) \geq 2d$ から

$$\left| \frac{c - c_1}{z - c_1} \right| < \frac{d}{\mathrm{dist}(c_1, K)} \leq \frac{d}{2d} = \frac{1}{2} \quad (z \in K)$$

が言え，級数展開

$$\frac{1}{z-c} = \frac{1}{z - c_1 - (c - c_1)} = \frac{1}{z - c_1} \cdot \frac{1}{1 - \frac{c - c_1}{z - c_1}} = \sum_{\nu=0}^{\infty} \frac{(c - c_1)^\nu}{(z - c_1)^{\nu+1}}$$

は，K 上で一様収束する．これは，$1/(z-c)$ が，K 上で $1/(z-c_1)$ の多項式の一様収束極限として表されることを示している．従って，$1/(z-c) \in \mathcal{F}_{c_1} (\subset \mathcal{F}_a)$ が成り立つ．

一方，$\mathcal{F}_a$ は，和差積の演算に関して閉じている．なぜなら，$1/(z-a)$ の多項式列 $\{Q_n(1/(z-a))\}$ および $\{Q_n^*(1/(z-a))\}$ が，それぞれ f および f^* に K 上一様収束するとき，$\{Q_n(1/(z-a))\pm Q_n^*(1/(z-a))\}$ および $\{Q_n(1/(z-a))Q_n^*(1/(z-a))\}$ それぞれが $f\pm f^*$ および ff^* に一様収束するゆえ，$f\pm f^* \in\mathcal{F}_a$ かつ $ff^*\in\mathcal{F}_a$ である．また，$\mathcal{F}_a$ に含まれる関数列 $\{f_\nu\}$ が f に K 上一様収束するときに，f も $\mathcal{F}_a$ に含まれる．なぜなら，任意の整数 ν に対し，$\|f-f_\nu\|_K<1/2\nu$ を満たす $f_\nu\in\mathcal{F}_a$ が存在し，さらに $\mathcal{F}_a$ の定義により，

$$\left|f_\nu(z)-Q_\nu\left(\frac{1}{z-a}\right)\right|<\frac{1}{2\nu} \quad (z\in K)$$

を満たす多項式 $Q_\nu(w)$ がとれる．このとき，$R_\nu(z)=Q_\nu(1/(z-a))$ に対し
$$\|R_\nu-f\|_K \leqq \|R_\nu-f_\nu\|_K+\|f_\nu-f\|_K<1/\nu$$
が言え，$f=\lim_\nu R_\nu\in\mathcal{F}_a$ が導かれる．

そこで，$\mathcal{F}_c$ の任意の元 f をとると，定義によって，f は，K 上一様に $1/(z-c)$ の多項式 $Q_\nu(1/(z-c))$ によって近似される．上に示したことと，$1/(z-c)\in\mathcal{F}_a$ から $Q_\nu(1/(z-c))\in\mathcal{F}_a$ $(\nu=1,2,\cdots)$ が言え，その極限である f も $\mathcal{F}_a$ に含まれる．これより，$\mathcal{F}_c\subset\mathcal{F}_a$，従って，$\{c;|c-c_1|<d\}\subseteqq O$ が言える．$\{c;|c-c_1|<d\}$ は，c_0 の開近傍である．これは，$c_0\in\partial O$ に矛盾する．従って，$O=D$ となり，求める結果を得る．■

[定理 3.22 の証明] まず，(i) ⇒ (ii) を背理法で示すため，(ii) を否定し，$\overline{D'}\subset D$ を満たす $D-K$ の有界な連結成分 D' が存在したとする．このとき，$\partial D'\subset K$ である．なぜなら，もし $\partial D'\cap(D-K)$ が 1 点 a_0 を含めば，D' が連結成分であることから，a_0 の $D-K$ に含まれる連結開近傍を含み，$a_0\in\partial D'$ でありえないからである．そこで，点 $a\in D'$ を任意にとり，関数 $f(z)=1/(z-a)$ を考える．f は K 上で正則ゆえ，仮定により，D 上の正則関数列 $\{f_\nu\}_{\nu=1}^\infty$ で，K 上で f に一様収束するものが存在する．このとき，最大絶対値の原理により，
$$\lim_{\mu,\nu\to\infty}\|f_\mu-f_\nu\|_{D'} \leqq \lim_{\mu,\nu\to\infty}\|f_\mu-f_\nu\|_{\partial D'} \leqq \lim_{\mu,\nu\to\infty}\|f_\mu-f_\nu\|_K=0$$
を得る．これより，$\{f_\nu\}$ は，D' 上で正則関数 g に一様収束する．一方，K ($\supseteqq \partial D'$) 上で，$(z-a)g(z)=(z-a)f(z)=1$ が成り立ち，再び最大値の原理を使

えば，D' 上で，$(z-a)g(z)=1$ を得る．ここで $z=a$ を代入すれば，$0=1$ となり，このようなことは起こり得ない．これより，(i) $\Rightarrow$ (ii) が正しい．

次に (ii) $\Rightarrow$ (i) を示す．K のある開近傍 V 上の正則関数 f を任意にとる．ここで，V は有界であり，$K \subset V \subset \overline{V} \subset D$ としてよい．さらに，$K \subset U \subset \overline{U} \subset V$ を満たす開集合 U をとる．補題 3.23 により，任意の正数 ε に対し，$V - \overline{U}$ 内にのみ極を持つような有理関数 $R(z)$ で，$\|f-R\|_K < \varepsilon/2$ を満たすものが選べる．$R(z)$ の極の全体を $t_1, \cdots, t_k (\in V - \overline{U})$ とすると，$R(z)$ は

$$R(z) = \sum_{j=1}^{k} P_j \left(\frac{1}{z-t_j} \right) + Q(z)$$

の形に部分分数展開される．ここで，$P_j(w)$ $(1 \leq j \leq k)$ および $Q(z)$ はそれぞれ w および z の多項式を表す．

定理 3.22 の証明のため，次を示す．

補題 3.25 任意の正数 ε および各 j $(1 \leq j \leq k)$ に対し，

$$\left| P_j \left(\frac{1}{z-t_j} \right) - g_j(z) \right| < \frac{\varepsilon}{2k} \quad (z \in K)$$

を満たす D 上の正則関数 $g_j(z)$ が存在する． □

これが言えれば，補題 3.25 の条件を満たす関数 g_j $(j=1, 2, \cdots, k)$ をとり D 上の正則関数 $g(z) = \sum_{j=1}^{k} g_j(z) + Q(z)$ を考えれば，任意の $z \in K$ に対し，

$$|f(z) - g(z)| \leq |f(z) - R(z)| + |R(z) - g(z)|$$
$$\leq \frac{\varepsilon}{2} + \sum_{j=1}^{k} \left| P_j \left(\frac{1}{z-t_j} \right) - g_j(z) \right| < \varepsilon$$

が成り立ち，定理 3.22 の結論が言える．

[補題 3.25 の証明] 各 j に対し，$t_j \in V - \overline{U} \subset D - K$ に注意して，t_j を含む $D - K$ の連結成分 D'_j を考える．

まず，D'_j が有界の場合をみる．仮定から $\overline{D'_j} \not\subseteq D$ ゆえ，点 $b_j \in \partial D \cap \overline{D'_j}$ が存在する．b_j と t_j は，$\mathbb{C} - K$ の同じ連結成分に含まれるゆえ，補題 3.24 により，

$$\left| P_j\left(\frac{1}{z-t_j}\right) - Q_j\left(\frac{1}{z-b_j}\right) \right| < \frac{\varepsilon}{2k} \quad (z \in K)$$

を満たす多項式 $Q_j(w)$ が存在する．$g_j(z) = Q_j(1/(z-b_j))$ とおけば，この関数が，補題 3.25 における条件を満たす．

次に，D_j' が非有界の場合をみる．$K \subset \Delta_r(0)$ を満たす任意の正数 r に対し，$|b_j| > r$ を満たす $b_j \in D_j'$ をとる．このとき，補題 3.24 により，

$$\left| P_j\left(\frac{1}{z-t_j}\right) - Q_j^*\left(\frac{1}{z-b_j}\right) \right| < \frac{\varepsilon}{4k} \quad (z \in K)$$

を満たす多項式 $Q_j^*(w)$ が存在する．$Q_j^*(1/(z-b_j))$ は $\Delta_r(0)$ で正則であり，

$$Q_j^*\left(\frac{1}{z-b_j}\right) = \sum_{\nu=0}^{\infty} c_\nu z^\nu$$

の形に展開される．従って，十分大きな ν_0 をとれば，

$$\left| Q_j^*\left(\frac{1}{z-b_j}\right) - \sum_{\nu=0}^{\nu_0} c_\nu z^\nu \right| < \frac{\varepsilon}{4k} \quad (z \in K)$$

が成り立つ．そこで，$g_j(z) = \sum_{\nu=0}^{\nu_0} c_\nu z^\nu$ とおけば，g_j は多項式ゆえ，$\mathbb{C}$ 全体で正則であり，任意の $z \in K$ に対し

$$\left| P_j\left(\frac{1}{z-t_j}\right) - g_j(z) \right| \leq \left| P_j\left(\frac{1}{z-t_j}\right) - Q_j^*\left(\frac{1}{z-b_j}\right) \right|$$
$$+ \left| Q_j^*\left(\frac{1}{z-b_j}\right) - g_j(z) \right| < \frac{\varepsilon}{2k}$$

が成り立つゆえ，この関数 g_j が求める条件を満たす． ∎

定理 3.22 から次の Runge の定理が得られる．

系 3.26（Runge の定理） 複素平面内の有界閉集合 $K (\neq \emptyset)$ に対し，$\mathbb{C} - K$ が連結なとき，K の任意の開近傍上の正則関数は，K 上一様に，多項式により近似される．

［証明］ 定理 3.22 において $D = \mathbb{C}$ を考えると，$\mathbb{C} - K$ 自身が連結で非有界であって，有界な連結成分は存在せず，仮定が満たされる．従って，K の開近傍上の任意の正則関数 f および任意の正数 ε に対し，$\|f - g\|_K < \varepsilon/2$

§3.4 近似定理 ── 85

を満たす $\mathbb{C}$ の正則関数 g がとれる. そこで, g のベキ級数展開 $g(z) = \sum_{\nu=0}^{\infty} c_\nu z^\nu$ に対し, $g_n(z) = \sum_{\nu=0}^{n} c_\nu z^\nu$ $(n=1,2,\cdots)$ とおくと, 十分大きな n_0 に対し $\|g - g_{n_0}\|_K < \varepsilon/2$. これより,

$$\|f - g_{n_0}\|_K \leq \|f - g\|_K + \|g - g_{n_0}\|_K < \varepsilon$$

が言え, f は多項式により近似される. ∎

(b) Mittag-Leffler の定理

次に, 定理 3.22 の応用として, 次の定理を与える.

定理 3.27 (Mittag-Leffler の定理) $E = \{a_1, a_2, \cdots, a_n, \cdots\}$ を, 領域 D の部分集合で D 内に集積点をもたないものとする. 各点 a_n に対し, $1/(z-a_n)$ の多項式

$$P_n\left(\frac{1}{z-a_n}\right) = \sum_{\nu=1}^{k_n} \frac{c_\nu^{(n)}}{(z-a_n)^\nu}$$

が与えられたとき, D 上の有理型関数で, $D-E$ で正則で, E の各点 a_n の近くでの Laurent 展開の主要部がちょうど $P_n(1/(z-a_n))$ であるものが存在する. □

証明のために, まず, 次の補題を与える.

補題 3.28 平面内の任意の領域 D に対し, 次の条件を満たす集合列 $\{K_\nu; \nu = 1, 2, \cdots\}$ が存在する:

(i) $K_1 \subset K_2 \subset \cdots \subset K_\nu \subset \cdots$ かつ K_ν の内部 K_ν° に対し, $D = \bigcup_{\nu=1}^{\infty} K_\nu^\circ$.

(ii) 任意の ν に対し, K_ν は有界閉集合である.

(iii) $D - K_\nu$ の任意の有界な連結成分 D' に対し, $\overline{D'} \subsetneq D$.

[証明] 各 $\nu = 1, 2, \cdots$ に対し,

$$L_\nu = \{z; |z| \leq \nu\} \cap \left\{z \in D;\ \mathrm{dist}(z, \partial D) \geq \frac{1}{\nu}\right\}$$

とおく. L_ν は有界閉集合で, $D = \bigcup_{\nu=1}^{\infty} L_\nu^\circ$ が成り立つ. このとき, 集合

$$K_\nu = \{z \in D;\ \text{任意の } D \text{ 上の正則関数 } f \text{ に対し } |f(z)| \leq \sup_{\zeta \in L_\nu} |f(\zeta)|\}$$

が求める条件を満たすことを示す.

（ⅰ）任意の ν に対し，$L_\nu \subset L_{\nu+1}$ が成り立つことから，$K_\nu \subset K_{\nu+1}$ を得る．また，定義から明らかに，$L_\nu \subseteq K_\nu$ が成り立ち，$D = \bigcup_\nu K_\nu^\circ$ である．

（ⅱ）関数 $f(z) = z$ が D 上の正則関数であることから，

$$K_\nu \subseteq \{z \in D \,;\, |z| \leq \sup_{\zeta \in L_\nu} |\zeta| < +\infty\}$$

ゆえ，各 K_ν は有界集合である．そこで，$K_\nu (\subset D)$ が閉集合でないとする．このとき，点 $a_0 \in \partial K_\nu - D$ が存在する．$g(z) = 1/(z-a_0)$ とおくと，g は D 上の正則関数であり，$\lim_{n \to \infty} a_n = a_0$ を満たす K_ν 内の点列 $\{a_n\}$ をとれば，K_ν の定義から，$|g(a_n)| \leq \|g\|_{L_\nu}$，すなわち，

$$|g(a_n)| = \frac{1}{|a_n - a_0|} \leq \sup_{\zeta \in L_\nu} \frac{1}{|\zeta - a_0|} = \frac{1}{\mathrm{dist}(a_0, L_\nu)} < +\infty$$

$\lim_{n \to \infty} |g(a_n)| = +\infty$ ゆえ，これは矛盾である．従って，K_ν は閉集合である．

（ⅲ）結論を否定し，$D - K_\nu$ のある有界な連結成分 D' に対し $\overline{D'} \subset D$ が成り立ったとする．このとき，$\partial D' \subseteq K_\nu$ である．なぜなら，もし $\partial D' - K_\nu$ 内に点 a が存在すると，D に含まれかつ K_ν と交わらない a の連結開近傍 U をとることができ，$U \subset D'$ が言え，$a \in \partial D'$ ではありえない．そこで，D' 内の点 z および D 上の正則関数 f を任意にとる．系 2.49 によって，

$$|f(z)| \leq \|f\|_{\partial D'} \leq \|f\|_{K_\nu} = \|f\|_{L_\nu}$$

ゆえ，$z \in K_\nu$ が言え，$D' \cap K_\nu = \emptyset$ に反する．従って，(ⅲ)が成立する．∎

[定理 3.27 の証明] 領域 D に対し補題 3.28 における条件を満たす集合列 $\{K_\nu\}$ をとる．任意の ν に対し，$E \cap K_\nu$ は有限集合ゆえ，関数

$$h_\nu(z) = \sum_{a_n \in K_\nu} P_n\left(\frac{1}{z - a_n}\right)$$

は有理関数であり，$E \cap K_\nu$ の点のみで極をもち，各 $a_n \in E \cap K_\nu$ での Laurent 展開の主要部は，$P_n(1/(z-a_n))$ である．そこで，$f_0 \equiv 0$，$K_0 = \emptyset$ とし，次の条件を満たす有理型関数の列 $f_1, f_2, \cdots, f_\nu, \cdots$ が存在することを示そう：

（ⅰ）$f_\nu - h_\nu$ は D 上の正則関数である．

（ⅱ）$f_\nu - f_{\nu-1}$ は $K_{\nu-1}$ の近傍で正則であり，$\|f_\nu - f_{\nu-1}\|_{K_{\nu-1}} \leq 1/2^\nu$．

まず，$\nu = 1$ の場合，$f_1 = h_1$ とおく．この場合は，明らかに条件(ⅰ)，(ⅱ)

を満たす．そこで，条件(i), (ii)を満たす関数列 $f_1, \cdots, f_\nu$ の存在を仮定する．
このとき，等式
$$h_{\nu+1} - f_\nu = (h_{\nu+1} - h_\nu) + (h_\nu - f_\nu)$$
$$= \sum_{a_n \in K_{\nu+1} - K_\nu} P_n\left(\frac{1}{z - a_n}\right) + (h_\nu - f_\nu)$$
から，$h_{\nu+1} - f_\nu$ は K_ν の近傍で正則である．定理 3.22 から，
$$\|(h_{\nu+1} - f_\nu) - g_\nu\|_{K_\nu} < \frac{1}{2^{\nu+1}}$$
を満たす D 上の正則関数 g_ν が存在する．ここで，$f_{\nu+1} = h_{\nu+1} - g_\nu$ とおく．$h_{\nu+1} - f_{\nu+1}$ は g_ν と一致するゆえ，D 上で正則である．また，
$$\|f_{\nu+1} - f_\nu\|_{K_\nu} = \|(h_{\nu+1} - f_\nu) - g_\nu\|_{K_\nu} \leqq \frac{1}{2^{\nu+1}}$$
が成り立つゆえ，$f_{\nu+1}$ は，条件(ii)も満たす．従って，ν に関する帰納法によって，条件(i), (ii)を満たす関数列 $\{f_\nu\}$ の存在が言えた．

条件(ii)から，各 K_ν 上で，$\sum_{\nu' \geqq \nu}(f_{\nu'+1} - f_{\nu'})$ は一様収束する．そこで，
$$\tilde{f}_\nu = f_\nu + \sum_{\nu' \geqq \nu}(f_{\nu'+1} - f_{\nu'})$$
とおく．この右辺の第 1 項は有理型関数で，第 2 項は K_ν の内部で正則ゆえ，$\tilde{f}_\nu$ は K_ν の内部で有理型であり，$\tilde{f}_{\nu+1} = \tilde{f}_\nu$ が成り立つ．各 K_ν 上で $f = \tilde{f}_\nu$ とおくことにより，D 上の有理型関数 f が定義される．各 K_ν の内部で
$$f - h_\nu = (f_\nu - h_\nu) + 正則関数$$
と書けることから，f は，$K_\nu \cap E$ 内の点のみで極をもち，各 $a_n \in E$ の近くでの Laurent 展開は，h_ν と同じく主要部 $P_n(1/(z - a_n))$ をもつ． ∎

《要約》

3.1 正則関数の孤立特異点は，除去可能特異点，極および真性特異点の 3 種類に分類される．

3.2 有理型関数について，領域内の留数の和は，領域の境界上の積分で表さ

れる.

3.3 領域内の零点や極の個数を，留数の計算により求めることができる.

3.4 補集合が連結であるような有界閉集合上の正則関数は，多項式で近似することができる.

──────── 演習問題 ────────

3.1 立体射影 $\pi: S^2 \to \overline{\mathbb{C}}$ に対し，次を示せ.

(i) $P=(X,Y,Z)$ の像を z とするとき，X,Y,Z を z で表せ.

(ii) S^2 上の正則曲線 Γ_1, Γ_2 が 1 点 P で角 θ で交わるとき，$\pi(\Gamma_1), \pi(\Gamma_2)$ も，点 $\pi(P)$ で角 θ で交わることを示せ.

3.2 定数でない正則関数 f は，開集合を開集合に移すことを示せ.

3.3 $\Delta_R^0 = \{z\,;\, 0<|z|<R\}$ 上の有理型関数 f が，原点で真性特異点をもつときに，$E=\{\alpha\in\overline{\mathbb{C}}\,;\, f^{-1}(\alpha)$ が無限個の点を含む$\}$ は，$\overline{\mathbb{C}}$ 内で稠密であることを示せ.

3.4 D を正則な Jordan 閉曲線 Γ で囲まれた有界領域とし，$\overline{D}$ 上の正則関数 f に対し，Γ 上で $|f(z)|$ が 0 でない定数 c に等しいとする. このとき，f が D 内で n 個の零点をもてば，f' は，そこで $n-1$ 個の零点をもつことを示せ.

3.5 Δ_R^0 上の正則関数列 $\{f_n\}$ が，Δ_R^0 上で関数 f に局所一様収束するとする. もし，各 f_n が原点で，たかだか p 位の極をもつとき，f は，原点で除去可能な特異点をもつか，またはたかだか p 位の極をもつことを示せ.

3.6 a で正則な関数 f, g に対し，g は a で n 位の零点をもつとする. このとき，$\mathrm{Res}(f/g, a)$ は，$f(a), f'(a), \cdots, f^{(n-1)}(a), g^{(n)}(a), \cdots, g^{(2n-1)}(a)$ の有理式として表されることを示せ. $n=1, 2$ に対して，この有理式を求めよ.

3.7 正則関数 f が a で極をもち，Laurent 展開の主要部を $P(z)$ とする. このとき，a 以外の b に対し，$\mathrm{Res}(f(z)/(b-z), a) = P(b)$ を示せ.

3.8 D を有限個の正則な Jordan 閉曲線の集まり Γ によって囲まれた有界領域とし，f, g を $\overline{D}$ 上の正則関数とする. Γ 上で，$f(z) \neq 0$ であり，f の D 内での零点を $a_1, a_2, \cdots, a_n$ とし，$n_k = \mathrm{ord}_f(a_k)$ とおくとき，次を示せ.

$$\frac{1}{2\pi i}\int_\Gamma g(\zeta)\frac{f'(\zeta)}{f(\zeta)}d\zeta = \sum_{k=1}^n n_k g(a_k)$$

3.9 原点で極をもたない $\mathbb{C}$ 上の有理型関数 f に対し,極 a_k ($k=1,2,\cdots$) の位数がすべて 1 であるとする.ここで,$0<|a_1|\leqq|a_2|\leqq\cdots\leqq|a_n|\leqq\cdots$ とする.さらに,ある正数 M および $\lim_{n\to\infty} R_n = +\infty$ を満たす正数列 $\{R_n\}$ に対し,$\Gamma_n: |z|=R_n$ 上で,$|f(z)|\leqq M$ が成り立つと仮定する.次の等式を示せ.

$$f(z) = f(0) + \lim_{n\to\infty} \sum_{|a_k|<R_n} \mathrm{Res}(f,a_k)\left(\frac{1}{z-a_k}+\frac{1}{a_k}\right)$$

3.10 次の等式を示せ.
(i) $\dfrac{1}{\sin z} = \dfrac{1}{z}+\sum_{k=1}^{\infty}(-1)^k\dfrac{2z}{z^2-k^2\pi^2}$
(ii) $\cot z = \dfrac{1}{z}+\sum_{k=1}^{\infty}\dfrac{2z}{z^2-k^2\pi^2}$

正則写像

本章では,有理型関数を,Riemann 球への写像とみたときの種々の性質を論じる.まず,正則写像の局所的性質を論じ,次に,1次変換の基本的性質を与え,応用として,典型的ないくつかの領域の解析的自己同型写像を考察し,非 Euclid 幾何学の重要な一例である双曲幾何学を説明する.また,Riemann の写像定理を与えると共に,解析接続の一例として,鏡像の原理について述べる.

§4.1 正則写像の局所的性質

f を領域 D 上の非定数正則関数とする.点 $a \in D$ に対し,$f(z)-f(a)$ の $z=a$ での位数が n のとき,f が a で値 $f(a)$ をとる**重複度**(multiplicity)が n であると言うことにする.

定理 4.1 f を領域 D 上の非定数正則関数とし,点 $a \in D$ に対し,f が a で値 $f(a)$ をとる重複度を n とする.このとき,a の開近傍 D' で,その像 $\Omega = f(D')$ が開集合であり,かつ次の条件を満たすものがとれる.

任意の点 $w \in \Omega$ に対し,$f^{-1}(w) \cap D'$ の元の全体を $z_1(w), \cdots, z_{k(w)}(w)$ とし,それらの各点で値 w をとる重複度を $m_1(w), \cdots, m_{k(w)}(w)$ とするとき,

(ⅰ) $n = m_1(w) + \cdots + m_{k(w)}(w)$

(ⅱ) $g(w) = m_1(w)z_1(w) + \cdots + m_{k(w)}(w)z_{k(w)}(w)$ は,w を変数とする Ω

上の正則関数である．

[証明] $f^{-1}(f(a))$ が集積点を含まないことから，ある正数 r に対し，
$$(4.1) \qquad f^{-1}(f(a)) \cap \overline{\Delta_r(a)} = \{a\}$$
が成り立つ．$m = \min\{|f(z)-f(a)|\,;\, z \in \partial\Delta_r(a)\}$ (> 0) とおいて，$\Omega = \{w\,;\, |w-f(a)| < m\}$ および $D' = f^{-1}(\Omega) \cap \Delta_r(a)$ が求める条件を満たすことを示そう．w の関数
$$m(w) = \frac{1}{2\pi i} \int_{|\zeta-a|=r} \frac{f'(\zeta)}{f(\zeta)-w} d\zeta \quad (w \in \Omega)$$
を考える．ここで，被積分関数の分母は，$\partial\Delta_r(a)$ 上で，
$$|f(\zeta)-w| \geqq |f(\zeta)-f(a)| - |w-f(a)| > m-m = 0$$
が成り立つゆえ，0 になることがない．定理 3.16 により，$m(w) = m_1(w) + \cdots + m_k(w) \in \mathbb{Z}$ が成り立つ．一方，$m(w)$ は，命題 2.24 により w の連続関数ゆえ，定数でなければならない．また，(4.1)から $m(f(a)) = n$ ゆえ，(i) を得る．

次に，(ii)を示すために，w の関数
$$g(w) = \frac{1}{2\pi i} \int_{|\zeta-a|=r} \zeta \frac{f'(\zeta)}{f(\zeta)-w} d\zeta \quad (w \in \Omega)$$
を考える．関数 $h(\zeta) = (\zeta - z_j(w))f'(\zeta)/(f(\zeta)-w)$ が $\zeta = z_j(w)$ で除去可能な特異点を持つことに留意して，定理 3.10，命題 3.15 を使うことにより，
$$g(w) = \sum_{j=1}^{k(w)} \mathrm{Res}\left(\zeta \frac{f'(\zeta)}{f(\zeta)-w}, z_j(w)\right)$$
$$= \sum_{j=1}^{k(w)} \left\{\mathrm{Res}(h(\zeta), z_j(w)) + z_j(w)\mathrm{Res}\left(\frac{f'(\zeta)}{f(\zeta)-w}, z_j(w)\right)\right\}$$
$$= \sum_{j=1}^{k(w)} m_j(w) z_j(w)$$
を得る．一方，命題 2.24 により，$g(w)$ は w の正則関数である． ∎

系 4.2（領域保存定理） 非定数正則写像は，領域を領域に移す．

[証明] 領域 D は連結集合ゆえ，その連続写像である $f(D)$ も連結である．一方，任意の点 $b \in f(D)$ に対し，$f(a) = b$ を満たす点 $a \in D$ をとれば，

定理 4.1 により，f は a のある開近傍を b の開近傍上に移す．従って，b は $f(D)$ の内点となり，$f(D)$ は開集合である． ∎

定理 4.1 を使えば，命題 1.31 において，条件(ii)が不要であることが以下のように示される．

系 4.3 領域 D 上の正則関数 $f: D \to \mathbb{C}$ が単射ならば，$\Omega = f(D)$ は領域であり，f' は零点をもたず，逆写像 $f^{-1}: \Omega \to D$ は正則である．

［証明］ 系 4.2 により，Ω は領域である．また，点 $a \in D$ で $f'(a) = 0$ を満たせば，f が a で値 $f(a)$ をとる重複度は 2 以上で，定理 4.1 から，単射ではありえない．従って，到るところで $f'(z) \neq 0$ である．また，定理 4.1 において，$n = 1$ の場合には，関数 $g(w)$ が f の逆写像を与える．従って，f^{-1} は正則である． ∎

定義 4.4 領域 D から D' への写像 f に対し，$f: D \to D'$ が全単射であり，f も $f^{-1}: D' \to D$ も共に正則であるとき，f は D から D' への**双正則写像**(biholomorphic map)と言う． ∎

系 4.3 により，単射な正則写像は，その像の上への双正則写像を与える．

双正則写像で不変な図形の性質を論じる場合，適当な双正則写像で，より簡単な図形に移して議論することが多い．双正則写像 $\zeta = \zeta(z): D \to D'$ によって，z 平面内の図形 $A (\subseteq D)$ を図形 $\zeta(A) (\subseteq D')$ に移して ζ 平面内の座標を使って考察するわけであるが，これは，見方を変えれば，与えられた図形について，z 平面上の座標で表されたものを，双正則写像による座標変換を行い，新たな座標 ζ で表して議論することに当たる．このような観点から，開集合 U 上の単射な正則関数を U 上の**正則局所座標**(holomorphic local coordinate)と呼ぶことがある．

関数 $\zeta = 1/z$ は，領域 $\mathbb{C}^* = \mathbb{C} - \{0\}$ を $\mathbb{C}^*$ 自身に移し，無限遠点を原点に移す．従って，無限遠点の開近傍を原点の開近傍に双正則に移すと考えてよい．無限遠点の近くでの正則局所座標として，しばしば，この関数 ζ が使われる．

定理 4.5 f を領域 D 上の非定数正則関数とし，点 a で値 $f(a)$ をとる重複度を n とする．このとき，a のある開近傍 U 上で，

$$\zeta(a) = 0, \quad f(z) = f(a) + \zeta(z)^n \quad (z \in U)$$

を満たす正則局所座標 $\zeta = \zeta(z)$ が存在する. □

証明のため,まず,次の補題を示す.

補題 4.6 単連結領域 D 上の正則関数 f に対し,f が零点をもたなければ,$e^g = f$ を満たす D 上の正則関数 g が存在する.

[証明] D の単連結性から,

$$g(z) = \int_a^z \frac{f'(\zeta)}{f(\zeta)} d\zeta + c_0$$

によって,D 上の 1 価正則関数が定義される.ここで,積分路は,a と z を結ぶ D 内の任意に選ばれた PS 曲線であり,c_0 は $\log f(a)$ の 1 つの値とする.

$$(fe^{-g})' = f'e^{-g} - g'fe^{-g} = f'e^{-g} - f'e^{-g} = 0$$

より,$f = ce^g$ $(c \in \mathbb{C})$ と書ける.$e^{g(a)} = e^{c_0} = f(a)$ から,$c = 1$,従って,$e^g = f$ である. ■

[定理 4.5 の証明] 仮定から,a の開近傍 U 上で

$$f(z) - f(a) = (z-a)^n \tilde{f}(z), \quad \tilde{f}(a) \neq 0$$

を満たす a で正則な関数 $\tilde{f}$ が存在する.ここで,U 上で $\tilde{f}(z) \neq 0$ かつ U は単連結であると仮定してよい.このとき,補題 4.6 により,$e^g = \tilde{f}$ を満たす U 上の正則関数 g が存在する.そこで,$\zeta(z) = (z-a)e^{g(z)/n}$ とおけば,$\zeta(a) = 0$ であり,$f(z) - f(a) = \zeta(z)^n$ および $\zeta'(a) = e^{g(a)/n} \neq 0$ を満たす.必要なら U を縮めることにより,ζ は U 上で正則局所座標を与え,定理 4.5 の条件を満たす. ■

定理 4.5 のひとつの応用として,次の定理を与える.

定理 4.7 f を領域 D 上の非定数正則関数とし,点 a で値 $f(a)$ をとる重複度を n とするとき,点 $a \in D$ で角 θ をなす 2 つの正則曲線は,f によって,$b = f(a)$ で角 $n\theta$ をなす曲線に移る.

[証明] a の近傍で,f は双正則写像 $\zeta = \zeta(z)$,$w = \zeta^n$ および $f(a)$ だけの平行移動の合成である.定理 1.36 によって,点 $a \in D$ で角 θ をなす 2 つの正則曲線は,$\zeta = \zeta(z)$ によって原点で角 θ をなす曲線に移る.また,$\zeta = re^{i\theta}$

を $w = \zeta^n = r^n e^{in\theta}$ に移す写像によって，角 $n\theta$ をなす曲線に移り，それを平行移動したものが f の像であるから求める結果を得る． ∎

§4.2 1次変換

(a) 1次変換

$ad - bc \neq 0$ を満たす定数 a, b, c, d によって与えられる有理関数

$$(4.2) \qquad w = T(z) = \frac{az + b}{cz + d}$$

を考える．$T'(z) = (ad - bc)/(cz + d)^2$ となることから分かるように，条件 $ad - bc \neq 0$ は，定数関数にならないようにつけられたものである．

定義 4.8 (4.2) で与えられる関数を **1 次変換**(linear transformation) と言う．また，**1 次分数変換**(linear fractional transformation) もしくは **Möbius 変換**とも呼ばれている． ∎

明らかに，2つの1次変換の合成は，また1次変換である．§3.3 で述べたように，1次変換 $w = T(z)$ は，$\overline{\mathbb{C}}$ から $\overline{\mathbb{C}}$ への連続写像とみなせる．(4.2) から

$$z = \frac{-dw + b}{cw - a}$$

が得られるが，これは $T : \overline{\mathbb{C}} \to \overline{\mathbb{C}}$ が全単射な写像でその逆写像もまた1次変換であることを示している．次の定理により，この逆も成り立つ．

定理 4.9 $\overline{\mathbb{C}}$ 上の有理型関数 $w = T(z)$ が $\overline{\mathbb{C}}$ から $\overline{\mathbb{C}}$ への単射な写像を与えるとき，T は1次変換である．

[証明] 定理 3.14 によって，$T(z)$ は有理関数であり，共通零点を持たない多項式 $P(z), Q(z)$ の商として書ける．$P(z)$ または $Q(z)$ のいずれかが2次以上ならば，零点または極の個数が2以上となり，系 3.18 により，$T(z)$ はすべての値を2回以上とる．これは仮定に反する．従って，$P(z), Q(z)$ 共にたかだか1次の多項式である．結局，(4.2) の形に書け，単射の仮定から，$ad - bc \neq 0$ である． ∎

例 4.10 1次変換の例を与える．

（i） $w = T(z) = z + b \ (b \in \mathbb{C})$．この変換は平行移動に他ならない．

（ii） $w = T(z) = az \ (a \neq 0)$．$a = re^{i\theta} \ (r, \theta \in \mathbb{R})$ とおくと，§1.1で説明したように，変換 T は原点中心の θ だけの回転と r 倍の伸縮変換の合成である．

（iii） $w = T(z) = \dfrac{1}{z}$．$z = re^{i\theta} \neq 0$ に対し，
$$w = \frac{1}{z} = \frac{\bar{z}}{z\bar{z}} = \frac{\bar{z}}{r^2}$$
より，この変換は，z をまず実軸に関する対称点 $\bar{z}$ に移し，さらに，これを $|z| = 1$ に関する対称点，すなわち，原点から出て $\bar{z}$ を通る半直線上の $|w||z| = 1$ を満たす点 w に移す変換である（定義4.12参照）． □

(4.2)で与えられる任意の1次変換は，(i)–(iii)の変換を何回か合成したものである．実際，$c \neq 0$ の場合は，
$$w = \frac{bc - ad}{c^2} \frac{1}{z + d/c} + \frac{a}{c}$$
と書き直され，$T_1(z) = z + d/c$, $T_2(z) = 1/z$, $T_3(z) = ((bc-ad)/c^2)z$ および $T_4(z) = z + a/c$ を合成したものである．また，$c = 0$ の場合は，$d \neq 0$ であり，$T_1(z) = (a/d)z$ と $T_2(z) = z + b/d$ を合成したものである．

(b) 円円対応

直線は，半径が無限大の円とみなせる．直線を円の特別な場合とみた方が便利なことが多い．以下，円または直線を広義の円と呼ぶことにする．

(x, y) 平面内で広義の円は，$B^2 + C^2 > AD$ を満たす定数 A, B, C, D により，

(4.3) $$A(x^2 + y^2) + 2Bx + 2Cy + D = 0$$

の形で与えられ，逆にこの形で与えられる図形は広義の円である．なぜなら，$A = 0$ の場合，定数に関する条件は，$(B, C) \neq (0, 0)$ を意味し，(4.3)は直線の方程式の一般形を与える．また，$A \neq 0$ の場合，(4.3)は

$$\left(x+\frac{B}{A}\right)^2+\left(y+\frac{C}{A}\right)^2=\frac{B^2+C^2-AD}{A^2} \quad (>0)$$

と書き直され，円の方程式の一般形を与える．

(4.3)に $x=(z+\bar{z})/2$, $y=i(\bar{z}-z)/2$ を代入すれば，
$$Az\bar{z}+(B-iC)z+(B+iC)\bar{z}+D=0$$
が得られる．ここで，$\alpha=B+iC$ とおくことにより，広義の円の複素表示

(4.4) $\quad \Gamma: Az\bar{z}+\bar{\alpha}z+\alpha\bar{z}+D=0,\ |\alpha|^2>AD \quad (\alpha\in\mathbb{C},\ A,D\in\mathbb{R})$

を得る．逆にこの形で与えられる図形は広義の円である．

定理 4.11 1次変換は，広義の円を広義の円に移す．

［証明］任意の1次変換は，例 4.10 で述べた変換(i)–(iii)の何回かの合成ゆえ，これらの変換それぞれについて示せば十分である．(4.4)で与えられる広義の円を考える．変換(i)は平行移動ゆえ，明らかに Γ を広義の円に移す．変換(ii)，すなわち $w=az\,(a\neq 0)$ の場合，$z=w/a$ を(4.4)に代入すれば，
$$\frac{A}{|a|^2}w\bar{w}+\frac{\bar{\alpha}}{a}w+\frac{\alpha}{\bar{a}}\bar{w}+D=0$$
が得られ，$|\bar{\alpha}/a|^2>(A/|a|^2)D$ ゆえ，やはり広義の円に移る．変換(iii)に対しては，(4.4)に $z=1/w$ を代入して，両辺に $w\bar{w}$ を掛けると，
$$Dw\bar{w}+\alpha w+\bar{\alpha}\bar{w}+A=0$$
が得られ，$|\bar{\alpha}|^2-DA>0$ から，この場合も広義の円に移る． □

次に，1次変換の考察において重要な対称変換についてのべる．

定義 4.12 Γ を平面内の広義の円とする．点 $z\in\mathbb{C}-\{a\}$ の Γ に関する**対称点**(reflection point)とは，Γ が直線の場合，通常の意味の対称点，すなわち，$z=z^*\in\Gamma$，または，z と z^* の垂直2等分線が Γ となるような点 z^* であると定義する．また，Γ が点 a を中心とする半径 $R(>0)$ の円の場合，a から出て z を通る半直線上にあり，$|z-a||z^*-a|=R^2$ を満たす点 z^* であると定義する．また，$z=\infty$ および $z=a$ の対称点はそれぞれ a および ∞ と定める．対称点は**鏡像**とも呼ばれている． □

定義から明らかに，z^* が z の対称点ならば，z は z^* の対称点である．また

円 $\Gamma = \{z\,;\,|z-a|=R\}$ $(R>0)$ に対し,$z=a+re^{i\theta}$ の Γ に関する対称点は,
$$z^* = a + \frac{R^2}{r}e^{i\theta} = a + \frac{R^2}{\overline{z}-\overline{a}}$$
で与えられる.

命題 4.13 点 z^* が広義の円(4.4)に関する点 z の対称点である必要かつ十分な条件は,次を満たすことである:
$$Az^*\overline{z} + \overline{\alpha}z^* + \alpha\overline{z} + D = 0$$

[証明] $A \neq 0$ の場合,(4.4)は $\Gamma : |z+\alpha/A|^2 = (|\alpha|^2-AD)/A^2$ に等しく,中心が $-\alpha/A$,半径が $\sqrt{|\alpha|^2-AD}/|A|$ の円である.z の対称点は,
$$z^* = -\frac{\alpha}{A} + \frac{|\alpha|^2-AD}{A^2}\frac{1}{\overline{z}+\overline{\alpha}/A}$$
で与えられ,これは,
$$\left(z^* + \frac{\alpha}{A}\right)\left(\overline{z} + \frac{\overline{\alpha}}{A}\right) = \frac{|\alpha|^2-AD}{A^2}$$
と書き直され,命題 4.13 の条件と同値である.

$A=0$ の場合,対称点は一意的に決まるゆえ,各点 z に対し,命題 4.13 の条件を満たす点 $z^* = -(\alpha\overline{z}+D)/\overline{\alpha}$ が,z の Γ に関する対称点であることを示せばよい.そこで,z と z^* の中点 $w = (z+z^*)/2$ を考える.
$$\alpha\overline{w} + \overline{\alpha}w + D = \frac{1}{2}(\alpha\overline{z}-\overline{\alpha}z-D+\overline{\alpha}z-\alpha\overline{z}-D)+D = 0$$
ゆえ,w は Γ 上にある.一方,$\alpha = B+iC\,(\neq 0)$,$\zeta = \xi+i\eta$ とおくと,Γ は $2B\xi+2C\eta+D = 0$ で与えられ,α は Γ に直交する.また,
$$z^* - z = -\frac{1}{\overline{\alpha}}(\alpha\overline{z}+D+\overline{\alpha}z) = r\alpha, \quad \text{ここで,}\ r = -\frac{\alpha\overline{z}+D+\overline{\alpha}z}{|\alpha|^2} \in \mathbb{R}$$
従って $\overrightarrow{zz^*}$ が直線 Γ に直交するゆえ,z^* は z の Γ に関する対称点である.∎

定理 4.14 広義の円 Γ および 1 次変換 $w = T(z)$ に対し,z_0 と z_0^* が Γ に関して対称ならば,$T(z_0)$ と $T(z_0^*)$ が $T(\Gamma)$ に関して対称である.

[証明] 例 4.10 で述べた変換(i)–(iii)について示せばよい.(i)については明らかゆえ,(ii),(iii)をみる.Γ が(4.4)で与えられているとする.仮定

から，

(4.5) $$Az_0^* \overline{z}_0 + \overline{\alpha} z_0^* + \alpha \overline{z}_0 + D = 0$$

変換 $w = T(z) = az\,(a \neq 0)$ の場合，Γ の T による像は，

$$T(\Gamma): \quad \frac{A}{|a|^2} w\overline{w} + \frac{\overline{\alpha}}{a} w + \frac{\alpha}{\overline{a}} \overline{w} + D = 0$$

で与えられ，$w_0 = T(z_0)$, $w_0^* = T(z_0^*)$ は，

$$\frac{A}{|a|^2} w_0^* \overline{w}_0 + \frac{\overline{\alpha}}{a} w_0^* + \frac{\alpha}{\overline{a}} \overline{w}_0 + D = 0$$

を満たす．これは，w_0 と w_0^* が $T(\Gamma)$ に関して対称であることを示す．変換 $w = T(z) = 1/z$ については，Γ の像は，

$$T(\Gamma): \quad Dw\overline{w} + \alpha w + \overline{\alpha}\,\overline{w} + A = 0$$

で与えられ，$w_0 = T(z_0)$, $w_0^* = T(z_0^*)$ は，

$$Dw_0^* \overline{w}_0 + \alpha w_0^* + \overline{\alpha}\,\overline{w}_0 + A = 0$$

を満たすゆえ，求める結果を得る． ∎

(c) 非調和比

定義 4.15 平面内の相異なる4点 z_1, z_2, z_3, z_4 に対し，

$$(z_1, z_2, z_3, z_4) = \frac{\dfrac{z_1 - z_3}{z_1 - z_4}}{\dfrac{z_2 - z_3}{z_2 - z_4}} = \frac{(z_1 - z_3)(z_2 - z_4)}{(z_1 - z_4)(z_2 - z_3)}$$

を，z_1, z_2, z_3, z_4 の非調和比(anharmonic ratio)または複比(cross ratio)と言う．また，どれかの z_i が ∞ の場合は，上の式で，$z_i \to \infty$ とした値を非調和比と呼ぶ．例えば，

$$(\infty, z_2, z_3, z_4) = \lim_{z_1 \to \infty}(z_1, z_2, z_3, z_4) = \frac{z_2 - z_4}{z_2 - z_3}$$ □

定理 4.16 1次変換 $w = T(z)$ および相異なる4点 $z_1, z_2, z_3, z_4 \in \overline{\mathbb{C}}$ に対し，

$$(T(z_1), T(z_2), T(z_3), T(z_4)) = (z_1, z_2, z_3, z_4)$$

[証明] 1次変換 $w = T(z) = (az+b)/(cz+d)\,(ad-bc \neq 0)$ に対し，$w_k = T(z_k)\,(k=1,2,3,4)$ とおく．$T(z)$ の連続性により，$z_1, \cdots, z_4, w_1, \cdots, w_4 \in \mathbb{C}$ の

ときに示せばよい．この場合，任意の相異なる k, ℓ に対し，
$$w_k - w_\ell = \frac{(ad-bc)(z_k - z_\ell)}{(cz_k + d)(cz_\ell + d)}$$
が成り立つことから，$(w_1, w_2, w_3, w_4) = (z_1, z_2, z_3, z_4)$ を得る． ∎

定理 4.17 2 組の相異なる 3 点 z_1, z_2, z_3 および w_1, w_2, w_3 を任意に与えるとき，$w_k = T(z_k)$ $(k=1, 2, 3)$ を満たす 1 次変換 $w = T(z)$ がただ 1 つ存在する．

[証明] 求める 1 次変換 $w = T(z)$ が存在したとすると，z_1, z_2, z_3 と異なる任意の点 z に対し，
$$(w_1, w_2, w_3, T(z)) = (z_1, z_2, z_3, z)$$
が成り立つ．これを $T(z)$ に関して解けば，z の 1 次変換が得られる．この 1 次変換は各点 z_k を w_k に移す．これより，求める結論を得る． ∎

§4.3 解析的自己同型

(a) 単位開円板の解析的自己同型

全複素平面 $\overline{\mathbb{C}}$ 内の領域 D に対し，
$$\mathrm{Aut}(D) = \{f\,;\, f \text{ は } D \text{ から } D \text{ 自身の上への双正則写像}\}$$
とおく．容易に分かるように，$\mathrm{Aut}(D)$ は，合成演算に関して群をなす．これを D の**解析的自己同型群**(analytic automorphism group)と呼ぶ．

例 4.18

(i) $D = \overline{\mathbb{C}}$ の場合，定理 4.9 より，$\mathrm{Aut}(D)$ は 1 次変換の全体である．

(ii) $D = \mathbb{C}$ の場合，$\mathrm{Aut}(\mathbb{C}) = \{w = az + b\,;\, a, b \in \mathbb{C},\text{ ただし } a \neq 0\}$ となる．これを示そう．明らかに，$w = az + b$ $(a \neq 0)$ は $\mathrm{Aut}(\mathbb{C})$ の元である．そこで，任意の元 $f \in \mathrm{Aut}(\mathbb{C})$ を考える．各正整数 n に対し，$D_n = f(\{z\,;\, |z| < n\})$ とおく．系 4.2 により，D_n は開集合であり，$\mathbb{C} = \bigcup_{n=1}^{\infty} D_n$ を満たすゆえ，任意の有界閉集合 K に対し，十分大きな番号 n_0 をとれば $D_{n_0} \supset K$ が成り立つ．このとき，f が単射であることから，$|z| \geq n_0$ を満たす任意の z に対し，$f(z) \notin K$．これは，$\lim_{z \to \infty} f(z) = \infty$ を意味する．f^{-1} に同じ論法を適用す

れば，$\lim_{w\to\infty} f^{-1}(w) = \infty$ も成り立つ．f は $\overline{\mathbb{C}}$ 上の単射な有理型関数であり，定理 4.9 により 1 次変換であり，$f(z) = (az+b)/(cz+d)$ $(ad-bc \neq 0)$ と表される．$f(\infty) = \infty$ より，$c = 0$，$a \neq 0$ が導かれ，f は 1 次多項式である． □

単位円板の解析的自己同型群は，次の定理で与えられる．

定理 4.19 $\Delta = \{z ; |z| < 1\}$ に対し，

$$\mathrm{Aut}(\Delta) = \left\{ e^{i\alpha} \frac{z-a}{1-\overline{a}z} ; \alpha \in \mathbb{R}, a \in \Delta \right\}$$

[証明] 任意の $\alpha \in \mathbb{R}$，$a \in \Delta$ に対し，関数 $f(z) = e^{i\alpha}(z-a)/(1-\overline{a}z)$ は，

$$1 - |f(z)|^2 = \frac{|1-\overline{a}z|^2 - |z-a|^2}{|1-\overline{a}z|^2} = \frac{(1-|a|^2)(1-|z|^2)}{|1-\overline{a}z|^2}$$

を満たし，$|z| < 1$ と $|f(z)| < 1$ が同値である．これより，$f \in \mathrm{Aut}(\Delta)$．

そこで，$f \in \mathrm{Aut}(\Delta)$ を任意にとり，$a = f^{-1}(0)$ とおく．1 次変換 $u = h(z) = (z-a)/(1-\overline{a}z)$ の逆関数と f の合成関数 $w = g(u) = f(h^{-1}(u))$ を考える．$g \in \mathrm{Aut}(\Delta)$ であり，$g(0) = f(a) = 0$ を満たすゆえ，Schwarz の補題（定理 2.50）によって，$|g(u)| \leq |u|$ が成り立つ．一方，$u = g^{-1}(w) : \Delta \to \Delta$ も $g^{-1}(0) = 0$ を満たすゆえ，$|g^{-1}(w)| \leq |w|$．従って，$|u| = |g^{-1}(g(u))| \leq |g(u)|$ が得られ，$|u| = |g(u)|$ $(u \in \Delta)$ が成り立つ．ここで，Schwarz の補題の後半を適用すれば，実数 α によって，$g(u) = e^{i\alpha}u$ と書ける．これより，

$$f(z) = f(h^{-1}(h(z))) = e^{i\alpha} \frac{z-a}{1-\overline{a}z}$$

が得られ，求める結果を得る． ■

例題 4.20 上半平面 $H = \{z ; \mathrm{Im}\, z > 0\}$ に対し，次を示せ．

$$\mathrm{Aut}(H) = \left\{ w = \frac{az+b}{cz+d} ; a, b, c, d \in \mathbb{R}, ad - bc > 0 \right\}$$

[解] 求める式の右辺の元は，

$$\mathrm{Im}\, w = \frac{1}{2i} \left(\frac{az+b}{cz+d} - \frac{a\overline{z}+b}{c\overline{z}+d} \right) = \frac{(ad-bc)(z-\overline{z})}{2i|cz+d|^2}$$

$$= \frac{(ad-bc)}{|cz+d|^2} \mathrm{Im}\, z$$

を満たすゆえ，$\operatorname{Im} w>0$ と $\operatorname{Im} z>0$ は同値であり，$f\in\operatorname{Aut}(H)$ が言える．

逆の包含関係を示すため，1 次変換 $u=h(z)=(z-i)/(z+i)$ を考える．$|h(z)|=|(z-i)/(z+i)|$ が 1 より小さいことは，z が $-i$ よりも i に近いことを意味し，$z\in H$ と同値である．従って，h は，H を Δ 上に移す双正則写像である．$g(u)=(h\cdot f\cdot h^{-1})(u)$ とおけば，$g\in\operatorname{Aut}(\Delta)$ であり，定理 4.19 により 1 次変換である．これより，$f=h^{-1}\cdot g\cdot h$ も 1 次変換であり，$ad-bc\neq 0$ を満たす $a,b,c,d\in\mathbb{C}$ により，$f(z)=(az+b)/(cz+d)$ と書ける．仮定から $f(\mathbb{R}\cup\{\infty\})=\mathbb{R}\cup\{\infty\}$．$c\neq 0$ の場合，分子分母を同じ数で割ってもよいことから，$c=1$ としてよい．$a=\lim_{z\in\mathbb{R},z\to\infty}f(z)\in\mathbb{R}$，$-d=f^{-1}(\infty)\in\mathbb{R}$ および任意の $z_0\in\mathbb{R}-\{-d\}$ に対し，$b=(z_0+d)f(z_0)-az_0\in\mathbb{R}$ ゆえ，$a,b,c,d\in\mathbb{R}$ が導かれる．$c=0$ の場合は，$d=1$ としてよい．この場合，$b=f(0)\in\mathbb{R}$ であり，$a=f(1)-b\in\mathbb{R}$ も得られる．一方，$\operatorname{Im} f(i)=(ad-bc)/|ci+d|^2>0$ より，$ad-bc>0$ も成り立つ． ∎

(b) 単位開円板上の双曲的距離

単位円板内の曲線に通常とは異なる新たな基準で計った長さを考え，これが単位円板の解析的自己同型で不変であることを示そう．

定義 4.21 単位円板 Δ 内の区分的に滑らかな曲線 $\varGamma:z=z(t)$ $(\sigma\leqq t\leqq\tau)$ に対し，$\varGamma$ の**双曲的長さ**(hyperbolic length)を
$$\ell(\varGamma)=\int_\varGamma \frac{|dz|}{1-|z|^2}$$
によって定義する． ∎

定理 4.22 $\varGamma$ を Δ 内の任意の区分的に滑らかな曲線とするとき，Δ を Δ に移す任意の正則写像 f に対し，$\ell(f(\varGamma))\leqq\ell(\varGamma)$．

特に，$f\in\operatorname{Aut}(\Delta)$ に対しては，$\ell(f(\varGamma))=\ell(\varGamma)$． ∎

証明のため，次の補題を与える．

補題 4.23 単位円板 Δ を Δ 自身に移す任意の正則写像 f に対し，
$$\frac{|f'(z)|}{1-|f(z)|^2}\leqq\frac{1}{1-|z|^2}\quad(z\in\Delta)$$

[証明] 点 $\zeta \in \Delta$ を任意にとり, 変換 $u = (z+\zeta)/(1+\overline{\zeta}z)$ $(\in \mathrm{Aut}(\Delta))$, $v = f(u)$ および $w = (v - f(\zeta))/(1 - \overline{f(\zeta)}v)$ $(\in \mathrm{Aut}(\Delta))$ の合成

$$w = g(z) = \frac{f\left(\dfrac{z+\zeta}{1+\overline{\zeta}z}\right) - f(\zeta)}{1 - \overline{f(\zeta)}f\left(\dfrac{z+\zeta}{1+\overline{\zeta}z}\right)}$$

を考える(図 4.1). g は $g(0) = 0$ を満たす.

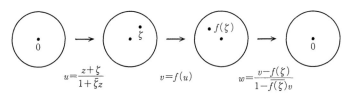

図 4.1

また,

$$\begin{aligned}g'(z) &= \frac{dw}{dv}\frac{dv}{du}\frac{du}{dz} \\ &= \frac{1 - |f(\zeta)|^2}{\left(1 - \overline{f(\zeta)}f\left(\dfrac{z+\zeta}{1+\overline{\zeta}z}\right)\right)^2} f'\left(\frac{z+\zeta}{1+\overline{\zeta}z}\right) \frac{1 - |\zeta|^2}{(1+\overline{\zeta}z)^2}\end{aligned}$$

が成り立つことから,

$$g'(0) = \frac{f'(\zeta)(1 - |\zeta|^2)}{1 - |f(\zeta)|^2}$$

を得る. 一方, Schwarz の補題(定理 2.50)から, $|g'(0)| \leqq 1$. 従って,

$$\frac{|f'(\zeta)|}{1 - |f(\zeta)|^2} \leqq \frac{1}{1 - |\zeta|^2}$$

が成り立つ. ∎

[定理 4.22 の証明] Δ 内の PS 曲線 $\Gamma : z = z(t)$ $(\sigma \leqq t \leqq \tau)$ に対し, 補題 4.23 を用いることにより,

$$\ell(f(\varGamma)) = \int_\sigma^\tau \frac{|f'(z(t))||z'(t)|}{1-|f(z(t))|^2} dt$$
$$\leqq \int_\sigma^\tau \frac{|z'(t)|}{1-|z(t)|^2} dt = \int_\varGamma \frac{|dz|}{1-|z|^2} = \ell(\varGamma)$$

後半は前半の結果と，それを f^{-1} に適用したものを組み合わせればよい． ∎

定義 4.24 $\varDelta$ 内の任意の 2 点 z_1, z_2 に対し，
$$d_h(z_1, z_2) = \inf\{\ell(\varGamma);\ \varGamma \text{ は } z_1 \text{ と } z_2 \text{ を結ぶ } \varDelta \text{ 内の区分的に滑らかな曲線}\}$$
を，z_1 と z_2 の**双曲的距離**(hyperbolic distance)，または **Poincaré 距離**と呼ぶ． □

系 4.25 $\varDelta$ 内の任意の 2 点 z_1, z_2 に対し，$\varDelta$ を $\varDelta$ に移す任意の正則写像 f について，$d_h(f(z_1), f(z_2)) \leqq d_h(z_1, z_2)$．

特に，$f \in \mathrm{Aut}(\varDelta)$ については，$d_h(f(z_1), f(z_2)) = d_h(z_1, z_2)$．

［証明］ 定義と定理 4.22 より，
$$d_h(f(z_1), f(z_2)) = \inf\{\ell(\varGamma');\ \varGamma' \text{ は } f(z_1) \text{ と } f(z_2) \text{ を結ぶ PS 曲線}\}$$
$$\leqq \inf\{\ell(f(\varGamma));\ \varGamma \text{ は } z_1 \text{ と } z_2 \text{ を結ぶ PS 曲線}\}$$
$$\leqq \inf\{\ell(\varGamma);\ \varGamma \text{ は } z_1 \text{ と } z_2 \text{ を結ぶ PS 曲線}\}$$

が言える．後半は，前半から明らかである． ∎

定義 4.26 正則曲線 $\varGamma: z = z(t)\ (\sigma \leqq t \leqq \tau)$ が 2 点 $z_1 = z(\sigma), z_2 = z(\tau) \in \varDelta$ を結ぶ**双曲的線分**(hyperbolic segment)であるとは，任意の $t_1, t_2\ (\sigma \leqq t_1 < t_2 \leqq \tau)$ に対し，$\varGamma$ の $t = t_1$ から $t = t_2$ までの部分の双曲的長さが $d_h(z(t_1), z(t_2))$ に等しいことを意味する． □

定理 4.27 $\varDelta$ 内の任意の相異なる 2 点 z_1, z_2 に対し，
(i) $d_h(z_1, z_2) = \dfrac{1}{2} \log \dfrac{1+s}{1-s}$, ここで，$s = \left|\dfrac{z_1 - z_2}{1 - \overline{z}_1 z_2}\right|$
(ii) z_1 と z_2 を結ぶ双曲的線分がただ 1 つ存在する．それは，z_1, z_2 を通り $\partial\varDelta$ に直交する広義の円のうちの z_1 と z_2 を結ぶ部分である．

［証明］ まず，z_1 および z_2 が共に非負実数の場合に，改めて $r = z_1, s = z_2$ とおく．ここで $r < s$ とする．r, s を結ぶ任意の $\varDelta$ 内の PS 曲線
$$\varGamma: z = z(t) = x(t) + iy(t)\ (\sigma \leqq t \leqq \tau),\ 0 \leqq r = z(\sigma) < s = z(\tau) < 1$$
の中で双曲的長さが最小のものは，線分 $\varGamma_{r,s}: z = z(u) = u\ (r \leqq u \leqq s)$ であ

る．なぜなら，

$$(4.6) \quad \ell(\Gamma) = \int_\sigma^\tau \frac{\sqrt{x'(t)^2 + y'(t)^2}}{1 - x(t)^2 - y(t)^2} dt \geqq \int_\sigma^\tau \frac{|x'(t)|}{1 - x(t)^2} dt$$

$$\geqq \int_\sigma^\tau \frac{x'(t)}{1 - x(t)^2} dt = \int_r^s \frac{du}{1 - u^2} = \ell(\Gamma_{r,s})$$

が成り立つからである．これより

$$d_h(z_1, z_2) = \int_r^s \frac{dt}{1 - t^2} = \frac{1}{2}\left(\log\frac{1 + z_2}{1 - z_2} - \log\frac{1 + z_1}{1 - z_1}\right)$$

r, s のとり方の任意性から，$\Gamma_{r,s}$ は r, s を結ぶ双曲的線分である．

逆に，$z(\sigma) = r$ と $z(\tau) = s$ を満たす任意の双曲的線分 $\Gamma: z = z(t)$ ($\sigma \leqq t \leqq \tau$) を考える．この Γ に対し，(4.6)を適用すれば，中間の不等号がすべて等号でなければならない．これより，$y(t) \equiv 0$ かつ $|x(t)| \equiv x(t)$ すなわち $x'(t) \geqq 0$ を得る．変数変換 $u = x(t)$ をおこなうと，Γ は $\Gamma_{r,s}$ と同じ表示

$$\Gamma: z = z(u) = u \quad (r \leqq u \leqq s)$$

をもつ．ゆえに，考えている双曲的線分はただ1つである．これは，幾何学的には，r, s を通り $\partial\Delta$ に直交する広義の円の一部であると特徴付けられる．

次に，一般の場合を考えよう．与えられた相異なる2点 $z_1, z_2 \in \Delta$ に対し $\alpha = -\arg((z_2 - z_1)/(1 - \bar{z}_1 z_2))$ とおき，1次変換 $f(z) = e^{i\alpha}(z - z_1)/(1 - \bar{z}_1 z)$ ($\in$ Aut(Δ)) を考える．$f(z_1) = 0$ であり，$s = f(z_2)$ は正の実数である．定理 4.22 と上述の特別の場合の結果から，

$$d_h(z_1, z_2) = d_h(f(z_1), f(z_2)) = \frac{1}{2}\log\frac{1 + s}{1 - s}$$

を得る．ここで，$s = |f(z_2)| = |(z_2 - z_1)/(1 - \bar{z}_1 z_2)|$．また，定理 4.22 に注意すれば，$\Gamma$ が z_1 と z_2 を結ぶ双曲的線分であることは，$f(\Gamma)$ が $f(z_1)$ と $f(z_2)$ を結ぶ双曲的線分であることに同値であり，これは，前半の結果から，$f(\Gamma) = \Gamma_{0,s}$ となることに等しい．一方，1次変換が広義の円を広義の円に移し，等角性を持つことから，$f(\Gamma) = \Gamma_{0,s}$ となることは，$\Gamma = f^{-1}(\Gamma_{0,s})$ が z_1, z_2 を通り $\partial\Delta$ と直交する広義の円の一部であることと同値である．よって，求める結果を得る． ∎

ここで，通常の距離を考えた平面上の(Euclid)幾何学と，双曲的距離を考えた単位円板上の(非 Euclid)幾何学との関係について述べておこう．

平面幾何学は，少数の「自明な」事実を公理として認め，他の命題をすべてこれらの公理から論理的に導いていくといった論理体系としてとらえられる．このような観点は，Euclid(330-275B.C.)に始まる．彼は，『原論』において，23個の基本的な定義，5個の公準および5個の公理を基礎にすえて，これらのみを使うことにより，種々の命題を証明していき，幾何学の全体系を組み建てている．これらのうち，公準については，以下の5項目からなっている．

第1公準　任意の相異なる2点を結ぶ線分がただ1つ存在する．
第2公準　任意の線分を，両方向に限りなく延ばすことができる．
第3公準　任意の点を中心とし任意の半径をもつ円がただ1つ存在する．
第4公準　直角はすべて等しい．
第5公準　2つの直線が第3の直線と交わり，その一方の側にできる内角の和が2直角より小さいとき，それらの2直線は，その内角を測った方で交わる．

このうち，第5公準は，「任意の直線に対し，直線上にない任意の点を通る平行線がただ1つある」という命題と同値であることが分かっており，**平行線公理**(axiom of parallels)と呼ばれている．この公準は，他と較べて非常に分かりにくいこともあり，他の公理や公準から導けないかどうかが問題とされ，多くの努力が重ねられたが，すべて失敗に帰された．ついに19世紀に至って，非 Euclid 幾何学，すなわち，他の公準は成り立つが第5公準は成り立たないような幾何学が発見され，第5公準が他の公準とは独立であることがわかったのである．本節で説明した単位円板上の幾何学が，非 Euclid 幾何学の1つのモデルを与えていることを以下で略述しよう．

通常の平面の代わりに単位円板 Δ を考え，考察する'点'を Δ 内に限ることにして，通常の線分の代わりに Δ 内の双曲的線分を考え，改めて'線分'と呼ぶことにする．また，2点間の'距離'として，双曲的距離を考える．このとき，任意の相異なる Δ 内の2点を結ぶ'線分'がただ1つ存在し，第1

公準が成り立つ.また,任意の'線分'は,両方向に Δ 内で境界まで,従って,長さ無限大の'直線'として延長できる.この意味で,第2公準も正しい.さらに,任意の'点'p および正数 r を与えて,p からの'距離'が r であるような点の全体として,Δ 内に'円'を描くことができ,第3公準も成り立つ.'角'としては,通常の角を考えれば,'直線'上の各点において垂直に交わる'直線'がただ1つ存在する.これより,第4公準も成り立つものと考えられる.一方,第5公準は成り立たない.実際,2つの互いに交わらない2'直線'で,一方の側にできる内角の和が2直角より小さくなるように第3の'直線'と交わることがいくらでも起こる(図 4.2,左).また,'直線'ℓ と,その上にない'点'p を与えたとき,p を通り ℓ と交わらない無限個の直線が存在する(図 4.2,右).

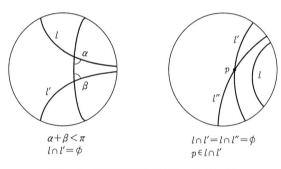

$\alpha+\beta<\pi$
$\ell\cap\ell'=\phi$

$\ell\cap\ell'=\ell\cap\ell''=\phi$
$p\in\ell\cap\ell'$

図 4.2 平行線公理が成り立たない例

通常の平面の幾何学において2点間の距離を変えない変換は合同変換と呼ばれ,Klein の考えに従って言えば,Euclid 幾何学は,合同変換で不変であるような図形の性質を研究する分野とも言えるが,本節で述べた単位円板上の双曲幾何学では,Aut(Δ) の元が Euclid 幾何学の合同変換と同じ役割をになっており,解析的自己同型で不変であるような図形の考察が,この幾何学における主要課題である.以上は,双曲幾何学の考え方の一端を述べるにとどまったが,この方面に興味をもった読者は,例えば,[7]を参照されたい.

§4.4 Riemann の写像定理

(a) Montel の定理

Riemann の写像定理の証明に使われ，かつそれ自身重要な Montel の定理について述べる．$\mathcal{F}$ を領域 D 上の連続関数からなる関数族とする．

定義 4.28 $\mathcal{F}$ に含まれる任意の関数列が，D 上で局所一様収束する部分列をもつとき，$\mathcal{F}$ は**正規族**(normal family)であると言う． □

関数族が正規族となる条件について述べるために次の定義を与える．

定義 4.29 $\mathcal{F}$ が，点 $a \in D$ で**同程度連続**(equicontinuous)とは，任意の正数 ε に対し，正数 δ を適当にとれば，任意の $f \in \mathcal{F}$ および $|z-a| < \delta$ を満たす $z \in D$ について，$|f(z) - f(a)| < \varepsilon$ が成り立つことを言う． □

容易に分かるように，$\mathcal{F}$ が a で同程度連続である必要かつ十分な条件は，
$$\lim_{z \to a} \sup\{|f(z) - f(a)|; f \in \mathcal{F}\} = 0$$

周知のように，次の定理が成り立つ([4]参照)．

定理 4.30 (Ascoli–Arzelà の定理) 領域 D 上の連続関数族 $\mathcal{F}$ に対し，任意の点 $a \in D$ について次の2条件が成り立てば，$\mathcal{F}$ は正規族である．

(i) $\mathcal{F}$ が a で一様有界，すなわち，$\sup\{|f(a)|; f \in \mathcal{F}\} < +\infty$．

(ii) $\mathcal{F}$ が a で同程度連続である． □

正則関数族 $\mathcal{F}$ については，次が成り立つ．

定理 4.31 (Montel の定理) $\mathcal{F}$ を領域 D 上の正則関数族とする．$\mathcal{F}$ が正規族である必要かつ十分な条件は，任意の D に含まれる有界閉集合 K に対し，
$$C_K^{\mathcal{F}} = \sup\{|f(z)|; f \in \mathcal{F}, z \in K\} < +\infty$$
が成り立つことである．

[証明] 正規族 $\mathcal{F}$ に対し，条件が成り立たないとすると，D のある有界閉部分集合 K に対し，K 内の点列 $\{z_n\}$ および $\mathcal{F}$ 内の関数列 $\{f_n\}$ で，$\lim_{n \to \infty} |f_n(z_n)| = +\infty$ を満たすものが存在する．ここで，部分列とおきかえて，$\lim_{n \to \infty} z_n = z_0 \in K$ が存在し，$\{f_n(z)\}$ が正則関数 f に D 上局所一様収束する

としてよい．このとき，$|f(z_0)| = \lim_{n \to \infty} |f_n(z_n)| = +\infty$ となり，矛盾が生じる．

条件が十分であることをみるには，$\mathcal{F}$ が定理 4.30 で述べられた 2 条件を満たすことを言えばよい．(i) は明らかである．(ii) をみるため，任意の a に対し，$\overline{\Delta_R(a)} \subset D$ を満たす正数 R をとる．任意の $z \in \Delta_R(a)$ に対し，

$$|f(z) - f(a)| = \left| \frac{1}{2\pi i} \int_{|\zeta - a| = R} f(\zeta) \left(\frac{1}{\zeta - z} - \frac{1}{\zeta - a} \right) d\zeta \right|$$

$$= \frac{1}{2\pi} \left| \int_{|\zeta - a| = R} f(\zeta) \frac{z - a}{(\zeta - a - (z - a))(\zeta - a)} d\zeta \right|$$

$$\leqq \frac{1}{2\pi} \int_{|\zeta - a| = R} |f(\zeta)| \frac{|z - a|}{(R - |z - a|)R} |d\zeta|$$

$$\leqq C^{\mathcal{F}}_{\partial \Delta_R(a)} \frac{|z - a|}{R - |z - a|}$$

この最右辺の値は，個々の $f \in \mathcal{F}$ には関係せず，$z \to a$ のとき，0 に収束する．これは $\mathcal{F}$ が a で同程度連続であることを意味する． ∎

(b) Riemann の写像定理

定理 4.32 D を複素平面 $\mathbb{C}$ 全体とは一致しない単連結領域とする．任意の点 $z_0 \in D$ および $\alpha \in \mathbb{R}$ に対し，D を単位開円板 $\Delta = \{z; |z| < 1\}$ 上に全単射に移し，$f(z_0) = 0$, $\arg f'(z_0) = \alpha$ を満たす正則写像がただ 1 つ存在する．

[証明] 一意性を示すため，条件を満たす 2 つの全単射正則写像 $f_1, f_2 : D \to \Delta$ を考える．写像 $h(u) = f_2 \cdot f_1^{-1}(u)$ は，$\mathrm{Aut}(\Delta)$ の元であり，$h(0) = 0$ を満たす．従って，ある $\beta \in \mathbb{R}$ によって，$h(u) = e^{i\beta} u$ と表される．さらに，

$$\beta = \arg h'(0) = \arg \left(\frac{f_2'(z_0)}{f_1'(z_0)} \right) = \alpha - \alpha = 0$$

従って，$h(u) = u$ が成り立ち，$f_2(z) = h(f_1(z)) = f_1(z)$ が得られる．

次に存在の証明を与えよう．このため，関数族

$$\mathcal{F} = \{f; f \text{ は } D \text{ から } \Delta \text{ への } f(z_0) = 0 \text{ を満たす単射な正則写像}\}$$

を考える．

まず，$\mathcal{F} \neq \emptyset$ を示そう．任意の点 $a \in \mathbb{C} - D$ に対し，D 上で $z - a \neq 0$ か

つ D が単連結であることから,補題 4.6 により,$\log(z-a)$ は D 上で 1 価な分枝をもち,$\sqrt{z-a}\,(=e^{(1/2)\log(z-a)})$ も 1 価な分枝 $g(z)$ をもつ.$g(z)^2$ は単射ゆえ,相異なる $z_1, z_2 \in D$ に対し $g(z_1) \neq \pm g(z_2)$.特に g は単射である.$\Delta_\rho(g(z_0)) \subset g(D)$ を満たす正数 ρ をとる.このとき,任意の $z \in D$ に対し,$-g(z) \notin g(D)$ より,$|g(z)+g(z_0)| \geqq \rho$,特に $|g(z_0)| \geqq \rho/2$ が言える.

$$h(z) = \frac{\rho}{4}\left(\frac{g(z)-g(z_0)}{g(z)+g(z_0)}\right)\frac{1}{g(z_0)}$$

とおくと,h は D 上で単射であり,$h(z_0)=0$ を満たす.さらに,

$$|h(z)| = \frac{\rho}{4}\left|\frac{1}{g(z_0)} - \frac{2}{g(z_0)+g(z)}\right| \leqq \frac{\rho}{4}\left(\frac{2}{\rho}+\frac{2}{\rho}\right) = 1 \quad (z \in D)$$

が成り立ち,最大絶対値の原理(定理 2.48)から D 上到るところで,$|h(z)| < 1$ である.従って,$h \in \mathcal{F}$ が言え,$\mathcal{F} \neq \varnothing$.

定義から $\mathcal{F}$ は一様有界であり,定理 4.31 により,$\mathcal{F}$ は正規族である.

$$C_0 = \sup\{|f'(z_0)|\,;\,f \in \mathcal{F}\}\ (\leqq +\infty)$$

とおくと,$\lim_{n\to\infty}|f_n'(z_0)| = C_0$ を満たす $\mathcal{F}$ 内の関数列 $\{f_n\}$ がとれ,D 上である正則関数 f_0 に局所一様収束する部分列 $\{f_{n_k}\}$ が存在する.このとき,Weierstrass の 2 重級数定理(定理 2.27)により,$|f_0'(z_0)| = \lim_{k\to\infty}|f_{n_k}'(z_0)| = C_0\ (>0)$ が成り立つ.特に,f_0 は定数でなく,$|f_0(z)| < 1\ (z \in D)$ が成り立つ.また,系 3.21 より,f_0 は単射である.従って,$f_0 \in \mathcal{F}$ を得る.

定理 4.32 を証明するには,$f_0 \colon D \to \Delta$ が全射であることを示せばよい.なぜなら,これが分かれば,写像 $f(z) = e^{i(\alpha-\arg(f_0'(z_0)))}f_0(z)$ が求める条件を満たしてくれる.そこで,結論を否定し,点 $w_0 \in \Delta - f_0(D)$ が存在すると仮定する.関数 $F(z) = (f_0(z)-w_0)/(1-\overline{w_0}f_0(z))$ が D 上で零点をもたないことから,$\sqrt{F(z)}$ は単連結領域 D 上で 1 価な分枝 $G(z)$ をもち,$H(z) = (G(z)-G(z_0))/(1-\overline{G(z_0)}G(z))$ とおくと,H は,D を Δ の内部に移す単射な正則関数であり,$H(z_0) = 0$ を満たす.従って,$H \in \mathcal{F}$.一方,

$$|H'(z_0)| = \frac{|G'(z_0)|}{1-|G(z_0)|^2} = \frac{1+|w_0|}{2\sqrt{|w_0|}}|f'(z_0)| > C_0$$

これは,C_0 の定義に矛盾する.従って,定理 4.32 が成り立つ. ∎

§4.4 Riemann の写像定理 ──── 111

(c) 境界の対応

Riemann の定理に関連して,領域の間の双正則写像に対する境界点の対応について述べる.

定理 4.33(Carathéodory の定理) Jordan 閉曲線で囲まれた単連結有界領域 D および Ω に対し,任意の双正則写像 $f: D \to \Omega$ は,$\overline{D}$ から $\overline{\Omega}$ 上への同相写像に拡張される. □

この定理の証明では,本書では証明を省略した Jordan の曲線定理を,いちいち断わることなく使わせてもらうことにする.まず,いくつかの補題を準備しよう.

補題 4.34 f を単位開円板 Δ から有界領域 D 上への双正則写像とする.点 $z_0 \in \partial\Delta$ および正数 $\rho (<1)$ に対し,$D_\rho = \{z \in \Delta; |z - z_0| < \rho\}$ の像 D'_ρ の面積を $|D'_\rho|$,曲線 $\gamma_\rho = \partial D_\rho \cap \Delta$ の像 $\Gamma_\rho = f(\gamma_\rho)$ の長さを $L(\rho)$ とする.このとき,$\lim_{\rho \to 0} |D'_\rho| = 0$ かつ $\liminf_{\rho \to 0} L(\rho) = 0$.

[証明] $D'_{\rho'} \subset D'_\rho (\rho > \rho' > 0)$ かつ $\bigcap_\rho D'_\rho = \varnothing$ より,$\lim_{\rho \to 0} |D'_\rho| = 0$ であり,

$$\int_0^\rho L(r)dr = \int_0^\rho dr \int_{\gamma_r} |f'(z)||dz| = \iint_{D_\rho} |f'(re^{i\theta})| r dr d\theta$$

$$\leq \left(\iint_{D_\rho} |f'(re^{i\theta})|^2 r dr d\theta \right)^{1/2} \left(\iint_{D_\rho} r dr d\theta \right)^{1/2} \leq \sqrt{|D'_\rho| \pi \rho^2}$$

が成り立つ.従って,$\lim_{\rho \to 0} (1/\rho) \int_0^\rho L(r) dr = 0$ が言え,$\liminf_{\rho \to 0} L(\rho) > 0$ ではあり得ない. ∎

補題 4.35 f を単位開円板 Δ 上の有界正則関数とする.ある区間 $[\theta_0, \theta_1]$ $(0 \leq \theta_0 < \theta_1 \leq 2\pi)$ 内の任意の θ に対し,$\lim_{z \to e^{i\theta}, z \in \Delta} f(z) = \alpha$ ならば,$f \equiv \alpha$.

[証明] 座標の回転,関数 f の定数和および定数倍により,$\theta_0 = 0$,$\alpha = 0$,$|f(z)| < 1$ $(z \in \Delta)$ と仮定してよい.$\theta_1 > 2\pi/n$ を満たす n をとり,正則関数

$$F(z) = f(z)f(e^{-2\pi i/n}z)f(e^{-4\pi i/n}z) \cdots f(e^{-2(n-1)\pi i/n}z) \quad (z \in \Delta)$$

を考える.任意の点 $\zeta = e^{i\theta}$ $(\theta \in [0, 2\pi))$ に対し,$\theta \in [2(j-1)\pi/n, 2j\pi/n)$ を満たす j をとれば,$0 = \theta_0 \leq \theta - 2\pi(j-1)/n < 2\pi/n < \theta_1$ ゆえ,

$$\limsup_{z\to e^{i\theta}, z\in\Delta} |F(z)| \leq \limsup_{z\to e^{i\theta}, z\in\Delta} |f(e^{-2(j-1)\pi i/n}z)| = 0$$

が成り立つ．定理 2.48 から，$F \equiv 0$．ゆえに，ある j_0 に対し，$f(e^{-2j_0\pi i/n}z) \equiv 0$ が成り立ち，$f \equiv 0$ が結論される． ∎

[定理 4.33 の証明] D が単位円板 Δ の場合に示せばよい．なぜなら，Riemann の写像定理により，D を Δ の上に移す双正則写像 g が存在し，$g^{-1}: \Delta \to D$ および $f \cdot g^{-1}: \Delta \to \Omega$ について定理 4.33 の結論が言えれば，写像 $f: D \to \Omega$ についても言えることが容易にわかる．

そこで，任意の点 $z_0 \in \partial\Delta$ に対し，補題 4.34 で述べた $L(\rho)$ について，0 に収束する正数列 $\{\rho_\nu\}$ で $\lim_{\nu\to\infty} L(\rho_\nu) = 0$ を満たすものをとる．ここで，γ_{ρ_ν} の端点を a_ν, b_ν とおくと（図 4.3），$\lim_{z\to a_\nu, z\in\gamma_{\rho_\nu}} f(z) = \alpha_\nu$ が存在する．なぜなら，z が γ_{ρ_ν} に沿って a_ν に近づくとき，$f: \Delta \to \Omega$ が同相写像ゆえ，$f(z)$ が内部に留まることがなく，さらに，$\lim_{\nu\to\infty} L(\rho_\nu) = 0$ から，$\partial\Omega$ の 2 個以上の点に集積することがないからである．同様に，$\lim_{z\to b_\nu, z\in\gamma_{\rho_\nu}} f(z) = \beta_\nu$ も存在する．ここで，$\alpha_\nu \neq \beta_\nu$ であることを注意する．実際，$\alpha_\nu = \beta_\nu$ と仮定すると，γ_{ρ_ν} で分割された Δ 内の 2 つの部分領域のいずれかの像が，$\Gamma_{\rho_\nu} = f(\gamma_{\rho_\nu})$ に $\alpha_\nu (=\beta_\nu)$ を付け加えた閉曲線に囲まれる．従って，a_ν および b_ν で 2 分された $\partial\Delta$ のいずれかの弧の任意の点 ζ に対し，$\lim_{z\to\zeta, z\in\Delta} f(z) = \alpha_\nu (=\beta_\nu)$ となり，補題 4.35 により，f が定数になってしまう．

f は，領域 $\{z\in\Delta; |z-z_0|<\rho_\nu\}$ を，Γ_{ρ_ν} と $\partial\Omega$ の内の α_ν と β_ν で限られた部分 Γ'_{ρ_ν} によって囲まれた領域上に移す．ここで，$\nu < \nu'$ に対し，$\Gamma'_{\rho_{\nu'}}$ は，

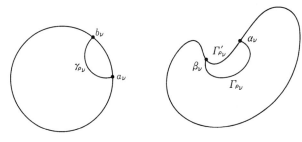

図 4.3

Γ'_{ρ_ν} に含まれる．また，補題 4.34 に注意すれば，$\nu \to \infty$ とするとき，Γ'_{ρ_ν} の長さは 0 に収束する．従って，$\lim_{\nu\to\infty}\alpha_\nu = \lim_{\nu\to\infty}\beta_\nu$ が成り立つ．この点を，w_0 とおく．容易にわかるように，w_0 は，上の性質をもつ正数列 $\{\rho_\nu\}$ の取り方によらない．そこで，写像 $\tilde{f}: \overline{\Delta} \to \overline{\Omega}$ を，各点 $z_0 \in \overline{\Delta}$ に対し，$z_0 \in \Delta$ ならば $f(z_0)$ を，$z_0 \in \partial\Delta$ ならば上述の w_0 を対応させることにより定義する．

上の作り方を見れば容易にわかるように，$\tilde{f}$ は，$\overline{\Delta}$ 上で連続である．さらに，$\tilde{f}$ は単射である．なぜなら，$\partial\Delta$ 上の異なる 2 点 z_1, z_2 に対し，z_1 と z_2 を端点以外は Δ 内にある単純弧で結んで考えればわかるように，$\partial\Delta$ の z_1, z_2 で 2 分された各部分は，それぞれ $\partial\Omega$ の $f(z_1)$ と $f(z_2)$ で 2 分された一方の部分に移る．もし，$\tilde{f}(z_1) = \tilde{f}(z_2)$ が起こったとすると，そのいずれかの部分のすべての点を $f(z_1) (= f(z_2))$ に移す．このとき，補題 4.35 により，f が定数に成り，このようなことは起こり得ない．

一方，先に示したように，各 ν に対し，$\alpha_\nu \neq \beta_\nu$ であることから，任意の $\rho > 0$, $z_0 \in \partial\Delta$ に対し，
$$\{w \in \overline{\Omega}\,;\, |w - \tilde{f}(z_0)| < \delta\} \subseteq \tilde{f}(\{z \in \overline{\Delta}\,;\, |z - z_0| < \rho\})$$
を満たす正数 δ がとれる．これより，$\tilde{f}(\overline{\Delta})$ は $\overline{\Omega}$ の開集合であり，$\tilde{f}^{-1}: \tilde{f}(\overline{\Delta}) \to \overline{\Delta}$ は連続写像である．また，有界閉集合の連続写像像がつねに閉集合であることから，$\tilde{f}(\overline{\Delta})$ は閉集合でもある．$\overline{\Omega}$ の連結性から，$\tilde{f}(\overline{\Delta}) = \overline{\Omega}$ である．従って，定理 4.33 が成立する． ∎

系 4.36 D および Ω をそれぞれ Jordan 閉曲線 ∂D および $\partial\Omega$ で囲まれた単連結有界領域とし，相異なる 3 点 $z_1, z_2, z_3 \in \partial D$ および $w_1, w_2, w_3 \in \partial\Omega$ を任意に与える．ここで，z_1 から出て z_2 を経由し z_3 に向かう方向，および，w_1 から出て w_2 を経由し w_3 に向かう方向がそれぞれの領域に関して正の方向であるとする．このとき，$\overline{D}$ を $\overline{\Omega}$ 上に移す同相写像 f で，D 上で正則であり，$f(z_j) = w_j$ $(j=1,2,3)$ を満たすものが，ただ 1 つ存在する．

[証明] 定理 4.33 により，D および Ω 上で正則な同相写像 $g: \overline{D} \to \overline{\Delta}$ および $h: \overline{\Omega} \to \overline{\Delta}$ が存在する．一方，$a_j = g(z_j)$, $b_j = h(w_j)$ $(j=1,2,3)$ とおくと，定理 4.17 により，$\varphi(a_j) = b_j$ $(j=1,2,3)$ を満たす 1 次変換 φ が存在する．1 次変換は広義の円を広義の円に移し，向きを保つゆえ，$\varphi \in \text{Aut}(\Delta)$.

$f = h^{-1} \cdot \varphi \cdot g : \overline{D} \to \overline{\Omega}$ は，求める条件を満たす写像である．

一方，条件を満たす 2 つの写像 f_1, f_2 があったとする．上述の写像 g, h を使って，写像 $\psi_k = h \cdot f_k \cdot g^{-1}$ $(k=1,2)$ を定義すれば，$\psi_k \in \mathrm{Aut}(\Delta)$ であり，各 a_j $(j=1,2,3)$ を b_j に移す．定理 4.17 により，$\psi_1 \equiv \psi_2$，従って，$f_1 \equiv f_2$ が成り立ち，条件を満たす写像はただ 1 つに限る． ∎

§4.5 解析接続

(a) 正則関数の Riemann 面

ある領域上の正則関数 f は，その定義域を部分領域 D に制限すれば，D 上の正則関数と考えられる．考察する関数の定義域を明確にするため，f と D の組 (f, D) を考え，このような組を**関数要素**(function element)と呼ぶことにする．

定義 4.37 2 つの関数要素 $(f_1, D_1), (f_2, D_2)$ に対し，$D_1 \cap D_2 \neq \emptyset$ であり，$D_1 \cap D_2$ 上 $f_1 = f_2$ のとき，(f_2, D_2) を (f_1, D_1) の**直接解析接続**(direct analytic continuation)と呼ぶ． ∎

(f_2, D_2) が (f_1, D_1) の直接解析接続であるとき，(f_1, D_1) が (f_2, D_2) の直接解析接続であり，D_1 上で f_1 に等しく，D_2 上では f_2 に等しいような $D_1 \cup D_2$ 上の正則関数 f を定義することができ，新しい関数要素 $(f, D_1 \cup D_2)$ が得られる．しかしながら，3 つの関数要素 (f_j, D_j) $(j=1,2,3)$ に対しては，(f_2, D_2) および (f_3, D_3) が共に (f_1, D_1) の直接解析接続であっても，$D_2 \cap D_3$ 上で $f_2 = f_3$ が成り立つとは限らず，各 D_j 上で f_j と一致するような $D_1 \cup D_2 \cup D_3$ 上の(1 価)正則関数を定義することができないことが起こる．

例 4.38 領域 $D_1 = \{z \in \mathbb{C};\ \mathrm{Re}\,z > 0\}$, $D_2 = \mathbb{C} - \{z;\ \mathrm{Re}\,z = 0,\ \mathrm{Im}\,z \geqq 0\}$ および $D_3 = \mathbb{C} - \{z;\ \mathrm{Re}\,z = 0,\ \mathrm{Im}\,z \leqq 0\}$ に対し，それぞれの上で，対数関数 $\log z$ の分枝

$$f_1(z) = \log r + i\theta \quad (z = re^{i\theta} \in D_1,\ -\pi/2 < \theta < \pi/2)$$
$$f_2(z) = \log r + i\theta \quad (z = re^{i\theta} \in D_2,\ -3\pi/2 < \theta < \pi/2)$$

$$f_3(z) = \log r + i\theta \qquad (z = re^{i\theta} \in D_3,\ -\pi/2 < \theta < 3\pi/2)$$

を考えれば，関数要素 (f_2, D_2) および (f_3, D_3) は共に (f_1, D_1) の直接解析接続であるが，$D_2 \cap D_3$ 上で $f_2 \neq f_3$ である． □

定義 4.39 関数要素 (f, D), $(g, \tilde{D})$ および $\gamma(\sigma) \in D$, $\gamma(\tau) \in \tilde{D}$ を満たす連続曲線 $\gamma\colon [\sigma, \tau] \to \mathbb{C}$ を考える．もし，$[\sigma, \tau]$ の分割

$$\sigma = t_0 < t_1 < \cdots < t_n = \tau$$

および，関数要素 (f_j, D_j) $(1 \leq j \leq n)$ を適当に選び，$\gamma([t_{j-1}, t_j]) \subset D_{j-1} \cap D_j$ を満たし，(f_0, D_0) と (f, D), (f_{j-1}, D_{j-1}) と (f_j, D_j) $(1 \leq j \leq n)$ および (f_n, D_n) と $(g, \tilde{D})$ はそれぞれ互いに他の直接解析接続であるようにできるとき，関数要素 $(g, \tilde{D})$ は，関数要素 (f, D) の曲線 γ に沿っての解析接続であると言う． □

例 4.38 からもわかるように，連続曲線に沿って解析接続を行うと，一般に多価関数が現れる．多価正則関数を1価関数として扱うため，次の概念を導入する．

定義 4.40 Hausdorff 空間（例えば[4]参照）M, N の間の写像 $\varphi\colon M \to N$ を考える．任意の点 $p \in M$ に対し，$\varphi|_U\colon U \to V$ が同相写像となるような p の開近傍 U および $\varphi(p)$ の近傍 V が存在するとき，φ は**局所同相写像**(local homeomorphism)であると言う．連結 Hausdorff 空間 M から $\mathbb{C}$ への局所同相写像 φ が与えられたとき，組 (M, φ) を，$\mathbb{C}$ 上の **Riemann 領域**(Riemann domain)または**被拡領域**と言う．

2つの被拡領域 (M_1, φ_1) および (M_2, φ_2) の間に，$\varphi_1 \cdot \psi = \varphi_2$ を満たす局所同相写像 $\psi\colon M_2 \to M_1$ が存在するとき，(M_2, φ_2) は，(M_1, φ_1) の被拡部分領域であると言う．特に，$\psi\colon M_2 \to M_1$ が同相写像であるとき，(M_1, φ_1) および (M_2, φ_2) は，被拡領域として同じであると言う． □

複素平面内の領域 D に対し，恒等写像 $\varphi(z) = z$ を考えれば，$(D, \varphi|_D)$ は，1つの被拡領域である．被拡領域 (M, φ) に対し，φ が単射であるとき，**単葉領域**(schlicht domain)という．単葉被拡領域 (M, φ) は，領域 $D = \varphi(M)$ と被拡領域として同じであるゆえ，$\mathbb{C}$ 内の領域とみなしてよい．

定義 4.41 被拡領域 (M, φ) に対し，f を M 上の関数とする．各点 $p \in$

M に対し, $\varphi|_U: U \to V$ が同相であるような p の開近傍 U および $\varphi(p)$ の開近傍 V を適当にとると, $f \cdot (\varphi|_U)^{-1}$ が V 上の正則関数であるとき, f は M 上の正則関数であると言う. □

定義 4.42 被拡領域 (M_2, φ_2) が写像 $\psi: M_2 \to M_1$ を介して (M_1, φ_1) の被拡部分領域とみなされるとする. M_1 上の正則関数 f_1 および M_2 上の正則関数 f_2 に対して, $f_1 \cdot \psi = f_2$ のとき, f_1 は f_2 の M_1 上への**解析接続**(analytic continuation)であると言う(図 4.4). □

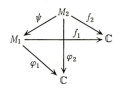

図 4.4 解析接続

定義 4.43 被拡領域 (M, φ) 上の正則関数 f に対し, 被拡領域 $(\widetilde{M}, \widetilde{\varphi})$ が, f の**存在領域**(existence domain)であるとは, f の解析接続が存在するような被拡領域の中で最大のものであることを意味する. すなわち, $\widetilde{\varphi} \cdot \psi = \varphi$ を満たす局所同相写像 $\psi: M \to \widetilde{M}$ および, $\widetilde{M}$ 上の正則関数 $\widetilde{f}$ で, $\widetilde{f} \cdot \psi = f$ を満たすものが存在し, さらに, ある被拡領域 (M^*, φ^*) に対し, $\varphi \cdot \psi^* = \varphi$ を満たす局所同相写像 $\psi^*: M \to M^*$ および, M^* 上の正則関数 f^* で, $f^* \cdot \psi^* = f$ を満たすものが存在するとき, 局所同相写像 $\chi: M^* \to \widetilde{M}$ で, $\chi \cdot \psi^* = \psi$, $\widetilde{\varphi} \cdot \chi = \varphi^*$ および $\widetilde{f} \chi = f^*$ を満たすものが存在することを意味する. f の存在領域は, f の **Riemann 面**とも呼ばれている. □

定理 4.44 任意の被拡領域 (M, φ) 上の正則関数 f に対し, f の存在領域がただ 1 つ存在する. □

定理 4.44 を示すために, いくつかの予備的考察をする.

任意の点 $a \in \mathbb{C}$ に対し, a を中心とする収束ベキ級数, すなわち, 収束半径が正であるようなベキ級数の全体を $\mathcal{O}_a$ で表し, $\mathcal{O} = \bigcup_{a \in \mathbb{C}} \mathcal{O}_a$ とおく. 各元 $p \in \mathcal{O}$ に対し, $p \in \mathcal{O}_a$ となる a をとり, $\rho(p) = a$ と定め, 写像 $\rho: \mathcal{O} \to \mathbb{C}$ を定義する. 従って, 各元 $p \in \mathcal{O}$ は $\rho(p)$ を中心とするベキ級数であるが, その収

束半径を $r(p)$ とおく.

集合 $\mathcal{O}$ に位相を導入し，$\mathcal{O}$ が Hausdorff 空間と見なせることを示そう．元 $p \in \mathcal{O}$ を任意にとる．p は，開円板 $\Delta_{r(p)}(\rho(p)) = \{z;\ |z-\rho(p)| < r(p)\}$ 上の正則関数と見なされる．従って，各点 $b \in \Delta_{r(p)}(\rho(p))$ に対し，b を中心とする収束ベキ級数に展開される．これを p_b で表せば，$p_b \in \mathcal{O}_b$ であり，$r(p_b) \geqq r(p) - |a-b|\ (> 0)$ が成り立つ．そこで，$0 < r \leqq r(p)$ を満たす r を任意にとり，

$$\Delta_r(p)^* = \{p_b;\ |b-a| < r\}$$

とおく.

定義 4.45 O を $\mathcal{O}$ の部分集合とする．任意の $p \in O$ に対し，$\Delta_r(p)^* \subseteq O$ を満たす正数 $r\ (\leqq r(p))$ が存在するとき，O は $\mathcal{O}$ の開集合であると呼ぶ． □

命題 4.46

(i) $\mathcal{O}$ 自身および $\emptyset$ は，$\mathcal{O}$ の開集合である.

(ii) $\mathcal{O}$ の開集合 O_1, O_2 に対し，$O_1 \cap O_2$ もまた $\mathcal{O}$ の開集合である.

(iii) $\{O_\alpha;\ \alpha \in A\}$ が $\mathcal{O}$ の開集合族ならば，$\bigcup_{\alpha \in A} O_\alpha$ もまた開集合である.

(iv) 任意の $p \in \mathcal{O}$ および，$0 < r \leqq r(p)$ に対し，$\Delta_r(p)^*$ は開集合である.

[証明] (i)および(iii)は定義から明らかである．各元 $p \in O_1 \cap O_2$ が，$0 < r_j < r(p)\ (j=1,2)$ に対し，$\Delta_{r_j}(p)^* \subseteq O_j\ (j=1,2)$ を満たせば，$r = \min(r_1, r_2)$ に対し，$\Delta_r(p)^* \subseteq O_1 \cap O_2$ が成り立つことから(ii)が言える．また，任意の $q \in \Delta_r(p)^*$ に対し，$b = \rho(q)$ とおくとき，$\Delta_{r-|b-a|}(q)^* \subseteq \Delta_r(p)^*$ が成り立つことから，(iv)が言える． ∎

周知のように，ある集合 X の部分集合族 **O** が，命題 4.46 で述べられた性質を満たすとき，X に位相を導入して，**O** が，ちょうどその位相に関する開集合の全体となるようにできる([4]参照)．これより，$\mathcal{O}$ を，位相空間と見なすことができ，定義 4.45 で述べた開集合が，ちょうどこの位相に関する開集合と一致する.

命題 4.47 位相空間としての $\mathcal{O}$ は，Hausdorff 空間である.

[証明] $\mathcal{O}$ 内の相異なる 2 点 p_1, p_2 をとり，$a = \rho(p_1),\ b = \rho(p_2)$ とおく．$a \neq b$ のとき，$0 < r < |a-b|/2$ に対し，明らかに $\Delta_r(p_1)^* \cap \Delta_r(p_2)^* = \emptyset$ であ

る．また，$a=b$ のとき，$0<r<\min(r(p_1), r(p_2))$ に対し，$\Delta_r(p_1)^* \cap \Delta_r(p_2)^*$ $=\emptyset$．なぜなら，もし $\Delta_r(p_1)^* \cap \Delta_r(p_2)^*$ が1点 q を含めば，$\Delta_r(a)$ 上の正則関数 $p_1(z), p_2(z)$ の $\rho(q)$ の周りでのベキ級数展開が共に q に一致し，一致の定理により，$p_1(z) \equiv p_2(z)$ となり仮定に反する．従って，$\mathcal{O}$ は Hausdorff 空間である． ∎

命題 4.48 任意の $p \in \mathcal{O}$ および $0 < r \leq r(p)$ に対し，写像 $\rho: \mathcal{O} \to \mathbb{C}$ の $\Delta_r(p)^*$ への制限 $\rho|_{\Delta_r(p)^*}: \Delta_r(p)^* \to \Delta_r(\rho(p))$ は，同相写像である．

[証明] 明らかに，$\rho|_{\Delta_r(p)^*}$ は全単射であり，点 $q \in \Delta_r(p)^*$ を任意にとると，$0 < s \leq r - |\rho(p) - \rho(q)|$ に対し，ρ は，q の近傍 $\Delta_s(q)^*$ を $\rho(p)$ の近傍 $\Delta_s(\rho(q))$ に移す．ゆえに，$\rho|_{\Delta_r(p)^*}: \Delta_r(p)^* \to \Delta_r(\rho(p))$ は同相写像である． ∎

[定理 4.44 の証明] 被拡領域 (M, φ) 上の正則関数 f を考える．各点 $a \in M$ に対し，a の近傍 U，$\varphi(a)$ の近傍 V を適当にとれば，$\varphi|_U$ は，U を V の上へ移す同相写像であり，$\tilde{f} = f \cdot (\varphi|_U)^{-1}$ は，V 上の正則関数である．$\tilde{f}$ を $\varphi(a)$ 中心のベキ級数に展開すれば，$\mathcal{O}_{\varphi(a)} (\subset \mathcal{O})$ の元と見なされる．これを $\psi(a)$ とおき，各 $a \in M$ に $\psi(a)$ を対応する写像 $\psi: M \to \mathcal{O}$ を考える．このとき，$\rho \cdot \psi = \varphi$ が成り立ち，ψ は局所同相写像である．特に $\psi(M)$ は，$\mathcal{O}$ の連結開集合である．そこで，$\psi(M)$ を含む連結成分を $\widetilde{M}$ で表し，$\tilde{\varphi} = \rho|_{\widetilde{M}}$ とおく．このとき，$(\widetilde{M}, \tilde{\varphi})$ が f の存在領域となる．なぜなら，各点 $p \in \widetilde{M}$ に，ベキ級数 p の中心 $\rho(p)$ での値 $p(\rho(p))$ を対応させる $\widetilde{M}$ 上の関数を $\tilde{f}$ とすれば，$\tilde{f}$ は，$\widetilde{M}$ 上の正則関数であり，$f = \tilde{f} \cdot \psi$ が成り立つことから，f の $\widetilde{M}$ 上への解析接続である．また，被拡領域 (M^*, φ^*) で，$\psi^*: M \to M^*$ を介して，(M, φ) を部分領域とし，f が M^* 上の正則関数 f^* に解析接続できるようなものを考えると，(M, φ) 上の正則関数 f について述べた方法を (M^*, φ^*) 上の正則関数 f^* に適用することにより，$\chi \cdot \psi^* = \psi$ および $\rho \cdot \chi = \varphi^*$ が成り立つような局所同相写像 $\chi: M^* \to \mathcal{O}$ が定義される．$\chi(M^*)$ は $\psi(M)$ を含む連結集合ゆえ，$\widetilde{M}$ に含まれる．従って，(M^*, φ^*) は，$(\widetilde{M}, \tilde{\varphi})$ の被拡部分領域である．以上のことから，$(\widetilde{M}, \tilde{\varphi})$ は f の存在領域であることが結論される．

次に，存在領域の一意性を示そう．2つの f の存在領域 $(M_1, \varphi_1), (M_2, \varphi_2)$ があったとすると，定義により，局所同相写像 $\psi_j: M \to M_j (j = 1, 2)$ およ

び $\chi: M_1 \to M_2$, $\chi': M_2 \to M_1$ で, $\psi_j \cdot \varphi_j = \varphi$ $(j=1,2)$, $\varphi_2 \cdot \chi = \varphi_1$, $\varphi_1 \cdot \chi' = \varphi_2$ および $\chi \cdot \psi_1 = \psi_2$, $\chi' \cdot \psi_2 = \psi_1$ を満たすものが存在する. このとき, $\chi \cdot \chi' \cdot \psi_2 = \chi \cdot \psi_1 = \psi_2$ が成り立つ. ψ_2 の像は, 空でない開集合であり, この上で, $\chi \cdot \chi'$ は恒等写像である. 容易に示されるように, $\{z \in M_2; (\chi \cdot \chi')(z) = z\}$ は M_2 内の開かつ閉なる集合であり, M_2 の連結性から M_2 全体と一致し, $\chi \cdot \chi'$ は恒等写像である. M_1 および M_2 の立場を入れ換えて同じ議論をすれば, $\chi' \cdot \chi$ も恒等写像であり, χ は同相写像であることがわかる. $\varphi_2 \cdot \chi = \varphi_1$ が成り立つことから, (M_1, φ_1) と (M_2, φ_2) は, 被拡領域として同じものである. よって, f の存在領域はただ 1 つである. ∎

注意 上の証明において, $\widetilde{M}$ は与えられた f の連続曲線に沿っての解析接続で得られる関数要素の全体とみなせる. 従って, 正則関数 f の存在領域は, f を平面内の連続曲線に沿って可能な限り解析接続して得られるような関数要素の全体に適当な位相を入れたものと考えられる.

例 4.49 ($w = \log z$ の Riemann 面) $E = \{z; \operatorname{Im} z = 0, \operatorname{Re} z \geq 0\}$ とおく. $\mathbb{C} - E$ 上の各点 z を $z = re^{i\theta}$ $(0 < \theta < 2\pi)$ と表示し, $f(z) = \log r + i\theta$ と定義される関数 f を考える. これは, 対数関数 $\log z$ の 1 つの分枝である. この関数を原点を通らない任意の連続曲線に沿って解析接続し, 得られる関数要素の全体が $\log z$ の Riemann 面をつくる. これは, 位相的には, 平面内の集合 $\{(r, \theta); r \in \mathbb{R} - \{0\}, \theta \in \mathbb{R}\}$ と同じものである. 複素平面上の被拡領域として表すには, 複素平面内の領域 $\mathbb{C} - E$ の無限枚のコピー Σ_j $(j = 0, \pm 1, \pm 2, \cdots)$ を用意し, 各 Σ_{j-1} に対する E の下岸と, Σ_j に対する E の上岸を張り付けて作った曲面を考えればよい. □

例 4.50 ($w = \sqrt[n]{z}$ の Riemann 面) $z = w^n$ の逆関数である $w = \sqrt[n]{z}$ は, §1.5 で述べたように, $z = re^{i\theta}$ $(0 \leq \theta < 2\pi)$ に対する価が
$$\sqrt[n]{z} = \{r^{1/n} e^{i\theta/n}, r^{1/n} e^{i(\theta + 2\pi)/n}, \cdots, r^{1/n} e^{i(\theta + 2(n-1)\pi)/n}\}$$
で与えられる n 価関数である. この関数の Riemann 面は, 領域 $\mathbb{C} - E$ の n 枚のコピー Σ_j $(0 \leq j \leq n-1)$ を用意し, $j = 1, 2, \cdots, n-1$ に, Σ_{j-1} に対する E の下岸と Σ_j に対する上岸を張り付け, さらに Σ_n に対する上岸と Σ_0 に対

する下岸を張り合わせることによって得られる(図4.5左).この曲面のイメージとしては,半直線を原点の周りにn周させることによって得られる螺旋面を考え,下岸と上岸を張り合わせたものを想像すればよい(図4.5右で,$\overrightarrow{PQ}$と$\overrightarrow{RS}$を張り合わせる). □

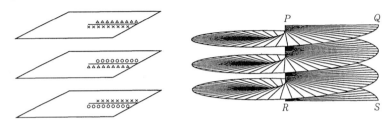

図 4.5 $\sqrt[3]{z}$ の Riemann 面

(b) 鏡像の原理

境界に実軸の一部を含むような上半平面内の領域上で与えられた正則関数が,実軸を越えて解析接続されるための十分条件を与える.まず,次の定理を与える.

定理 4.51 D を $D \cap \mathbb{R}$ が開区間 (a,b) と一致するような領域とし,$D_1 = \{z \in D;\ \mathrm{Im}\,z > 0\}$, $D_2 = \{z \in D;\ \mathrm{Im}\,z < 0\}$ とおく.このとき,$D_1 \cup D_2$ 上で正則であるような D 上の連続関数 f は,D 全体で正則である.

[証明] 任意の点 $z_0 \in (a,b)$ に対して z_0 での f の正則性を言えばよい.$a < c < z_0 < d < b$, $e > 0$ を満たす実数 c,d,e を,閉長方形 $\overline{R} = [c,d] \times [-e,e]$ が D に含まれるようにとり,$R_1 = [c,d] \times (0,e)$, $R_2 = [c,d] \times (-e,0)$ とおく.

そこで,$\overline{R}$ の内部 R 上の関数 $g(z)$ を

$$g(z) = \frac{1}{2\pi i} \int_{\partial R} \frac{f(\zeta)}{\zeta - z} d\zeta$$

によって定義する.g は R 上正則ゆえ,$f(z) = g(z)$ $(z \in R)$ を示せばよい.これには,f, g の連続性から,$R - \mathbb{R}$ 上で示せば十分である.$z \in R_1$ とする.任意の $0 < \varepsilon < \mathrm{Im}\,z$ を満たす ε に対し,$R_1^\varepsilon = (c,d) \times (\varepsilon, e)$, $R_2^\varepsilon = (c,d) \times (-e, -\varepsilon)$ とおく(図4.6).このとき,Cauchy の積分公式により,

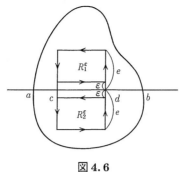

図 4.6

$$\frac{1}{2\pi i}\int_{\partial R_1^\varepsilon}\frac{f(\zeta)}{\zeta-z}d\zeta = f(z), \quad \frac{1}{2\pi i}\int_{\partial R_2^\varepsilon}\frac{f(\zeta)}{\zeta-z}d\zeta = 0$$

一方, 関数 $h(\zeta) = \dfrac{1}{2\pi i}\dfrac{f(\zeta)}{\zeta-z}$ に対し,

$$\left|\left(\int_{\partial R_1^\varepsilon} - \int_{\partial R_1}\right)h(\zeta)d\zeta\right|$$

$$= \left|\left(\int_{[c,d]\times\{0\}} + \int_{\{d\}\times[0,\varepsilon]} - \int_{[c,d]\times\{\varepsilon\}} - \int_{\{c\}\times[0,\varepsilon]}\right)h(\zeta)d\zeta\right|$$

$$\leqq \left(\int_{\{c\}\times[0,\varepsilon]} + \int_{\{d\}\times[0,\varepsilon]}\right)|h(\zeta)||d\zeta| + \int_c^d |h(x)-h(x+i\varepsilon)|dx$$

$$\leqq 2\varepsilon \sup\{|h(\zeta)|\,;\,\zeta \in \{c\}\times[0,\varepsilon]\cup\{d\}\times[0,\varepsilon]\}$$

$$+ (d-c)\sup\{|h(x)-h(x+iy)|\,;\,x\in[c,d], |y|<\varepsilon\}$$

h が $\overline{R}$ 上で有界かつ一様連続であることから, $\varepsilon \to 0$ のとき, この値は 0 に収束し,

$$f(z) = \lim_{\varepsilon\to 0}\frac{1}{2\pi i}\int_{\partial R_1^\varepsilon}\frac{f(\zeta)}{\zeta-z}d\zeta = \frac{1}{2\pi i}\int_{\partial R_1}\frac{f(\zeta)}{\zeta-z}d\zeta$$

を得る. また, 同様の方法で,

$$0 = \lim_{\varepsilon\to 0}\frac{1}{2\pi i}\int_{\partial R_2^\varepsilon}\frac{f(\zeta)}{\zeta-z}d\zeta = \frac{1}{2\pi i}\int_{\partial R_2}\frac{f(\zeta)}{\zeta-z}d\zeta$$

も示すことができる. これらの両辺を加えることにより,

$$f(z) = \frac{1}{2\pi i}\int_{\partial R}\frac{f(\zeta)}{\zeta-z}d\zeta = g(z)$$

が成り立つ．$z \in R_2$ の場合も同様である． ∎

定理 4.52（鏡像の原理） D_1 を上半平面に含まれる領域とし，D_2 を D_1 の実軸に関する鏡像，すなわち，$D_2 = \{z\,;\,\overline{z}\in D_1\}$ とし，$D = D_1 \cup (a,b) \cup D_2$ が (a,b) を内部に含むものとする．また，f を D_1 で正則な $D_1 \cup (a,b)$ 上の連続関数とし，(a,b) 上では実数値をとると仮定する．このとき，D 上の関数 $F(z)$ を

$$F(z) = \begin{cases} f(z) & z \in D_1 \cup (a,b) \\ \overline{f(\overline{z})} & z \in D_2 \end{cases}$$

と定義すると，F は D 上の正則関数である．

[証明] F は明らかに D_1 で正則であり，各点 $\zeta \in D_2$ に対し，複素微分

$$\lim_{z\to\zeta}\frac{F(z)-F(\zeta)}{z-\zeta} = \lim_{z\to\zeta}\overline{\left(\frac{f(\overline{z})-f(\overline{\zeta})}{\overline{z}-\overline{\zeta}}\right)} = \overline{f'(\overline{\zeta})}$$

が存在するゆえ，F は D_2 でも正則である．また，各 $\zeta \in (a,b)$ に対し，仮定により，$\lim_{z\to\zeta, z\notin D_2} F(z) = F(\zeta)$ であり，$f(\zeta)\in\mathbb{R}$ から，

$$\lim_{z\to\zeta, z\in D_2} F(z) = \lim_{z\to\zeta, z\in D_1}\overline{f(\overline{z})} = \overline{f(\zeta)} = F(\zeta)$$

が成り立ち，F は，ζ で連続である．従って，定理 4.51 の仮定を満たし，D 全体で正則である． ∎

系 4.53 D を開円板 $\Delta_R(a)$ の部分領域，D^* を $\partial\Delta_R(a)$ に関する D の鏡像とし，$\partial\Delta_R(a)$ に含まれる円弧 E に対し，$D\cup E\cup D^*$ が E を内部に含むと仮定する．また，$w=f(z)$ を D 上で正則であるような $D\cup E$ 上の連続関数とし，E の像が w 平面内のある広義の円の境界に含まれていると仮定する．このとき，f は，$D\cup E\cup D^*$ に解析接続される．

[証明] E および $f(E)$ を周に含む広義の円を考え，それぞれを上半平面上に全単射に移す 1 次変換 φ, ψ をとり，$g = \psi\cdot f\cdot\varphi^{-1}$ とおく．$\varphi(D\cup E)$ 上の関数 g は，定理 4.52 の仮定を満たす．g を実軸を越えて解析接続した関数

$\tilde{g}$ に対し,$\tilde{f} = \psi^{-1} \cdot \tilde{g} \cdot \varphi$ とおけば,$\tilde{f}$ が求める f の解析接続である. ∎

解析接続の 1 つの応用例として,単位円板を $\mathbb{C} - \{0, 1\}$ 上に移す非定数正則関数を構成しよう.単位円板 Δ の周 $\partial \Delta$ 上に 3 点 $z_1 = 1$, $z_2 = e^{2\pi i/3}$, $z_3 = e^{4\pi i/3}$ をとり,z_1 と z_2,z_2 と z_3,z_3 と z_1 のそれぞれを結ぶ双曲的直線,すなわち,$\partial \Delta$ に直交する広義の円弧を考え,それらで囲まれた双曲的 3 角形を D_1 とする.系 4.36 によれば,z_1, z_2, z_3 をそれぞれ $0, 1, \infty$ に移し,∂D_1 を実軸に移し,D_1 を上半平面に移し,D_1 上で正則であるような $\overline{D_1}$ 上の連続関数 f が存在する.この関数 f は,∂D_1 の各辺を実軸に移すことから,系 4.53 が適用可能である.従って,D_1 の各辺に関しての鏡像である領域に解析接続が可能である.一方,D_1 の z_1 と z_2,z_2 と z_3 および z_3 と z_1 を結ぶ各円弧に関する鏡像をそれぞれ D_{12}, D_{23}, D_{31} とすれば,それらは双曲的 3 角形であり,D_{12} の頂点は $z_1, z_{12} = e^{\pi i/3}, z_2$,$D_{23}$ の頂点は $z_2, z_{23} = e^{\pi i}, z_3$,$D_{31}$ の頂点は $z_3, z_{31} = e^{5\pi i/3}, z_1$ であることを示すことができる.また,上半平面の,線分 $[0, 1]$,$[1, \infty]$ および $[\infty, 0]$ に関する鏡像は,いずれも下半平面であり,その境界は,再び実軸の一部である.解析接続で得られた各双曲的 3 角形上の正則関数を再び各境界に沿って解析接続可能である.このようにして得られた双曲的 3 角形に対し,その各辺に関する鏡像を次々と求めていくことにより,単位円板の全体が尽くされる(図 4.7).従って,f は単位円板 Δ 全体に解析接続可能である.この作り方から,この関数は,Δ 全体で正則で,$0, 1, \infty$ の 3 つの値をとらないことが分かる.この関数は,種々の理論的考察

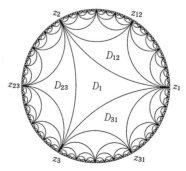

図 4.7 母数関数の定義域

に有用であり，**母数関数**(parametric function)と呼ばれている．

《 要 約 》

4.1 定数でない正則写像は，各点の近くでは，$w = z^n$ に似た写像である．

4.2 1次変換は，広義の円を広義の円に移し，対称な点を対称な点に移し，非調和比を不変にする．

4.3 単位円の解析的自己同型は1次変換で表され，双曲的距離を不変にする．

4.4 平面全体と一致しない単連結領域は，全単射な正則写像により単位円板上に移される．

4.5 正則関数を可能な限り解析接続するとき，その定義域は，一般に平面上の被拡領域として表される．

──────── 演習問題 ────────

4.1 1次変換の全体 $\mathcal{M}$ は，合成の演算によって群をなすことを示し，2次の正則行列全体の作る群 $GL(2,\mathbb{C})$ の各元 $\alpha = \begin{pmatrix} a & b \\ c & d \end{pmatrix}$ に対し，1次変換 $w = (az+b)/(cz+d)$ を対応させる写像 $T: GL(2,\mathbb{C}) \to \mathcal{M}$ は，全射であり，$T(\alpha\beta) = T(\alpha)T(\beta)$ $(\alpha, \beta \in GL(2,\mathbb{C}))$ を満たし，T の核 $\mathrm{Ker}\, T = \{\alpha;\, T(\alpha) = \text{恒等変換}\}$ は，

$$\left\{ \begin{pmatrix} \alpha & 0 \\ 0 & \alpha \end{pmatrix};\, \alpha \in \mathbb{C} - \{0\} \right\}$$

に等しいことを示せ．

4.2 上半平面 $H = \{z;\, \mathrm{Im}\, z > 0\}$ を単位円板 Δ 上に双正則に移す写像の全体は，

$$\left\{ e^{i\alpha} \frac{z-a}{z-\bar{a}};\, \alpha \in \mathbb{R},\, a \in H \right\}$$

で与えられることを示せ．

4.3 相異なる4点 z_1, z_2, z_3, z_4 に対し，これらが1つの広義の円に含まれることと，非調和比 (z_1, z_2, z_3, z_4) が実数であることは同値であることを示せ．

4.4 f を原点を含む有界領域 D の解析的自己同型とし, $f(0)=0$ を満たし, $f'(0)$ が正の実数値をとるとき, $f(z)=z$ $(z\in D)$ を示せ.

4.5 正則写像 $f: \Delta \to \Delta$ に対し, $f \notin \mathrm{Aut}(\Delta)$ かつ $f(a)=a$ となる点 $a\in\Delta$ が存在すると仮定する. f の n 回の合成を f_n で表すとき, $f_1, f_2, \cdots$ が, a に局所一様収束することを示せ.

4.6 $f: \Delta \to \Delta$ を, Δ 内の任意のコンパクト集合の逆像がコンパクトであるような正則写像とするとき, 適当な $a_1, a_2, \cdots, a_k \in \Delta$, $n_1, n_2, \cdots, n_k \in \mathbb{Z}$ および $c \in \partial\Delta$ によって,

$$f(z) = c \prod_{j=1}^{k} \left(\frac{z - a_j}{1 - \bar{a}_j z} \right)^{n_j}$$

と表せることを示せ.

4.7 領域 D 上の局所一様有界な正則関数列 $\{f_n\}_{n=1}^{\infty}$ が, D 内に集積点をもつような集合 E 上の各点で収束するならば, D 全体で, 局所一様収束することを示せ.

4.8 $\{f_n\}$ を領域 D 上の正則関数列とする. D の各点 z に, $\lim_{n\to\infty} f_n(z) \in \mathbb{C}$ が存在するとき, $\{f_n\}$ は D 内で稠密な開集合 G 上で局所一様収束することを示せ.

4.9 被拡領域 (M, φ) に対し, $D = \varphi(M)$ の各点 a が, $f^{-1}(U)$ の任意の連結成分 U_i について $f|_{U_i}: U_i \to U$ が同相写像となるような開近傍 U をもつとき, (M, φ) は, D 上の**境界のない被覆面**であると呼ばれる. このような被拡領域 (M, φ) に対し, 次を示せ.

（ⅰ） D 内の任意の連続曲線 $\Gamma: z = \gamma(t)$ $(\sigma \leq t \leq \tau)$ および点 $a \in f^{-1}(\gamma(\sigma))$ に対し, a を始点とする Γ のリフト, すなわち, M 上の連続曲線 $\tilde{\Gamma}: z = \tilde{\gamma}(t)$ $(\sigma \leq t \leq \tau)$ で, $\tilde{\gamma}(\sigma) = a$, $\varphi(\tilde{\gamma}(t)) = \gamma(t)$ を満たすものが, ただ 1 つ存在する.

（ⅱ） 始点および終点が等しい 2 つの D 内の曲線 $\Gamma_j: z = \gamma_j(t)$ $(\sigma \leq t \leq \tau, j = 1, 2)$ が D 内でホモトープであるとき, 同じ点 a を始点とする Γ_1, Γ_2 それぞれのリフトの終点は一致する.

（ⅲ） f を任意の単連結領域 G から D への連続写像とする. 1 点 $z_0 \in G$ および $f(z_0) = \varphi(w_0)$ を満たす任意の点 $w_0 \in M$ に対し, $\tilde{f}(z_0) = w_0$ かつ $\varphi\tilde{f} = f$ を満たす連続写像 $\tilde{f}: G \to M$ が一意的に存在することを示せ.

4.10 §4.5 で述べた母数関数 f に対し, $f: \Delta \to \mathbb{C} - \{0, 1\}$ は, 境界のない被覆面を定義することを示せ.

5

複素平面上の
有理型関数

複素平面全体で定義された有理型関数の大局的な性質を与える．まず，因数分解定理を与え，次に Picard の定理を証明してのち，Nevanlinna によって与えられた有理型関数の値分布に関する第1主定理および第2主定理を説明する．最後に，楕円関数の基本的性質について論じる．

§5.1 因数分解定理

(a) 正則関数の無限乗積

まず，数列 $\{a_n\}_{n=1}^{\infty}$ に対する**無限乗積**(infinite product) $\prod_{n=1}^{\infty} a_n$ について説明する．

定義 5.1 数列 $\{a_n\}_{n=1}^{\infty}$ が条件

(I) ある番号 n_0 以上のすべての n に対し，$a_n \neq 0 \, (n \geq n_0)$ であり，$\lim_{n \to \infty} \prod_{k=n_0+1}^{n} a_k$ が 0 でない極限値をもつ

を満たすとき，無限乗積 $\prod_{n=1}^{\infty} a_n$ が**収束する**(converge)と言う． □

無限乗積 $\prod_{n=1}^{\infty} a_n$ が収束するとき，

$$p = a_1 a_2 \cdots a_{n_0} \lim_{n \to \infty} \prod_{k=n_0+1}^{n} a_k$$

は，条件(I)を満たすような n_0 の取り方によらない．この値 p を $\{a_n\}_{n=1}^{\infty}$ の

無限乗積の極限値と呼び，記号 $\prod_{n=1}^{\infty} a_n$ でこの値 p を表す．収束しない場合，すなわち，$a_n \neq 0\,(n \geq n_0)$ となる n_0 が存在しないか，$\lim_{n \to \infty} \prod_{k=n_0+1}^{n} a_k$ が存在しないか，または，$\lim_{n \to \infty} \prod_{k=n_0+1}^{n} a_k = 0$ のとき，$\prod_{n=1}^{\infty} a_n$ は**発散する**(diverge) と言う．

例題 5.2 数列 $\{a_n\}$ に対し，$\prod_{n=1}^{\infty}(1+|a_n|)$ が収束する必要かつ十分な条件は，$\sum_{n=1}^{\infty}|a_n| < +\infty$ であることを示せ．

[解] $c_n = \prod_{k=1}^{n}(1+|a_k|)$ および $d_n = \sum_{k=1}^{n}|a_k|$ とおく．数列 $\{c_n\}$ および $\{d_n\}$ はいずれも単調増加数列であり，不等式 $1+x \leq e^x\,(x \geq 0)$ により，

$$d_n = \sum_{k=1}^{n}|a_k| \leq c_n = \prod_{k=1}^{n}(1+|a_k|) \leq \exp\left(\sum_{k=1}^{n}|a_k|\right) = e^{d_n}$$

従って，$\{c_n\}, \{d_n\}$ 両者の有界性が同値である．これにより求める結果を得る． ∎

有界閉集合 E 上の連続関数列 $\{f_n(z)\}$ を考える．

定義 5.3 無限乗積 $\prod_{n=1}^{\infty} f_n(z)$ が，有界閉集合 E 上で関数 $g(z)$ に**一様収束する**(uniformly converge) とは，ある番号 n_0 以上のすべての n に対し $f_n(z) \neq 0\,(z \in E)$ であり，$\prod_{k=n_0+1}^{n} f_k(z)$ が，E 上で零点を持たない関数 $p(z)$ に一様収束し，$g(z) = f_1(z)f_2(z) \cdots f_{n_0}(z)p(z)$ が成り立つことを意味する． □

命題 5.4 $\prod_{n=1}^{\infty} f_n(z)$ が有界閉集合 E 上で一様収束する必要十分条件は，

$$\lim_{m > n,\, m,n \to \infty} \left\| 1 - \prod_{k=n+1}^{m} f_k(z) \right\|_E = 0$$

[証明] 必要なら番号を付けかえて，すべての n に対し，$f_n(z) \neq 0\,(z \in E)$ と仮定し，$p_n(z) = \prod_{k=1}^{n} f_k(z)$ とおく．まず，$\prod_{n=1}^{\infty} f_n(z)$ が関数 $p(z)$ に一様収束すると仮定する．このとき，$|p(z)| \geq \delta\,(z \in E)$ を満たす正数 δ が存在する．また，ある番号 n_0 以上のすべての n に対し，$\|p_n - p\|_E \leq \delta/2$，従って，$|p_n(z)| \geq \delta/2$ が成り立つ．ゆえに，$m > n \geq n_0$ に対し，

$$\left\| 1 - \prod_{k=n+1}^{m} f_k(z) \right\|_E \leq \left\| 1 - \frac{p_m}{p_n} \right\|_E \leq \frac{2\|p_n - p_m\|_E}{\delta}$$

§5.1 因数分解定理 —— 129

この値は，$m, n \to \infty$ のとき，0 に収束する．

逆に，命題 5.4 の条件が成り立つと仮定すると，ある n_0 に対し，$\|p_m/p_n - 1\|_E < 1/2 \, (m > n \geq n_0)$ となり，$1/2 \leq |p_m(z)/p_n(z)| \leq 3/2 \, (z \in E)$ が成り立つ．$L_n = \min\{|p_n(z)|; z \in E\} \, (n = 1, 2, \cdots)$ とおくと，$n > n_0, z \in E$ に対し，

$$(5.1) \quad \frac{L_{n_0}}{2} \leq \frac{1}{2}|p_{n_0}(z)| \leq \left|\frac{p_n(z)}{p_{n_0}(z)}\right| |p_{n_0}(z)| = |p_n(z)| \leq \frac{3}{2}\|p_{n_0}\|_E$$

これより，

$$\|p_n - p_m\|_E = \left\|p_n\left(1 - \frac{p_m}{p_n}\right)\right\|_E \leq \frac{3}{2}\|p_{n_0}\|_E \left\|1 - \frac{p_m}{p_n}\right\|_E \quad (m > n > n_0)$$

が得られ，仮定により，この右辺は，$m, n \to \infty$ として 0 に収束する．従って，関数列 $\{p_n(z)\}$ はある関数 $p(z)$ に E 上で一様収束する．また，(5.1) より $|p(z)| \geq L_{n_0}/2 \, (z \in E)$ が言え，$p(z)$ は零点をもたない． ∎

命題 5.5 有界閉集合 E 上の関数列 $\{f_n(z)\}$ に対し，$\sum_{n=1}^{\infty} \|f_n - 1\|_E < +\infty$ ならば，$\prod_{n=1}^{\infty} f_n(z)$ は E 上で一様収束する．

［証明］ 仮定から，$\lim_{n \to \infty} \|f_n - 1\|_E = 0$ ゆえ，有限個の n を除いて，$f_n(z)$ は，E 上で零点をもたない．また，$m > n$ に対し，

$$\left\|\prod_{k=n+1}^{m} f_k - 1\right\|_E = \left\|\prod_{k=n+1}^{m}(1 + (f_k - 1)) - 1\right\|_E$$

$$\leq \sum_{k=1}^{m-n} \sum_{n+1 \leq i_1 < \cdots < i_k \leq m} \|f_{i_1} - 1\|_E \cdots \|f_{i_k} - 1\|_E$$

$$= \prod_{k=n+1}^{m}(1 + \|f_k - 1\|_E) - 1$$

$$\leq \exp\left(\sum_{k=n+1}^{m} \|f_k - 1\|_E\right) - 1$$

この値は，$m, n \to \infty$ に対し 0 に収束する．命題 5.4 により，命題 5.5 を得る． ∎

数列 $\{a_n\}_{n=1}^{\infty}$ に対し，$\sum_{n=1}^{\infty} |a_n - 1| < +\infty$ が成り立つとき，$\prod_{n=1}^{\infty} a_n$ は**絶対収束する**(absolutely converge) と言う．命題 5.5 で集合 E が 1 点のみからなる

場合を考えれば容易にわかるように，絶対収束する無限乗積は収束する．

定義 5.6 領域 D 上の関数からなる無限乗積 $\prod_{n=1}^{\infty} f_n$ が，D の各点 a に対し，a のある近傍上で一様収束するとき，D 上で局所一様収束すると言う． □

定理 2.27 から容易にわかるように，次の命題が成り立つ．

命題 5.7 領域 D 上の正則関数からなる無限乗積 $\prod_{n=1}^{\infty} f_n(z)$ が，D 上で局所一様収束すれば，その極限関数は正則である． □

(b) Weierstrass の定理

多項式 $p(z)$ の零点の全体を $\{a_1, a_2, \cdots, a_k\}$ とし，各 a_j での零点の位数を n_j $(1 \leqq j \leqq k)$ とするとき，$p(z)$ は，$p(z) = c \prod_{j=1}^{k} (z-a_j)^{n_j}$ と因数分解される．ここで，c は定数である．整関数について，これと類似の因数分解定理が成り立つことを示そう．これを述べるため，Weierstrass の関数

$$(5.2) \quad \begin{aligned} E_0(z) &= 1-z \\ E_p(z) &= (1-z)\exp\left(z + \frac{z^2}{2} + \cdots + \frac{z^p}{p}\right) \quad (p=1,2,\cdots) \end{aligned}$$

を導入する．

補題 5.8 $|z| \leqq 1$ に対し，$|E_p(z)-1| \leqq |z|^{p+1}$ が成り立つ．

[証明] $p=0$ のときは明らかゆえ，$p \geqq 1$ とする．$E_p(z)$ のベキ級数展開を

$$E_p(z) = c_0 + c_1 z + c_2 z^2 + \cdots + c_n z^n + \cdots$$

とすると，$c_0 = E_p(0) = 1$ である．一方，$\exp\left(z + \frac{z^2}{2} + \cdots + \frac{z^p}{p}\right)$ の原点のまわりでのベキ級数展開の係数は，$(z + z^2/2 + \cdots + z^n/p)^n/n!$ の展開を n について加えたものであるゆえ，すべて正である．従って，等式

$$E_p'(z) = -z^p \exp\left(z + \frac{z^2}{2} + \cdots + \frac{z^p}{p}\right) = \sum_{n=1}^{\infty} n c_n z^{n-1}$$

の両辺の級数展開を比較することにより

$$c_1 = c_2 = \cdots = c_p = 0, \quad n c_n < 0 \ (n \geqq p+1)$$

また，$E_p(1) = 0$ から，$0 = 1 + \sum_{n=1}^{\infty} c_n = 1 - \sum_{n=p+1}^{\infty} |c_n|$．ゆえに，

$$|E_p(z)-1| = \left|\sum_{n=p+1}^{\infty} c_n z^n\right| \leq \sum_{n=p+1}^{\infty} |c_n||z|^n$$
$$= |z|^{p+1} \sum_{n=p+1}^{\infty} |c_n||z|^{n-p-1} \leq |z|^{p+1} \sum_{n=p+1}^{\infty} |c_n| = |z|^{p+1} \blacksquare$$

定理 5.9 互いに異なる点からなり，複素平面内で集積点をもたない数列 $\{a_k\}$ および正整数からなる数列 $\{m_k\}$ が与えられたとき，各 a_k で位数 m_k の零点をもち，それ以外では零点をもたないような整関数が存在する．

[証明] まず，すべての a_k が 0 でない場合を考える．$k=1,2,\cdots$ に対し，各 a_k を m_k 回重複して並べて作られる数列を改めて $\{a_n\}_{n=1}^{\infty}$ とする．無限乗積

(5.3) $$f(z) = \prod_{n=1}^{\infty} E_{n-1}\left(\frac{z}{a_n}\right)$$

を考える．(5.3)が複素平面全体で絶対かつ局所一様収束することを示せば，極限関数 $f(z)$ が求める性質をもつことを容易に示すことができる．そこで，正数 R を任意にとり，$|z| \leq R$ 上で一様収束することを示そう．$\lim_{n\to\infty}|a_n| = +\infty$ ゆえ，ある番号 n_0 に対し，$|a_n| \geq 2R \, (n \geq n_0)$ が成り立つ．従って，補題 5.8 によって，

$$\left|E_{n-1}\left(\frac{z}{a_n}\right) - 1\right| \leq \left|\frac{z}{a_n}\right|^n \leq \left(\frac{R}{|a_n|}\right)^n \leq \frac{1}{2^n} \quad (|z| \leq R, n \geq n_0)$$

が成り立つ．$\sum_{n=n_0}^{\infty} (1/2)^n < \infty$ ゆえ，命題 5.5 から，求める結果を得る．

ある a_{k_1} が 0 の場合は，番号を取り替え，$k_1 = 1$ とし，$\{a_k\}_{k=2}^{\infty}$, $\{m_k\}_{k=2}^{\infty}$ に上述の結果を適用する．a_n の番号を適当に取り替えれば，求める性質をもつ関数が $f(z) = z^{m_1} \prod_{n=m_1+1}^{\infty} E_{n-1}\left(\frac{z}{a_n}\right)$ によって得られる． $\blacksquare$

系 5.10 任意の複素平面上の有理型関数 $f \, (\not\equiv 0)$ は，共通零点をもたない 2 つの整関数の商として表される．

[証明] f の極の全体を $\{b_k\}$ とし，各 b_k での極の位数を m_k とすると，定理 5.9 により，各 b_k で位数 m_k の零点をもち，それ以外では零点をもたないような整関数 g が存在する．このとき，$h = fg$ は，f の極が g の零点により

打ち消され，複素平面全体で正則であり，f の極では 0 にならない．従って，f は，共通零点をもたない 2 つの整関数 h と g の商として表される．∎

定理 5.11（Weierstrass の因数分解定理） 恒等的に 0 ではない整関数 f に対し，$z=0$ での位数を m とし，0 以外の零点全体を位数だけ重複して並べてつくられる数列を $\{a_n\}$ とすると，整関数 g を適当に選んで，

$$f(z) = z^m e^{g(z)} \prod_n E_{n-1}\left(\frac{z}{a_n}\right)$$

と表示される．

[証明] 定理 5.9 により，

$$h(z) = z^m \prod_n E_{n-1}\left(\frac{z}{a_n}\right)$$

は，$f(z)$ と同じ点で同じ位数の零点をもつ．従って，f/h は，零点をまったくもたない整関数である．複素平面全体が単連結であることから，$\log(f/h)$ は，補題 4.6 によって 1 価な分枝 $g(z)$ をもつ．これより，求める f の表示を得る．∎

(c) 一般領域に対する Weierstrass の定理

平面内の一般領域について，定理 5.9 と同様の定理が成り立つことを示そう．

定理 5.12 領域 D に対し，D 内に集積点を持たず，互いに異なる D 内の点列 $E = \{a_1, a_2, \cdots\}$ および整数列 $\{k_1, k_2, \cdots\}$ が与えられたとき，D 上の有理型関数 $f(\not\equiv 0)$ で，各 a_n で $\text{ord}_f(a_n) = k_n$ を満たし，それ以外では，零点も極も持たないものが存在する．□

証明のため，まず次の補題を与える．

補題 5.13 複素平面内の 2 点 a, b を結ぶ PS 単純連続曲線 Γ が与えられたとき，$\log((z-a)/(z-b))$ は，$\mathbb{C} - \Gamma$ 上で 1 価な分枝をもつ．

[証明] 領域 $\mathbb{C} - \Gamma$ 内に PS 閉曲線 γ を任意にとり，Γ および γ を内部に含む十分大きな円 $\Delta_R(a)$ をとる．$\Delta_R(a) - \{a\}$ と $\Delta_R(a) - \Gamma$ は同相である．a を中心として考えた γ の回転数を n とすると，例 2.15 により，γ は $\partial \Delta_R(a)$

を n 周する曲線と $\mathbb{C}-\Gamma$ でホモトープである．従って，$h(z)=(1/(z-a)-1/(z-b))/2\pi i$ に対し，

$$\int_\gamma h(z)dz = n\int_{\partial\Delta_R(a)} h(z)dz = n\Big(\mathrm{Res}\Big(\frac{1}{z-a},a\Big) - \mathrm{Res}\Big(\frac{1}{z-b},b\Big)\Big) = 0$$

これより，点 $z_0 \in \mathbb{C}-\Gamma$ を固定し，各点 $z \in \mathbb{C}-\Gamma$ に対し，$\mathbb{C}-\Gamma$ 内に z_0 と z を結ぶ PS 曲線 $\Gamma_{z_0,z}$ を任意にとり，

$$F(z) = \int_{\Gamma_{z_0,z}} \Big(\frac{1}{z-a} - \frac{1}{z-b}\Big) dz$$

と定義すれば，F は $\log((z-a)/(z-b))$ の $\mathbb{C}-\Gamma$ 上での1価な分枝を与える． ■

[定理 5.12 の証明] 領域 D に対し，補題 3.28 で述べた有界閉集合列 $\{K_\nu\}$ をとり，

$$\phi_\nu(z) = \prod_{a_n \in K_\nu} (z-a_n)^{k_n} \quad (\nu=1,2,\cdots)$$

とおく．便宜上，$K_0 = \varnothing$ とする．ν に関する数学的帰納法で，次の条件を満たす有理関数列 $f_1, f_2, \cdots, f_\nu$ が存在することを示そう．

(i) f_ν は $K_{\nu+1}-K_\nu$ で零点も極も持たない．
(ii) f_ν/ϕ_ν は $K_{\nu+1}$ で零点も極も持たない．
(iii) $\log(f_\nu/f_{\nu-1})$ が $K_{\nu-1}$ の開近傍上で1価な分枝を持つ．

まず，$f_0=1$, $f_1=\phi_1$ とおく．これらは $\nu=1$ として (i)–(iii) を満たす．そこで，条件を満たす $f_1, f_2, \cdots, f_\nu$ の存在を仮定して，$f_{\nu+1}$ を構成する．条件 (i), (ii) より，

$$f_\nu = c\phi_\nu \prod_{j=1}^t (z-b_j)^{\ell_j}$$

と書ける．ここで，$b_j \in \mathbb{C}-K_{\nu+1}$, $\ell_j \in \mathbb{Z}$ かつ $c \in \mathbb{C}-\{0\}$．

$$(K_{\nu+1}-K_\nu) \cap E = \{a_{n_1}, a_{n_2}, \cdots, a_{n_s}\}$$

とおき，各 a_{n_ℓ} を含む $D-K_\nu$ の連結成分を D'_ℓ とする．K_ν の取り方から，D'_ℓ は，非有界か，もしくは $\overline{D'_\ell} \not\subset D$ を満たす．いずれにせよ，$D'_\ell - K_{\nu+2} \neq \varnothing$ が成り立ち，$D'_\ell - K_{\nu+2}$ 内の点 a'_{n_ℓ} で，K_ν と交わらない D 内の PS 単純連

続曲線によって a_{n_ℓ} とつなぐことのできるものがとれる．各 b_j に対し，$b_j \notin K_{\nu+2}$ のときは，$b'_j = b_j$ とおき，$b_j \in K_{\nu+2}$ のときは，上と同様の考察により，K_ν と交わらない PS 単純連続曲線でつなぐことのできる点 $b'_j \in D - K_{\nu+2}$ をとる．そこで，

$$f_{\nu+1}(z) = \phi_{\nu+1}(z) \prod_{\ell=1}^{s} (z - a'_{n_\ell})^{-k_{n_\ell}} \prod_{j=1}^{t} (z - b'_j)^{\ell_j}$$

とおく．$a'_{n_\ell}, b'_j \notin K_{\nu+2}$ から，$f_{\nu+1}$ は $K_{\nu+2} - K_{\nu+1}$ で零点を持たない正則関数であり，$f_{\nu+1}/\phi_{\nu+1}$ は，$K_{\nu+2}$ 上で零点も極も持たない．また，

$$\frac{f_{\nu+1}(z)}{f_\nu(z)} = \frac{\phi_{\nu+1}}{c\phi_\nu} \prod_{\ell=1}^{s} \frac{1}{(z-a'_{n_\ell})^{k_{n_\ell}}} \prod_{j=1}^{t} \left(\frac{z-b'_j}{z-b_j}\right)^{\ell_j}$$

$$= \frac{1}{c} \prod_{\ell=1}^{s} \left(\frac{z-a_{n_\ell}}{z-a'_{n_\ell}}\right)^{k_{n_\ell}} \prod_{j=1}^{t} \left(\frac{z-b'_j}{z-b_j}\right)^{\ell_j}$$

が成り立つ．補題 5.13 により，$\log((z-a_{n_\ell})/(z-a'_{n_\ell}))$，$\log((z-b'_j)/(z-b_j))$ はすべて K_ν の開近傍上で1価な分枝を持つ．従って，$\log(f_{\nu+1}/f_\nu)$ も，K_ν の開近傍上で1価な分枝を持ち，条件(iii)も満たすことが分かった．

そこで，各 ν に対し，$e^{F_{\nu+1}} = f_{\nu+1}/f_\nu$ を満たす K_ν の開近傍上の正則関数 $F_{\nu+1}$ をとる．関数 $-F_{\nu+1}$ に定理 3.22 を適用することによって，

(5.4) $\qquad |F_{\nu+1}(z) + g_{\nu+1}(z)| < \dfrac{1}{2^\nu} \quad (z \in K_\nu)$

を満たす D 上の正則関数 $g_{\nu+1}$ をとり，各 K_ν 上で

$$H_\nu = \sum_{\mu=\nu+1}^{\infty} (F_\mu + g_\mu)$$

と定義する．(5.4)によりこの右辺は K_ν 上で一様収束し，H_ν は K_ν の内部で正則である．一方，$h_\nu = f_\nu e^{H_\nu + g_1 + \cdots + g_\nu}$ とおくと，

$$h_\nu = f_\nu e^{(F_{\nu+1} + g_{\nu+1}) + H_{\nu+1} + g_1 + \cdots + g_\nu}$$

$$= f_\nu \frac{f_{\nu+1}}{f_\nu} e^{H_{\nu+1} + g_1 + \cdots + g_{\nu+1}}$$

$$= h_{\nu+1}$$

が成り立つ．各 K_ν 上で，$f=h_\nu$ と定義することにより，D 全体での有理型関数が定義される．各 K_ν 上で，$f(=h_\nu)$ は f_ν と，従って，ϕ_ν と位数も込めて同じ零点および極を持つ．これは，f が求める関数であることを示している． ∎

系 5.14 任意の領域 D に対し，D 内に集積点をもたないような点列 $\{a_\nu\}$ および $\mathbb{C}$ 内の点列 $\{\alpha_\nu\}$ を与えるとき，$f(a_\nu)=\alpha_\nu$ ($\nu=1,2,\cdots$) を満たす D 上の正則関数 f が存在する．

［証明］ 定理 5.12 によって，各 a_ν でちょうど 1 位の零点をもち，それ以外で零点をもたない D 上の正則関数 g が存在する．このとき，$g'(a_\nu)\neq 0$．そこで，定理 3.27 を用いて，各 a_ν で，Laurent 展開の主要部が $\dfrac{\alpha_\nu}{g'(a_\nu)(z-a_\nu)}$ で与えられるような極をもち，$\{a_\nu\}$ 以外では正則であるような D 上の有理型関数 h をとる．このとき，$f=gh$ とおくと，$D-\{a_\nu\}$ 上で正則であり，各 a_ν に対し，

$$f(a_\nu)=\lim_{z\to a_\nu}(z-a_\nu)h(z)\frac{g(z)}{z-a_\nu}=\left(\frac{\alpha_\nu}{g'(a_\nu)}\right)g'(a_\nu)=\alpha_\nu$$

が成り立ち，f は a_ν でも正則であり，求める性質をもつ． ∎

§5.2 Picard の定理

この節では，次の定理に証明を与えると共に，関連する諸定理を述べる．

定理 5.15 (Picard の小定理) $\mathbb{C}$ 上の非定数有理型関数は，$\overline{\mathbb{C}}$ 内のたかだか 2 個を除いてすべての値をとる． ∎

定理 5.15 の証明のために，まず次の Ahlfors–Schwarz の補題を与える．

定理 5.16 Δ_R 上の非負実数値連続関数 v が，集合 $\{z\in\Delta_R\,;\,v(z)>0\}$ 上で C^2 級で，$\Delta\log v\geqq v^2$ を満たすならば，Δ_R 上で

$$v(z)\leqq\frac{2R}{R^2-|z|^2}\quad(z\in\Delta_R)$$

ここで，Δ はラプラシアンを表す，すなわち，$\Delta=\dfrac{\partial^2}{\partial x^2}+\dfrac{\partial^2}{\partial y^2}$．

[証明] 任意の正数 r に対し $w_r(z) = 2r/(r^2-|z|^2)$ とおくと,
$$\Delta \log w_r = w_r^2 \tag{5.5}$$
が成り立つ. そこで, $0 < r < R$ を満たす任意の r に対し, $\overline{\Delta}_r$ 上の関数
$$v_r(z) = \frac{v(z)}{w_r(z)} = \frac{r^2-|z|^2}{2r} v(z)$$
を考える. $\partial \Delta_r$ 上で $v_r(z) = 0$ ゆえ, $v_r(z_0) = \max\{v_r(z); |z| \leq r\}$ を満たす点 $z_0 \in \Delta_r$ がとれる. $v_r(z_0) > 1$ と仮定する. このとき, 関数 $\log v_r$ は, z_0 で極大値をとるゆえ, $\Delta \log v_r(z_0) \leq 0$. 一方, (5.5) および定理の仮定から, z_0 で
$$\Delta \log v_r = \Delta \log v - \Delta \log w_r \geq v^2 - w_r^2 = w_r^2(v_r^2-1) > 0$$
これは矛盾である. 従って, $|z| < r$ に対し, $v_r(z) \leq v_r(z_0) \leq 1$. これより,
$$v(z) \leq \frac{2r}{r^2-|z|^2} \quad (|z| < r)$$
が成り立つ. $r \to R$ とすれば, 求める不等式を得る. ∎

立体射影 $\pi: S^2 \to \overline{\mathbb{C}} = \mathbb{C} \cup \{\infty\}$ によって S^2 と $\overline{\mathbb{C}}$ を同一視して, 点 α と β の弦距離の $1/2$ を, $|\alpha, \beta|$ で表す. このとき, $\alpha, \beta \in \mathbb{C}$ に対し,
$$|\alpha, \beta| = \frac{|\alpha-\beta|}{\sqrt{1+|\alpha|^2}\sqrt{1+|\beta|^2}}, \quad |\alpha, \infty| = \frac{1}{\sqrt{1+|\alpha|^2}} \tag{5.6}$$

問1 (i) (5.6)を示せ. (ii) $\alpha, \beta \in \mathbb{C}$, $a \in \mathbb{C}$ に対し, $\alpha' = (1+\overline{a}\alpha)/(\alpha-a)$, $\beta' = (1+\overline{a}\beta)/(\beta-a)$ とおくと, $|\alpha', \beta'| = |\alpha, \beta|$ となることを示せ.

補題 5.17 任意の正数 ρ に対し $a_0 (> 1)$ を適当にとれば, Δ_R 上の正則関数 f および $\alpha \in \mathbb{C}$ について, $\{z \in \Delta_R; f(z) \neq 0\}$ 上で,
$$\Delta \log \frac{1}{\log \frac{a_0}{|f,\alpha|^2}} \geq \frac{4|f'|^2}{(1+|f|^2)^2} \left(\frac{1}{|f,\alpha|^2 \log^2 \frac{a_0}{|f,\alpha|^2}} - \rho \right)$$

[証明] 簡単のため,
$$\varphi = |f, \alpha|^2 = \frac{|f-\alpha|^2}{(1+|f|^2)(1+|\alpha|^2)}$$

とおく. z で対数微分すれば,

$$\frac{\partial \varphi}{\partial z} = \varphi\left(\frac{f'}{f-\alpha} - \frac{\overline{f}f'}{1+|f|^2}\right) = \frac{f'(\overline{f}-\overline{\alpha})(1+\alpha\overline{f})}{(1+|f|^2)^2(1+|\alpha|^2)}$$

ところで, $1-\varphi = |1+\alpha\overline{f}|^2/((1+|f|^2)(1+|\alpha|^2))$ が成り立つことから, 任意の正数 $a(>1)$ に対し,

$$\left|\frac{\partial \varphi}{\partial z}\right|^2 = \frac{|f'|^2}{(1+|f|^2)^4}\frac{|f-\alpha|^2|1+\alpha\overline{f}|^2}{(1+|\alpha|^2)^2} = (\varphi-\varphi^2)\frac{|f'|^2}{(1+|f|^2)^2}$$

また,

$$\frac{\partial^2}{\partial z \partial \overline{z}}\log\varphi = -\frac{\partial^2}{\partial z \partial \overline{z}}\log(1+|f|^2)$$

であり,

(5.7) $$\frac{\partial^2}{\partial z \partial \overline{z}}\log(1+|f|^2) = \frac{\partial}{\partial z}\left(\frac{f\overline{f'}}{1+f\overline{f}}\right) = \frac{|f'|^2}{(1+|f|^2)^2}$$

が成り立つことから,

$$\frac{1}{4}\Delta \log\frac{1}{\log(a/\varphi)} = \frac{\partial}{\partial z}\left(\frac{1}{\log(a/\varphi)}\frac{\partial}{\partial \overline{z}}\log\varphi\right)$$

$$= -\frac{1}{\log(a/\varphi)}\frac{\partial^2}{\partial z \partial \overline{z}}\log(1+|f|^2) + \frac{1}{\varphi^2 \log^2(a/\varphi)}\left|\frac{\partial \varphi}{\partial z}\right|^2$$

$$= \frac{|f'|^2}{(1+|f|^2)^2}\left(\frac{\varphi-\varphi^2}{\varphi^2 \log^2(a/\varphi)} - \frac{1}{\log(a/\varphi)}\right)$$

$$= \frac{|f'|^2}{(1+|f|^2)^2}\left(\frac{1}{\varphi \log^2(a/\varphi)} - \left(\frac{1}{\log^2(a/\varphi)} + \frac{1}{\log(a/\varphi)}\right)\right)$$

を得る. ここで, $\varphi \leq 1$ に注意すれば, $1/\log^2 a_0 + 1/\log a_0 < \rho$ を満たす a_0 (>1) について, 求める式が成り立つ. ∎

命題 5.18 $\alpha_1, \alpha_2, \cdots, \alpha_q$ を相異なる $q(>2)$ 個の値とする. このとき, 任意の正数 ρ に対し, 正数 a_0 および α_j のみによる定数 C_1 を適当にとれば, 任意の Δ_R 上の非定数有理型関数 f について

$$\Delta \log \frac{(1+|f|^2)^\rho}{\prod_{j=1}^{q} \log \frac{a_0}{|f,\alpha_j|^2}} \geqq C_1^2 \frac{|f'|^2}{(1+|f|^2)^2} \prod_{j=1}^{q} \frac{1}{|f,\alpha_j|^2 \log^2 \frac{a_0}{|f,\alpha_j|^2}}$$

[証明] 補題 5.17 と (5.7) から, a_0 を適当にとれば,

(5.8) $\Delta \log \dfrac{(1+|f|^2)^\rho}{\prod\limits_{j=1}^{q} \log(a_0/|f,\alpha_j|^2)}$

$\geqq \dfrac{4|f'|^2}{(1+|f|^2)^2} \left(\rho + \sum\limits_{j=1}^{q} \left(\dfrac{1}{|f,\alpha_j|^2 \log^2(a_0/|f,\alpha_j|^2)} - \dfrac{\rho}{q} \right) \right)$

$= \dfrac{4|f'|^2}{(1+|f|^2)^2} \sum\limits_{j=1}^{q} \dfrac{1}{|f,\alpha_j|^2 \log^2(a_0/|f,\alpha_j|^2)}$

が成り立つ. ここで, $a_0 > e^2$ とする. 一方, $L = \min\{|\alpha_j, \alpha_k|; 1 \leqq j < k \leqq q\}/2$ とおくと, 各 $z \in \Delta_R$ に対し, たかだか 1 つの j_0 $(1 \leqq j_0 \leqq q)$ を除いて $1 \geqq |f(z), \alpha_j| \geqq L$. なぜなら, 相異なる 2 つの $j = j_1, j_2$ に対し, $|f(z), \alpha_j| < L$ とすると, 矛盾した結論

$$2L \leqq |\alpha_{j_1}, \alpha_{j_2}| \leqq |\alpha_{j_1}, f(z)| + |f(z), \alpha_{j_2}| < 2L$$

に到る. $x \log^2(a_0/x)$ が $0 < x \leqq 1$ において単調増加であることから, j_0 以外の j については, $|f,\alpha_j|^2 \log^2(a_0/|f,\alpha_j|^2) \geqq M = L^2 \log(a_0/L^2)$. ゆえに,

$$\sum_{j=1}^{q} \frac{1}{|f,\alpha_j|^2 \log^2 \frac{a_0}{|f,\alpha_j|^2}} \geqq \frac{1}{|f,\alpha_{j_0}|^2 \log^2 \frac{a_0}{|f,\alpha_{j_0}|^2}}$$

$$\geqq M^{q-1} \prod_{j=1}^{q} \frac{1}{|f,\alpha_j|^2 \log^2 \frac{a_0}{|f,\alpha_j|^2}}$$

(5.8) とあわせて, 命題 5.18 が結論される. ∎

命題 5.19 正数 a_0 および C_2 を適当にとれば, 命題 5.18 で述べた f に対し,

$$\frac{|f'|}{1+|f|^2} \frac{1}{\prod_{j=1}^{q} |f,\alpha_j| \log \frac{a_0}{|f,\alpha_j|^2}} \leqq C_2 \frac{2R}{R^2 - |z|^2}$$

§5.2 Picard の定理 —— 139

[証明] $\alpha_q = \infty$ と仮定してよい.なぜなら,$\alpha_q \neq \infty$ なら,問 1 で述べたことから,$f, \alpha_j \, (1 \leq j \leq q-1)$ および α_q を,$h = (1 + \overline{\alpha}_q f)/(f - \alpha_q)$,$\beta_j = (1 + \overline{\alpha}_q \alpha_j)/(\alpha_j - \alpha_q)$ および $\beta_q = \infty$ と取り替えて示せばよい.そこで

$$v = C_1 \frac{|f'|}{1+|f|^2} \frac{1}{\prod_{j=1}^{q} |f, \alpha_j| \log \frac{a_0}{|f, \alpha_j|^2}}$$

とおく.ここで,a_0, C_1 は命題 5.18 で述べた性質をもつように選ばれたものとする.$\rho = (q-2)/2$ とおき,

$$v = C_1 \frac{|f'|(1+|f|^2)^\rho \prod_{j=1}^{q-1}(1+|\alpha_j|^2)^{1/2}}{\prod_{j=1}^{q-1} |f - \alpha_j| \prod_{j=1}^{q} \log \frac{a_0}{|f, \alpha_j|^2}}$$

と書き直す.このとき,命題 5.18 により,

$$\Delta \log v \geq C_1^2 \frac{|f'|^2}{(1+|f|^2)^2} \frac{1}{\prod_{j=1}^{q} |f, \alpha_j|^2 \log^2 \frac{a_0}{|f, \alpha_j|^2}} = v^2$$

これより,定理 5.16 が使え,命題 5.19 が得られる. ∎

定理 5.20 (Landau の定理) 任意の複素数 $\alpha, \beta \, (\alpha \neq \beta)$,$\lambda$ に対し,次の条件を満たす正数 $R(\alpha, \beta, \lambda)$ が存在する:

$$g(0) = \lambda, \quad g'(0) = 1, \quad g(z) \neq \alpha, \quad g(z) \neq \beta \quad (z \in \Delta_R)$$

を満たす Δ_R 上の非定数正則関数 g が存在すれば,$R \leq R(\alpha, \beta, \lambda)$.

[証明] Δ_R 上に定理で述べた性質をもつ正則関数 g が存在したとする.$q = 3, \alpha_1 = \alpha, \alpha_2 = \beta, \alpha_3 = \infty$ と置いて,命題 5.19 を適用し,$z = 0$ を代入すると,

$$R \leq 2C_2(1+|\lambda|^2) \prod_{j=1}^{3} |\lambda, \alpha_j| \log \frac{a_0}{|\lambda, \alpha_j|^2}$$

この右辺を $R(\alpha, \beta, \lambda)$ とおけば,これが定理 5.20 の条件を満たす. ∎

[定理 5.15 の証明] $\mathbb{C}$ 上に,相異なる 3 つの値 α, β, γ を除外する非定数有理型関数 f が存在したとする.f に 1 次変換を施し,$\gamma = \infty$ と仮定して

よい．$f'(z_0) \neq 0$ を満たす z_0 をとり，$g(z) = f(z_0 + z/f'(z_0))$ とおけば，g は，$\lambda = f(z_0)$ に対し定理 5.20 の条件を満たすにもかかわらず，$R > R(\alpha, \beta, \lambda)$ に対し Δ_R 上で正則であり，矛盾である．従って定理 5.15 が成り立つ．∎

Picard の定理に関連して定理 4.31 の精密化を述べるため，次の定義を与える．

定義 5.21 $\mathcal{F}$ を領域 D 上の正則関数族とする．$\mathcal{F}$ の任意の関数列 $\{f_n\}$ が，D 上である正則関数に局所一様収束するか，または，定数 ∞ に局所一様収束するような部分列 $\{f_{n_k}\}$ をもつとき，$\mathcal{F}$ を D 上の**広義正規族**と呼ぶ．ここで，$\{f_n\}$ が ∞ に局所一様収束するとは，D 内の任意の有界集合 E に対し，$\lim_{n \to \infty} \|1/f_n\|_E = 0$ が成り立つことを意味する． □

命題 5.22 $\mathcal{F}$ を領域 D 上の正則関数族とする．D の各点 a に対し，$\mathcal{F}$ が a のある連結開近傍 U_a 上の広義正規族ならば，$\mathcal{F}$ は D 上の広義正規族である．

[証明] 領域 D を，命題 5.22 で述べた性質をもつ可付番個の領域 U_{a_ν} ($\nu = 1, 2, \cdots$) で覆う．任意の関数列 $\{f_n\} \subset \mathcal{F}$ を考える．いわゆる対角線論法を使って適当な部分列と置き換えれば，各 U_{a_ν} 上で，ある正則関数，または定数 ∞ に局所一様収束する．そこで，$\{f_n|U_{a_\nu}\}$ がある正則関数に収束するような U_{a_ν} 全体の和集合を O_1 とし，∞ に収束するような U_{a_ν} 全体の和集合を O_2 とする．これらは共に開集合であり，$D = O_1 \cup O_2$ および $O_1 \cap O_2 = \varnothing$ を満たす．D の連結性から，$D = O_1$ または $D = O_2$．これより，$\mathcal{F}$ が D 上の広義正規族であることがわかる．∎

領域 D 上の各有理型関数 f に対し，実数値関数

$$f^\#(z) = \frac{|f'(z)|}{1 + |f(z)|^2}$$

を考える．

問 2 正則関数 f および $\alpha \in \mathbb{C}, \theta \in \mathbb{R}$ に対し，$h = e^{i\theta}(1 + \overline{\alpha} f)/(f - \alpha)$ とおくとき，$h^\# = f^\#$，特に $f^\# = (1/f)^\#$ が成り立つことを示せ．

定理 5.23 領域 D 上の正則関数族 $\mathcal{F}$ が広義正規族である必要かつ十分な条件は，D の任意の有界閉部分集合 K に対し，
$$\sup\{f^{\#}(z);\ z\in K, f\in\mathcal{F}\}<+\infty$$

[証明] 広義正規族 $\mathcal{F}$ が定理 5.23 の条件を満たさないとすると，D 内の有界閉集合に含まれるある点列 $\{z_n\}$ および $\mathcal{F}$ 内の関数列 $\{f_n\}$ が，$\lim_{n\to\infty}f_n^{\#}(z_n)=+\infty$ を満たす．必要なら部分列でおきかえて，$\lim_{n\to\infty}z_n=z_0$ および $\lim_{n\to\infty}f_n(z_n)=\alpha\in\overline{\mathbb{C}}$ が存在するとしてよい．さらに，$\{f_n\}$ が D 上で，ある正則関数 f または定数 ∞ に局所一様収束するとしてよい．前者の場合，$\alpha\neq\infty$ であり，f_n' は f' に局所一様収束するゆえ，$\lim_{n\to\infty}f_n^{\#}(z_n)=f^{\#}(z_0)\neq+\infty$ が得られ，$\{z_n\}$ のとり方に反する．後者の場合，$\{g_n=1/f_n;\ n=1,2,\cdots\}$ が定数関数 0 に局所一様収束する．このときも，$\lim_{n\to\infty}f_n^{\#}(z_n)=\lim_{n\to\infty}g_n^{\#}(z_n)=0\neq+\infty$ が得られる．

逆に，定理 5.23 の条件が成り立つと仮定する．各点 $a\in D$ に対し，a を内部に含む D の有界閉部分集合 K をとると，$C=\sup\{f^{\#}(z);\ z\in K, f\in\mathcal{F}\}<+\infty$ である．$C\delta<\pi/12$ および $U_a=\Delta_\delta(a)\subseteq K$ を満たす正数 δ をとる．各点 $z=a+re^{i\theta}\in U_a$ に対し，$|(d/dt)\tan^{-1}|f(a+te^{i\theta})||\leq f^{\#}(a+te^{i\theta})$ より，
$$|\tan^{-1}|f(z)|-\tan^{-1}|f(a)||\leq\int_0^r f^{\#}(a+te^{i\theta})dt\leq Cr<\frac{\pi}{12}$$
$|f(a)|\leq 1$ のとき，$\tan^{-1}|f(a)|\leq\pi/4$ ゆえ，U_a 上で，$\tan^{-1}|f(z)|\leq\pi/3$．従って，$|f(z)|\leq\sqrt{3}$ である．また，$|f(a)|>1$ のときは，U_a 上で，$\tan^{-1}|f(z)|\geq\pi/6$ となり，$|f(z)|>1/\sqrt{3}$ が言える．$\mathcal{F}$ 内の任意の関数列 $\{f_n\}$ に対し，$|f_n(a)|\leq 1$ となる n が無限個あれば，それらの n に対し，$f_n(z)$ は，U_a 上で一様有界となって，局所一様収束する部分列をもつ．また，$|f_n(a)|\leq 1$ となる n が有限個ならば，$\{1/f_n\}$ が，ある部分列におきかえると，U_a 上である正則関数 g に局所一様収束する．この場合，$1/f_n$ が零点をもたないことから，g は，定理 3.20 により，零点をもたないか恒等的に 0 かのいずれかである．これより，f_n は U_a 上である正則関数かまたは定数 ∞ に局所一様収束する．以上の結果として，$\mathcal{F}$ は U_a 上で広義正規族である．命題 5.22 により，$\mathcal{F}$ は D 全体で広義正規族である． ∎

定理 5.24 $\mathcal{F}$ を，単位円板 Δ 上の正則関数族とする．$\mathcal{F}$ が広義正規族でなければ，次の条件を満たす点列 $\{z_n\}$，正数列 $\{\rho_n\}$，$\mathcal{F}$ に含まれる関数列 $\{f_n\}$ および $\mathbb{C}$ 上の非定数正則関数 g が存在する：

(ⅰ) ある正数 $r<1$ に対し $|z_n| \leqq r$ $(n=1,2,\cdots)$

(ⅱ) $\lim_{n\to\infty} \rho_n = 0$

(ⅲ) 任意の正数 R に対し，正則関数 $g_n(\zeta)=f_n(z_n+\rho_n\zeta)$ は，有限個の n を除いて Δ_R で定義され，この上で g に一様収束する．

［証明］ 定理 5.23 により，ある正数 $r_0<1$ をとれば，$\overline{\Delta_{r_0}}$ 内の点列 $\{z_n^*\}$ および $\mathcal{F}$ に含まれる関数列 $\{f_n\}$ に対し，$\lim_{n\to\infty} f_n^\#(z_n^*) = +\infty$ が成り立つ．$r_0 < r < 1$ を満たす r を任意に固定し，

$$C_n = \max_{|z|\leqq r}\left(1 - \frac{|z|^2}{r^2}\right)f_n^\#(z) = \left(1 - \frac{|z_n|^2}{r^2}\right)f_n^\#(z_n)$$

が成り立つように $z_n \in \overline{\Delta_r}$ $(n=1,2,\cdots)$ を選ぶ．このとき，

$$C_n \geqq \left(1 - \frac{|z_n^*|^2}{r^2}\right)f_n^\#(z_n^*) \geqq \left(1 - \frac{r_0^2}{r^2}\right)f_n^\#(z_n^*)$$

より $\lim_{n\to\infty} C_n = \infty$．$\rho_n = 1/f_n^\#(z_n)$，$R_n = (r-|z_n|)/\rho_n$ とおくと，

$$\rho_n = \frac{1}{C_n}\left(1 - \frac{|z_n|^2}{r^2}\right) \leqq \frac{1}{C_n}, \quad R_n = \frac{r^2 C_n}{r+|z_n|} \geqq \frac{rC_n}{2}$$

が言え，$\lim_{n\to\infty}\rho_n = 0$，$\lim_{n\to\infty}R_n = \infty$ である．これらの f_n, z_n, ρ_n, R_n に対し，関数 $g_n(\zeta) = f_n(z_n + \rho_n\zeta)$ は，Δ_{R_n} 上の正則関数であり，

(5.9) $\qquad\qquad g_n^\#(0) = \rho_n f_n^\#(z_n) = 1$

を満たす．正数 R を任意に与えると，$R < R_n$ を満たす n に対し，$g_n(\zeta)$ は Δ_R 上で定義され，この上で，

$$g_n^\#(\zeta) = \rho_n f_n^\#(z_n + \rho_n\zeta) \leqq \frac{\rho_n C_n}{1 - |z_n + \rho_n\zeta|^2/r^2} = \frac{r^2 - |z_n|^2}{r^2 - |z_n + \rho_n\zeta|^2}$$

$$\leqq \frac{r+|z_n|}{r+|z_n|+\rho_n R}\frac{r-|z_n|}{r-|z_n|-\rho_n R} \leqq \frac{r-|z_n|}{r-|z_n|-\rho_n R} = \frac{R_n}{R_n - R}$$

が成り立ち，この最右辺は，$n\to\infty$ に対し 1 に収束する．定理 5.23 および (5.9) により，必要なら部分列とおきかえて，$\{g_n\}$ は，Δ_R 上で，ある正則

関数に収束するとしてよい．さらに，$\lim_{\nu\to\infty} R_\nu = \infty$ を満たす R_ν をとり，各 Δ_{R_ν} 上で上の結果を適用し，対角線論法を用いれば，$\{g_n\}$ は，$\mathbb{C}$ 全体で，ある正則関数 g に収束するとしてよい．ここで，$g^\#(0) = \lim_{n\to\infty}|g_n^\#(0)| = 1 (\neq 0)$ に注意すれば，g は定数ではありえない．これより定理 5.24 が成り立つ．∎

定理 5.24 を使うことによって，次のように定理 4.31 の精密化を証明することができる．

定理 5.25 任意の相異なる値 $\alpha, \beta \in \mathbb{C}$ および領域 $D \subseteq \mathbb{C}$ に対し，
$$\mathcal{F}(D; \alpha, \beta) = \{f : f \text{ は } D \text{ 上の正則関数で, } f(z) \neq \alpha, \beta \ (z \in D)\}$$
は，D 上の広義正規族である．

[証明] 命題 5.22 に注意すれば，D が開円板の場合に示せばよい．さらに，$D = \Delta$ としてよい．$\mathcal{F}(\Delta; \alpha, \beta)$ が広義正規族でないとすると，定理 5.24 により，値 α, β を除外するような関数の極限である $\mathbb{C}$ 上の非定数正則関数 g が存在する．定理 3.20 から g も値 α, β を除外する．ところが，定理 5.15 により，このようなことは起こり得ない．従って，$\mathcal{F}(\Delta; \alpha, \beta)$ は，広義正規族である．∎

ここで，孤立真性特異点についての Picard の定理を与える．

定理 5.26 (Picard の大定理) $\Delta_R^0 = \{z;\ 0 < |z| < R\}$ 上の有理型関数 f が原点で真性特異点をもつとき，$f^{-1}(\alpha)$ が有限集合となるような値 $\alpha \in \overline{\mathbb{C}}$ は，たかだか 2 個しかない．

[証明] Δ_R^0 上の有理型関数 f で，3 つの値 $\alpha_1, \alpha_2, \alpha_3$ に対し，$f^{-1}(\alpha_j)$ $(j=1,2,3)$ が有限集合であり，かつ原点で真性特異点を持つものが存在すると仮定して矛盾を導こう．必要なら R を取り替え，$f^{-1}(\alpha_j) = \emptyset$ $(j=1,2,3)$ と仮定してよい．また，$\alpha_3 = \infty$ としてよい．定理 3.7 により，$\lim_{n\to\infty} z_n = 0$ であり，$\{f(z_n)\}$ が 1 点 $\gamma \in \mathbb{C}$ に収束するような Δ_R^0 内の点列 $\{z_n;\ n=1,2,\cdots\}$ が存在する．各 $n = 1, 2, \cdots$ に対し，$1/2^{k_n} \geq |z_n| > 1/2^{k_n+1}$ を満たす整数 k_n をとる．ここで，適当な部分列と置き換えれば，$k_1 < k_2 < \cdots$ と仮定してよい．$f_n(\zeta) = f(\zeta/2^{k_n-1})$ とおく．仮定から，$f_n \in \mathcal{F}(\Delta;\alpha_1,\alpha_2)$ であり，$\{f_n;\ n=1,2,\cdots\}$ は広義正規族である．一方，$K = \{\zeta;\ 1/4 \leq |\zeta| \leq 1/2\}$ 内の数列 $\zeta_n = 2^{k_n-1}z_n$ に対し，$f_n(\zeta_n)(=f(z_n))$ が有界であることから，∞ に収束する部分

列をもたないため，正規族である．従って，ある正数 C に対し，$|f_n(\zeta)| \leqq C$ ($\zeta \in K$) が成り立つ．特に，$|z| = |z_n|$ を満たす任意の z に対し，$\zeta = 2^{k_n-1}z (\in K)$ とおくと，$|f(z)| = |f_n(\zeta)| \leqq C$ が成り立つ．このとき，最大絶対値の原理により，すべての n に対し集合 $\{z;\ |z_{n+1}| \leqq |z| \leqq |z_n|\}$ 上で，$|f(z)| \leqq C$. これは，f が集合 $\{z;\ 0 < |z| \leqq |z_1|\}$ 上で有界であることを示している．定理 2.47 により，f は原点で除去可能な特異点を持ち，仮定に反する．よって，定理 5.26 を得る．∎

§5.3 有理型関数の値分布

(a) Nevanlinna の第 1 主定理

複素平面 $\mathbb{C}$ 上の整数値関数 ν に対し，$\{z;\ \nu(z) \neq 0\}$ が $\mathbb{C}$ 内に集積点をもたないとき，ν を $\mathbb{C}$ 上の**因子**(divisor) と呼ぶ．因子 ν に対する**個数関数** (counting function) を

$$N(r;\nu) = \int_0^r \left(\sum_{0 < |a| \leqq t} \nu(a)\right) \frac{dt}{t} + \nu(0) \log r$$

によって定義する．ここで，$\sum_{0<|a|\leqq t} \nu(a)$ は，$0 < |a| \leqq t$, $\nu(a) \neq 0$ を満たす $\nu(a)$ の総和を意味する．

本書では，記述が複雑になることをさけて，以下において，$\nu(0) = 0$ を満たす因子のみを扱うことにする．

容易に分かるように，任意の因子 ν_1, ν_2 および整数 c, d に対し，次が成り立つ．

(5.10) $\qquad N(r; c\nu_1 + d\nu_2) = cN(r;\nu_1) + dN(r;\nu_2)$

命題 5.27 $N(r;\nu) = \sum_{a \in \mathbb{C}} \nu(a) \log^+ \dfrac{r}{|a|}$. ここで，$\log^+ x = \max(\log x, 0)$

[証明] 任意の $a \in \mathbb{C}$ に対し，

$$\nu^a(z) = \begin{cases} 1 & z = a \\ 0 & z \neq a \end{cases}$$

により，因子 ν^a を定義する．正数 r に対し，$\{z;\ \nu(z)\neq 0, |z|\leqq r\} = \{a_1,\cdots, a_k\}$ とすると，$\{z;\ |z|\leqq r\}$ 上で，
$$\nu(z) = \nu(a_1)\nu^{a_1}(z) + \cdots + \nu(a_k)\nu^{a_k}(z)$$
が成り立つ．従って，
$$N(r;\nu) = \sum_{\ell=1}^k \nu(a_\ell)N(r;\nu^{a_\ell}) = \sum_{\ell=1}^k \nu(a_\ell)\int_{|a_\ell|}^r \frac{dt}{t} = \sum_{a\in\mathbb{C}} \nu(a)\log^+\frac{r}{|a|} \quad\blacksquare$$

以下では，領域 D から離散集合 E を除いたところで定義された C^∞ 関数 $u (\not\equiv 0)$ で，各点 $a\in E$ に対し，整数 $m, \ell_1,\cdots,\ell_q$，正値 C^∞ 関数 $v_0, v_1,\cdots, v_q$，非負実数 $n_1,\cdots, n_q$ を適当に選び，$z = a$ の近くで

(5.11) $\quad |u(z)| = |z-a|^m v_0(z) \prod_{j=1}^q \left|\dfrac{1}{\log^{n_j}(|z-a|^{\ell_j} v_j(z))}\right|$

の形に表せるような関数を扱うことが多い．このような関数 u を，便宜上，D 上の**許容関数**と呼ぶことにする．

許容関数 u に対し，整数 m は，表示 (5.11) の仕方によらず u と a によって決まる．$a\in E$ に対しては $\nu_u(a) = m$，E 以外では $\nu_u = 0$ によって定義した因子 ν_u を，u の**因子**と呼ぶことにする．例えば，領域 D 上の有理型関数 $f (\not\equiv 0)$ に対し，f は許容関数であり，$\nu_f(a)$ は，f の a での位数を表す．

定理 5.28 $u(0) (= \lim_{z\to 0} u(z)) \neq 0, +\infty$ を満たす $\mathbb{C}$ 上の許容関数 u に対し，次が成り立つ．
$$\int_0^r \frac{dt}{t}\frac{1}{2\pi}\int_{|z|\leqq t}\Delta\log u\, dxdy + N(r;\nu_u)$$
$$= \frac{1}{2\pi}\int_0^{2\pi}\log u(re^{i\theta})d\theta - \log u(0)$$

[証明] 任意の正数 r に対し，$u(z)$ は，点 a_j，正値 C^∞ 関数 v_0, v_{ji}，整数 m_j, ℓ_{ji}，非負実数 n_{ji} ($1\leqq i\leqq \ell_j, 1\leqq j\leqq k$) を適当にとり，$\overline{\Delta_r}$ の近傍で，

(5.12) $\quad u(z) = v_0(z)\prod_{j=1}^k |z-a_j|^{m_j}\prod_{i=1}^{q_j}\left|\dfrac{1}{\log^{n_{ji}}(|z-a_j|^{\ell_{ji}}v_{ji}(z))}\right|$

と表示することができる．求めるべき式の各項は，関数 u がいくつかの関数の積であるとき，それぞれに対する式の和で与えられる．従って，(5.12) の

右辺に現れる3つの形の関数について示せば十分である.

(ⅰ) u が正値 C^∞ 関数の場合に, $w = \log u$ とおく. 定理 2.29 により,

$$\frac{1}{2\pi} \iint_{|z| \leq t} \Delta w \, dx dy$$

$$= \frac{2}{\pi} \iint_{|z| \leq t} \frac{\partial}{\partial \bar{z}} \left(\frac{\partial w}{\partial z} \right) dx dy = \frac{1}{\pi i} \int_{|z|=t} \frac{\partial w}{\partial z} dz$$

$$= \frac{1}{2\pi i} \int_{|z|=t} \frac{\partial w}{\partial x} dx + \frac{\partial w}{\partial y} dy + \frac{1}{2\pi} \int_{|z|=t} \frac{\partial w}{\partial x} dy - \frac{\partial w}{\partial y} dx$$

$$= \frac{1}{2\pi i} \int_0^{2\pi} \frac{\partial w}{\partial \theta} (t\cos\theta, t\sin\theta) d\theta + \frac{1}{2\pi} \int_0^{2\pi} \frac{\partial w}{\partial r} t d\theta$$

$$= \frac{t}{2\pi} \frac{\partial}{\partial r} \int_0^{2\pi} w d\theta$$

従って,

$$\int_0^r \frac{dt}{t} \frac{1}{2\pi} \iint_{|z| \leq t} \Delta \log u \, dx dy = \frac{1}{2\pi} \int_0^{2\pi} \log u(re^{i\theta}) d\theta - \log u(0)$$

(ⅱ) 次に $u(z) = |z-a|$ $(0 < |a| \leq r)$ の場合をみる. この場合は, $N(r; \nu_u) = \log^+(r/|a|)$ および $\Delta \log u = 0$ である. 一方,

$$\frac{1}{2\pi} \int_0^{2\pi} \log|re^{i\theta} - a| d\theta = \log^+ \frac{r}{|a|} + \log|a|$$

が成り立つゆえ, 求める式を得る.

(ⅲ) 正値 C^∞ 関数 $v(z)$ によって $u(z) = 1/(\log(|z-a|^\ell v(z)))$ と書ける場合,

(5.13) $$\int_0^{2\pi} \log u(re^{i\theta}) d\theta, \quad \iint_{|z| \leq r} \Delta \log u(x+iy) dx dy$$

が, 共に r の連続関数であることに注意すれば, この場合も,

(5.14) $$\frac{1}{2\pi} \iint_{|z| \leq t} \Delta \log u \, dx dy = \frac{t}{2\pi} \frac{\partial}{\partial r} \int_0^{2\pi} \log u \, d\theta$$

が成り立つ. これより, (ⅰ)の場合と同様のやり方で求める式を得る. ∎

問 3 $\dfrac{1}{2\pi}\displaystyle\int_0^{2\pi}\log|re^{i\theta}-a|d\theta=\log^+\dfrac{r}{|a|}+\log|a|$ を示せ.

問 4 上記の証明の(iii)で述べた関数 u に対し，(5.13)の各積分が存在し，r の連続関数であることを示し，(5.14)を導け．

$f(\not\equiv 0)$ を原点で極をもたない $\mathbb{C}$ 上の有理型関数とする．値 $\alpha\in\overline{\mathbb{C}}$ に対し，$\nu_f^\alpha(z)$ を，$\alpha=\infty$ のときは，f の z での極の位数，$\alpha\neq\infty$ のときは，$f-\alpha$ の z での零点の位数とおくことによって，因子 ν_f^α を定義する．$\nu_f^\alpha(0)=0$ と仮定し，
$$N_f(r,\alpha)=N(r;\nu_f^\alpha), \quad \overline{N}_f(r,\alpha)=N(r;\min(\nu_f^\alpha,1))$$
とおく．

命題 5.29 (Jensen の公式)　$f(0)\neq\alpha$ を満たす $\alpha\in\mathbb{C}$ に対し，
$$N_f(r,\alpha)-N_f(r,\infty)=\dfrac{1}{2\pi}\int_0^{2\pi}\log|f(re^{i\theta})-\alpha|d\theta-\log|f(0)-\alpha|$$

[証明]　$\Delta\log|f-\alpha|\equiv 0$ および $\nu_{|f-\alpha|}=\nu_f^\alpha-\nu_f^\infty$ に注意すれば，定理 5.28 より明らかである． ∎

定義 5.30　$\mathbb{C}$ 上の有理型関数 f に対し，
$$T_f(r)=\int_0^r\dfrac{dt}{t}\dfrac{1}{\pi}\int_{|z|\leq t}\dfrac{|f'(z)|^2}{(1+|f(z)|^2)^2}dxdy$$
を，f の**特性関数**(characteristic function) または**位数関数**(order function) という． □

問 5 定数でない f に対し，$\displaystyle\lim_{r\to\infty}T_f(r)=+\infty$ を示せ．

命題 5.31　$\mathbb{C}$ 上の有理型関数 f に対し，共通零点のない整関数 f_0,f_1 により $f=f_0/f_1$ と表し，$\|f\|=(|f_0|^2+|f_1|^2)^{1/2}$ とおくとき，
$$T_f(r)=\dfrac{1}{2\pi}\int_0^{2\pi}\log\|f(re^{i\theta})\|d\theta-\log\|f(0)\|$$

[証明]　$\Delta\log|f_1|^2\equiv 0$ に注意すれば，(5.7)により，

$$\Delta \log(|f_0(z)|^2+|f_1(z)|^2) = \Delta \log(1+|f(z)|^2) = \frac{4|f'(z)|^2}{(1+|f(z)|^2)^2}$$

従って,定理 5.28 で $u(z) = \|f\|$ とおけば,求める式が得られる. ∎

$f(0) \neq \alpha (\in \overline{\mathbb{C}})$ の仮定のもとに, f の α に対する**接近関数**(proximity function)を

$$m_f(r;\alpha) = \frac{1}{2\pi}\int_0^{2\pi} \log\frac{1}{|f(re^{i\theta}),\alpha|}d\theta - \log\frac{1}{|f(0),\alpha|}$$

によって定義する.次の定理は,Nevanlinna の第 1 主定理と呼ばれている.

定理 5.32 (Nevanlinna の第 1 主定理) $f(0) \neq \alpha$ を満たす任意の $\alpha \in \overline{\mathbb{C}}$ に対し,

$$T_f(r) = N_f(r,\alpha) + m_f(r;\alpha)$$

[証明] $|a_0|^2+|a_1|^2=1$ を満たす a_0, a_1 および共通零点をもたない整関数 f_0, f_1 をとり, $\alpha = a_0/a_1$, $f = f_0/f_1$ と表示する.等式 $\nu_{|f-\alpha|} = \nu_{|a_1 f_0 - a_0 f_1|}$ および $1/|f,\alpha| = (|f_0|^2+|f_1|^2)^{1/2}/|a_1 f_0 - a_0 f_1|$ から,命題 5.31 の結果として,

$$\begin{aligned}T_f(r) &= \frac{1}{2\pi}\int_0^{2\pi}\log\|f(re^{i\theta})\|d\theta - \log\|f(0)\| \\ &= \frac{1}{2\pi}\int_0^{2\pi}\log\frac{1}{|f,\alpha|}d\theta - \log\frac{1}{|f(0),\alpha|} \\ &\quad + \frac{1}{2\pi}\int_0^{2\pi}\log|a_1 f_0 - a_0 f_1|d\theta - \log|a_1 f_0(0) - a_0 f_1(0)| \\ &= m_f(r;\alpha) + N_f(r,\alpha)\end{aligned}$$

を得る. ∎

(b) Nevanlinna の第 2 主定理

Nevanlinna の第 2 主定理を与えるために,まず次の Borel の補題を与える.

補題 5.33 (Borel の補題) $u(r)$ を区間 $[0,+\infty)$ 上の C^1 級の単調増加な正値関数とするとき,任意の正数 ε に対し,$\int_{E_\varepsilon}(1/t)dt < +\infty$ を満たす集合 E_ε を適当に選べば,

$$\frac{du(r)}{dr} \leq \frac{1}{r}u(r)^{1+\varepsilon} \quad (r \notin E_\varepsilon)$$

[証明] $E_\varepsilon = \{r \in [0, +\infty); u'(r) > (1/r)u(r)^{1+\varepsilon}\}$ とおくと,

$$\int_{E_\varepsilon} \frac{dr}{r} \leq \int_{E_\varepsilon} \frac{u'(r)}{u(r)^{1+\varepsilon}} dr \leq \int_0^\infty \frac{u'(r)}{u(r)^{1+\varepsilon}} dr \leq \int_0^\infty \frac{dt}{t^{1+\varepsilon}} < +\infty$$

が成り立ち, この E_ε が求める条件を満たす. ∎

h を $\mathbb{C}$ 上の非負値局所可積, すなわち, 任意の有界閉集合上で積分可能な関数とし,

$$T^h(r) = \frac{1}{2\pi} \int_0^r \frac{dt}{t} \int_{x^2+y^2 \leq t^2} h(x+iy) dx dy$$

とおく.

命題 5.34 $\int_E (1/t) dt < +\infty$ を満たす集合 $E(\subset [0, +\infty))$ および正定数 C_1, C_2 を適当に選べば,

$$\int_0^{2\pi} \log h(re^{i\theta}) d\theta \leq C_1 \log T^h(r) + C_2 \quad (r \notin E)$$

[証明] $T^h(r)$ の定義により,

$$\frac{dT^h(r)}{d\log r} = r\frac{d}{dr} \int_0^r \left(\frac{1}{2\pi} \int_0^t \int_0^{2\pi} h(\rho e^{i\theta}) \rho d\theta d\rho\right) \frac{dt}{t}$$

$$= \frac{1}{2\pi} \int_0^r \rho d\rho \int_0^{2\pi} h(\rho e^{i\theta}) d\theta \geq 0$$

が成り立つゆえ, $T^h(r)$ は, $\log r$ の, 従って r の単調増加関数である. さらに,

(5.15) $\quad \dfrac{1}{r^2} \dfrac{d^2 T^h(r)}{(d\log r)^2} = \dfrac{1}{r}\dfrac{d}{dr}\left(\dfrac{dT^h(r)}{d\log r}\right) = \dfrac{1}{2\pi}\int_0^{2\pi} h(re^{i\theta}) d\theta$

が成り立つ. 一方, 補題 5.33 より, 任意の正数 ε に対し, $\int_{E_j} (1/t) dt < +\infty$ を満たす集合 E_j ($j=1,2$) を適当に選べば,

$$\frac{dT^h(r)}{d\log r} \leq T^h(r)^{1+\varepsilon} \quad (r \notin E_1)$$

$$\frac{d^2 T^h(r)}{(d\log r)^2} \leqq \left(\frac{dT^h(r)}{d\log r}\right)^{1+\varepsilon} \quad (r \notin E_2)$$

が成り立つ．集合 $E = E_1 \cup E_2$ とおくと，$\int_E (1/t)dt < +\infty$ であり，対数関数の凹性から導かれる不等式

(5.16) $$\frac{1}{2\pi}\int_0^{2\pi} \log h(re^{i\theta})d\theta \leqq \log \frac{1}{2\pi}\int_0^{2\pi} h(re^{i\theta})d\theta$$

および(5.15)により，

$$\frac{1}{2\pi}\int_0^{2\pi} \log h(re^{i\theta})d\theta \leqq \log \frac{d^2 T^h(r)}{(d\log r)^2}$$

$$\leqq \log\left(\frac{dT^h(r)}{d\log r}\right)^{1+\varepsilon}$$

$$\leqq \log T^h(r)^{(1+\varepsilon)^2} \quad (r \notin E)$$

が言える．これより，求める不等式が成り立つ． ∎

問 6 非負実数値局所可積な関数 h に対し，(5.16)を示せ．

Nevanlinna の第 2 主定理は次の形で与えられる．

定理 5.35（Nevanlinna の第 2 主定理） f を定数でない $\mathbb{C}$ 上の有理型関数とし，$\alpha_1, \cdots, \alpha_q \ (q > 2)$ を $f(0)$ と異なる $\overline{\mathbb{C}}$ の元とする．このとき，任意の正数 $\varepsilon \ (< q-2)$ に対し，$\int_{E_\varepsilon} dt/t < +\infty$ を満たす集合 E_ε を適当にとれば，

$$(q-2-\varepsilon)T_f(r) \leqq \sum_{j=1}^q \overline{N}_f(r, \alpha_j) + O(1) \quad (t \notin E_\varepsilon)$$

［証明］ 共通零点をもたない整関数 f_0, f_1 によって $f = f_0/f_1$ と表し，$\alpha_j = a_{j0}/a_{j1}$，$|a_{j0}|^2 + |a_{j1}|^2 = 1 \ (1 \leqq j \leqq q)$ を満たす a_{j0}, a_{j1} および命題 5.18 の結論が成り立つような定数 a_0, C_1 をとり，

$$h = \frac{(|f_0|^2 + |f_1|^2)^{\varepsilon/2}}{\prod_{j=1}^q \log(a_0/|f, \alpha_j|^2)}$$

とおく．このとき，関数 $h^* = (\Delta \log h)^{1/2}$ に対し，

$$h^{*2} \geqq C_1^2 \frac{|f'|^2}{(1+|f|^2)^2} \prod_{j=1}^{q} \frac{1}{|f,\alpha_j|^2 \log^2 \frac{a_0}{|f,\alpha_j|^2}}$$

$$= C_1^2 \frac{|f_0 f_1' - f_1 f_0'|^2 (|f_0|^2 + |f_1|^2)^{q-2}}{\prod_{j=1}^{q} |a_{j1}f_0 - a_{j0}f_1|^2 \log^2 \frac{a_0}{|f,\alpha_j|^2}}$$

$$= C_1^2 \frac{|f_0 f_1' - f_1 f_0'|^2 \|f\|^{2(q-2-\varepsilon)}}{\prod_{j=1}^{q} |a_{j1}f_0 - a_{j0}f_1|^2} h^2$$

ここで，許容関数 h および局所可積な関数 h^* に命題 5.34 および定理 5.28 を適用すれば，$\int_E (1/t)dt < +\infty$ を満たす集合 E，定数 C_2, C_2', C_2'' で，

$$\frac{1}{2\pi} \int_0^{2\pi} \log h^*(re^{i\theta})d\theta \leqq C_2 \log T^{h^{*2}}(r) + C_2'$$

$$= C_2 \log\left(\frac{1}{2\pi} \int_0^r \frac{dt}{t} \iint_{|z| \leqq t} \Delta \log h \, dx dy\right) + C_2'$$

$$\leqq C_2 \log\left(\frac{1}{2\pi} \int_0^{2\pi} \log h(re^{i\theta})d\theta + C_2''\right) + C_2' \quad (r \notin E)$$

を満たすものがとれる．そこで，$\varphi = (f_0 f_1' - f_1 f_0') / \prod_{j=1}^{q} (a_{j1}f_0 - a_{j0}f_1)$ とおく．$\varphi(a) = \alpha_j$ となる点 a の近くで，$\varphi = (f'/(f-\alpha_j))\widetilde{\varphi}$ $(\widetilde{\varphi}(z) \neq 0)$ と書け，$f'/(f-\alpha_j)$ は，$f-\alpha_j$ の零点および f の極でちょうど 1 位の極をもつ．従って，φ は f が値 $\alpha_1, \cdots, \alpha_q$ をとる点でのみ 1 位の極をもち，命題 5.29 により，

$$-\sum_{j=1}^{q} \overline{N}_f(r, \alpha_j) \leqq \frac{1}{2\pi} \int_0^{2\pi} \log|\varphi(re^{i\theta})|d\theta + O(1)$$

また，$C_1|\varphi|\|f\|^{q-2-\varepsilon} \leqq h^*/h$ が成り立つ．従って，任意の $r \notin E$ に対し，

$$-\sum_{j=1}^{q} \overline{N}_f(r, \alpha_j) + (q-2-\varepsilon)T_f(r)$$

$$\leqq \frac{1}{2\pi} \int_0^{2\pi} \log|\varphi(re^{i\theta})|d\theta + (q-2-\varepsilon)\frac{1}{2\pi} \int_0^{2\pi} \log\|f(re^{i\theta})\|d\theta + O(1)$$

$$\leqq \frac{1}{2\pi} \int_0^{2\pi} \log h^*(re^{i\theta})d\theta - \frac{1}{2\pi} \int_0^{2\pi} \log h(re^{i\theta})d\theta + O(1)$$

$$\leqq C_2 \log\Bigl(\frac{1}{2\pi}\int_0^{2\pi}\log h(re^{i\theta})d\theta\Bigr) - \frac{1}{2\pi}\int_0^{2\pi}\log h(re^{i\theta})d\theta + O(1)$$

が導かれる．一方，$A(r) = \dfrac{1}{2\pi}\displaystyle\int_0^{2\pi}\log h(re^{i\theta})d\theta$ が下に有界であることから，$\log A(r) - A(r)$ が上に有界であり，上記の集合 E に対して求める結果を得る． ∎

定義 5.36 $\mathbb{C}$ 上の非定数有理型関数 f に対し，$f(0)$ と異なる α について，

$$\overline{\delta}_f(\alpha) = \liminf_{r\to\infty}\Bigl(1 - \frac{\overline{N}_f(r,\alpha)}{T_f(r)}\Bigr)$$

を α の**除外指数**(defect)と呼ぶことにする． □

注意 除外指数は，通常，$\delta_f(\alpha) = \liminf_{r\to\infty}(1 - N_f(r,\alpha)/T_f(r))\ (\leqq \overline{\delta}_f(\alpha))$ によって定義される．ここでは，便宜上，上記の定義を採用する．

命題 5.37
(i) $0 \leqq \overline{\delta}_f(\alpha) \leqq 1$．
(ii) $f(z) \neq \alpha\ (z \in \mathbb{C})$ のとき，$\overline{\delta}_f(\alpha) = 1$．
(iii) $f(z) - \alpha$ の零点の位数がつねに m 以上なら，$\overline{\delta}_f(\alpha) \geqq 1 - 1/m$．

[証明] (i) 定義から明らかに $\overline{\delta}_f(\alpha) \leqq 1$ である．一方，Nevanlinna の第 1 主定理により，$\limsup_{r\to\infty}\overline{N}_f(r,\alpha)/T_f(r) \leqq 1$ ゆえ，$\overline{\delta}_f(\alpha) \geqq 0$．
(ii) $f^{-1}(\alpha) = \varnothing$ のとき，$\overline{N}_f(r,\alpha) = 0$ であることから明らかである．
(iii) 仮定と第 1 主定理から得られる不等式

$$\overline{N}_f(r,\alpha) \leqq \frac{1}{m}N_f(r,\alpha) \leqq \frac{1}{m}T_f(r) + O(1)$$

から容易に得られる． ∎

定理 5.38（除外指数関係式） $f(0)$ と異なる任意の $\alpha_1, \cdots, \alpha_q$ に対し，

$$\sum_{j=1}^q \overline{\delta}_f(\alpha_j) \leqq 2$$

[証明] 定理 5.35 により，任意の正数 ε に対し，$\displaystyle\int_E(1/t)dt < +\infty$ を満たす集合 E を除いてすべての r に対し，

$$\sum_{j=1}^{q}\left(1-\frac{\overline{N}_f(r,\alpha_j)}{T_f(r)}\right) = 2+\varepsilon + \frac{(q-2-\varepsilon)T_f(r)-\sum_{j=1}^{q}\overline{N}_f(r,\alpha_j)}{T_f(r)}$$

$$\leqq 2+\varepsilon + \frac{O(1)}{T_f(r)}$$

$\lim_{r\to\infty} T_f(r) = +\infty$ が成り立つことから, $\sum_{j=1}^{q}\overline{\delta}_f(\alpha_j) \leqq 2+\varepsilon$ が得られ, ε の任意性から, 求める関係式を得る. ∎

定数でない $\mathbb{C}$ 上の有理型関数が異なる 3 つの値 $\alpha_1, \alpha_2, \alpha_3$ を除外すると, $\overline{\delta}_f(\alpha_j) = 1\,(j=1,2,3)$ が成り立ち, 定理 5.38 の結果に反する. 従って, このようなことは起こり得ない. これは, Picard の小定理の主張に他ならない. 定理 5.38 は, Picard の小定理をより精密にしたものでる.

§5.4　楕円関数

(a)　周期関数

$\mathbb{C}$ 上の有理型関数 f に対し, $f(z+\omega) = f(z)\,(z\in\mathbb{C})$ を満たすような ω を f の周期(period)と言う. f の周期の全体を P_f で示す.

命題 5.39　任意の $\omega_1, \omega_2 \in P_f$ および整数 m, n に対し,
$$m\omega_1 + n\omega_2 \in P_f$$

[証明]　$\omega \in P_f$ に対し, $f(z-\omega) = f((z-\omega)+\omega) = f(z)$ より, $-\omega \in P_f$ であり, $\omega_1, \omega_2 \in P_f$ に対し, $f(z+\omega_1+\omega_2) = f(z+\omega_1) = f(z)$ より, $\omega_1+\omega_2 \in P_f$ が言える. 任意の整数 m, n に対し, $m\omega_1+n\omega_2$ は, $\pm\omega_1$ および $\pm\omega_2$ を何回かずつ足したものだから, $m\omega_1+n\omega_2 \in P_f$ が成り立つ. ∎

つねに $0 \in P_f$ であり, f が定数関数であることと $P_f = \mathbb{C}$ は同値である. f が定数でなく, $P_f \neq \{0\}$ のとき, f を**周期関数**(periodic function)という.

定理 5.40　周期関数 f に対し, 次のいずれか一方が成り立つ.
(i)　ある 0 でない ω_0 に対し,
$$P_f = \{n\omega_0;\ n \in \mathbb{Z}\}$$

(ii) $\omega_0/\omega_1 \notin \mathbb{R}$ を満たす $\omega_0, \omega_1 (\neq 0)$ に対し,
$$P_f = \{m\omega_0 + n\omega_1 ; \ m, n \in \mathbb{Z}\}$$

[証明] まず, P_f は集積点を持ち得ないことを示す. もし, P_f が, ある点 ω に収束する点列 $\{\omega_\nu ; \ \nu = 1, 2, \cdots\}$ $(\omega_\nu \neq \omega)$ を含むと, f の極でない z_0 に対し, $z_0 + \omega_\nu \in f^{-1}(f(z_0))$ $(\nu = 1, 2, \cdots)$ であり, $f^{-1}(f(z_0))$ が集積点をもつ. このとき, 一致の定理から f が定数となり仮定に反する.

そこで, $\delta = \inf\{|\omega| ; \ \omega \in P_f - \{0\}\}$ とおく. 下限の定義から, P_f 内の数列 $\{\omega_\nu ; \ \nu = 1, 2, \cdots\}$ で $\varliminf_{\nu \to \infty} |\omega_\nu| = \delta$ となるものが存在するが, P_f が集積点をもたないことから, ある $\omega_0 = \omega_{\nu_0} (\neq 0)$ が $|\omega_0| = \delta$ を満たす. (a) P_f が直線 $\ell = \{r\omega_0 ; \ r \in \mathbb{R}\}$ に含まれる場合と, (b) そうでない場合とに分けて考えよう.

(a) の場合, 任意の $\omega \in P_f$ に対し, $\omega = r\omega_0$ を満たす $r \in \mathbb{R}$ が存在する. r は, 適当な整数 n と $0 \leq s < 1$ を満たす実数 s により, $r = n + s$ と表される. このとき, $\omega = n\omega_0 + s\omega_0$ と書かれ, $\omega, n\omega_0 \in P_f$ から, $s\omega_0 \in P_f$. ところが, $|s\omega_0| < |\omega_0|$ より, $s = 0$ でなければならない. 従って, $\omega \in \{n\omega_0 ; \ n \in \mathbb{Z}\}$. 一方, 命題 5.39 から, 任意の $\omega \in \{n\omega_0 ; \ n \in \mathbb{Z}\}$ は P_f に含まれる. これより, 定理に述べた (i) が成り立つ.

次に, (b) の場合, すなわち, $\tilde{\omega}/\omega_0 \notin \mathbb{R}$ を満たす $\tilde{\omega} \in P_f$ が存在する場合を考える. P_f が集積点をもたないことから, 平行4辺形 $Q = \{x\omega_0 + y\tilde{\omega} ; \ 0 \leq x, y \leq 1\}$ に含まれ, 直線 $\ell = \{r\omega_0 ; \ r \in \mathbb{R}\}$ 上になく ℓ に最も近い点 $\omega_1 \in P_f$ が存在する. このとき, $\tilde{Q} = \{x\omega_0 + y\omega_1 ; \ 0 \leq x, y < 1\}$ 内の P_f の点は 0 のみである. なぜなら, もし, 0 と異なる点 $\omega^* = x_0\omega_0 + y_0\omega_1 \in P_f - \{0\}$ $(0 \leq x_0, y_0 < 1)$ があれば, $\omega^* + n\omega_0 \in Q \cap P_f$ となる整数 n がとれ, ω_1 よりも ℓ に近い Q の点が存在することになり矛盾である (図 5.1). このように選んだ ω_0, ω_1 に対し, $\tilde{P} = \{m\omega_0 + n\omega_1 ; \ m, n \in \mathbb{Z}\}$ とおく. 明らかに $\tilde{P} \subseteq P_f$. そこで, $\omega \in P_f$ を任意にとると, $\omega = x\omega_0 + y\omega_1$ を満たす実数 x, y が存在し, それらは, 整数 m, n および実数 $r, s \in [0, 1)$ により, $x = m + r$, $y = n + s$ と書ける. このとき, $r\omega_0 + s\omega_1 = \omega - (m\omega_0 + n\omega_1) \in P_f \cap \tilde{Q}$ が成り立ち, 上に述べたことから, $r = s = 0$ しか起こり得ない. 従って, $\omega = m\omega_0 + n\omega_1 \in \tilde{Q}$ が言え, 定理で述べた (ii) が結論される. 明らかに, (i) および (ii) が同時に起こ

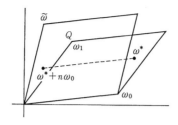

図 5.1

ることはありえない. よって定理 5.40 を得る. ∎

(b) 楕円関数

定義 5.41 定理 5.40 で述べた (i) が成り立つとき, 関数 f を**単周期関数** (simply periodic function) と呼び, (ii) が成り立つとき, **2 重周期関数** (doubly periodic function), または**楕円関数** (elliptic function) と言う. また, (i) が成り立つような ω_0, 並びに (ii) が成り立つような ω_0, ω_1 を f の**基本周期** (fundamental period) と言う. □

単周期関数 f に対し, ω_0 が基本周期なら, $-\omega_0$ も基本周期であり, 基本周期となり得る点は, $\pm\omega_0$ に限る. 楕円関数については次が成り立つ.

定理 5.42 f を楕円関数, ω_0, ω_1 をその基本周期とする. $\omega_0', \omega_1' \in \mathbb{C} - \{0\}$ もまた f の基本周期である必要かつ十分な条件は, $ad - bc = \pm 1$ を満たす整数 a, b, c, d によって,

(5.17) $\qquad \omega_0' = a\omega_0 + b\omega_1, \qquad \omega_1' = c\omega_0 + d\omega_1$

と書けることである.

[証明] $\widetilde{P} = \{m\omega_0' + n\omega_1' ; m, n \in \mathbb{Z}\}$ とおく. 条件 (5.17) が満たされるとき, 任意の整数 m, n に対し, $m\omega_0' + n\omega_1' = (ma + nc)\omega_0 + (mb + nd)\omega_1 \in P_f$ より, $\widetilde{P} \subseteq P_f$ である. また, 条件 $ad - bc = \pm 1$ と (5.17) から,

$$\omega_0 = \pm(d\omega_0' - b\omega_1'), \qquad \omega_1 = \pm(-c\omega_0' + a\omega_1')$$

が得られ, 任意の整数 m', n' に対し, $m'\omega_0 + n'\omega_1 \in \widetilde{P}$ が導かれることから, $\widetilde{P} = P_f$, 従って, ω_0', ω_1' は f の基本周期である.

逆に, ω_0', ω_1' が f の基本周期とすると, (5.17) を満たす整数 a, b, c, d と共

に,
$$\omega_1 = a'\omega_0' + b'\omega_1', \qquad \omega_2 = c'\omega_0' + d'\omega_1'$$
を満たす整数 a', b', c', d' が存在する．(5.17)の式をこれらに代入し, $\omega_0/\omega_1 \notin \mathbb{R}$ に注意して ω_0, ω_1 の係数を比較すれば,
$$\begin{pmatrix} a' & b' \\ c' & d' \end{pmatrix} \begin{pmatrix} a & b \\ c & d \end{pmatrix} = \begin{pmatrix} 1 & 0 \\ 0 & 1 \end{pmatrix}$$
が成り立ち, この両辺の行列式をとれば, $(a'd'-b'c')(ad-bc)=1$ を得る. $ad-bc$ は整数であり, 1の因数であるゆえ, ± 1 に限る. 従って, 定理5.42を得る. ∎

楕円関数 f に対して, $\omega_0/\omega_1 \notin \mathbb{R}$ を満たす f の周期 $\omega_0, \omega_1 (\neq 0)$ および点 α によって与えられる集合 $\{\alpha + x\omega_0 + y\omega_1 ; 0 \leq x, y < 1\}$ を**周期平行4辺形**(period-parallelogram)と呼ぶことにする. 特に, ω_0, ω_1 が基本周期であり, $\alpha = 0$ の場合, f の**基本周期平行4辺形**(fundamental period-parallelogram)と呼ぶ.

楕円関数の極や零点について, 次の諸定理が成り立つ.

定理 5.43 楕円関数は, 少なくとも1つの極をもつ.

[証明] 楕円関数 f に対し, 基本周期平行4辺形 Q を考える. f が極をもたないとき, f の像 $f(\overline{Q})$ は, $\mathbb{C}$ 内の有界集合である. 一方, 任意の点 $z \in \mathbb{C}$ に対し, $z - \omega \in Q$ を満たす $\omega \in P_f$ が存在し, $f(z) = f(z-\omega) \in f(Q) \subseteq f(\overline{Q})$ が言える. 従って, f は, $\mathbb{C}$ 全体で有界な正則関数である. Liouville の定理によれば, f は定数に限る. これは楕円関数の定義に反する. ∎

定理 5.44 楕円関数に対し, その周期4辺形内の極の留数の和は0である.

[証明] 楕円関数 f の周期 ω_0, ω_1 および α により定義される周期平行4辺形 Q に含まれる極の全体を $\{a_0, a_1, \cdots, a_k\}$ とする. ここで, Q を平行移動してもその中に含まれる留数の和は変わらないゆえ, ∂Q が $a_0, a_1, \cdots, a_k$ を含まないとしてよい. $\alpha_0 = \alpha,\ \alpha_1 = \alpha + \omega_0,\ \alpha_2 = \alpha + \omega_0 + \omega_1,\ \alpha_3 = \alpha + \omega_1$ とおけば, 留数定理により,

$$(5.18) \quad 2\pi i \sum_{j=1}^{k} \text{Res}(f, a_j) = \int_{\partial Q} f(\zeta)d\zeta$$

$$= \left(\int_{\overline{\alpha_0\alpha_1}} + \int_{\overline{\alpha_1\alpha_2}} + \int_{\overline{\alpha_2\alpha_3}} + \int_{\overline{\alpha_3\alpha_0}}\right) f(\zeta)d\zeta$$

が成り立つ. 一方, ω_0, ω_1 が f の周期であることから,

$$\int_{\overline{\alpha_2\alpha_3}} f(\zeta)d\zeta = -\int_{\overline{\alpha_0\alpha_1}} f(\zeta+\omega_1)d\zeta = -\int_{\overline{\alpha_0\alpha_1}} f(\zeta)d\zeta$$

$$\int_{\overline{\alpha_3\alpha_0}} f(\zeta)d\zeta = -\int_{\overline{\alpha_1\alpha_2}} f(\zeta-\omega_0)d\zeta = -\int_{\overline{\alpha_1\alpha_2}} f(\zeta)d\zeta$$

が言える. これより, (5.18)の値は 0 である. ∎

定理 5.45 f を基本周期 4 辺形 Q をもつ楕円関数とするとき, 任意の値 $\gamma \in \mathbb{C}$ に対し, Q 内における $f-\gamma$ の零点の位数の和と極の位数の和は等しい.

[証明] 楕円関数 f に対し $f-\gamma$ も楕円関数ゆえ, $\gamma=0$ の場合に示せばよい. 周期平行 4 辺形 Q を平行移動しても, その中にある零点および極の位数の和は変わらないゆえ, Q を適当に平行移動したものとおきかえ, ∂Q 上に f の零点も極も含まないとしてよい. このとき, f の Q 内の零点の位数の和を N, 極の位数の和を M とすると, $N-M$ は f'/f の Q 内での留数の和に等しい. 一方, f'/f は P_f の各元を周期とする周期関数ゆえ, 定理 5.44 により, Q 内での留数の和は 0 である. 従って, $N=M$ を得る. ∎

定義 5.46 楕円関数 f の基本周期 4 辺形内の極の位数の和を楕円関数 f の**位数**という. □

楕円関数の位数は, つねに 2 以上である. なぜなら, 定理 5.43 によって, 位数が 0 ではありえない. また, 位数が 1 とすると, f は, 基本周期 4 辺形内に 1 位の極を 1 個のみもつことになる. このとき, 基本周期 4 辺形内の留数の和は 0 ではありえず, 定理 5.44 に矛盾する.

定理 5.47 f を周期平行 4 辺形 Q をもつ楕円関数とする. 任意の $\gamma \in \mathbb{C}$ に対し, Q 内の $f-\gamma$ の零点を $a_1, a_2, \cdots, a_k$ とし, それらの点での位数を $m_1, m_2, \cdots, m_k$ とする. また, f の Q 内にある極の全体を $b_1, b_2, \cdots, b_\ell$ とし,

それらの点での極の位数を $n_1, n_2, \cdots, n_\ell$ とする．このとき，
$$m_1a_1+m_2a_2+\cdots+m_ka_k-(n_1b_1+n_2b_2+\cdots+n_\ell b_\ell) \in P_f$$

[証明] $f-\gamma$ を改めて f とし，$\gamma=0$ と仮定してよい．また，必要なら Q を平行移動して，∂Q は零点も極も含まないとしてよい．仮定から，f'/f は，P_f の各元を周期とする周期関数である．一方，f'/f は，各 a_i, b_j で1位の極をもち，
$$\operatorname{Res}\left((z-a_i)\frac{f'(z)}{f(z)}, a_i\right) = \operatorname{Res}\left((z-b_j)\frac{f'(z)}{f(z)}, b_j\right) = 0$$
ゆえ，定理4.1の証明の中でみたように，$\operatorname{Res}(zf'(z)/f(z), a_i) = m_i a_i$ および $\operatorname{Res}(zf'(z)/f(z), b_j) = -n_j b_j$ が成り立つ．従って，留数定理により，
$$\sum_{i=1}^{k} m_i a_i - \sum_{j=1}^{\ell} n_j b_j = \frac{1}{2\pi i}\int_{\partial Q}\frac{zf'(z)}{f(z)}dz$$

Q の各頂点を $\alpha_0=\alpha$，$\alpha_1=\alpha+\omega_0$，$\alpha_2=\alpha+\omega_0+\omega_1$，$\alpha_3=\alpha+\omega_1$ とすると，
$$\int_{\overrightarrow{\alpha_2\alpha_3}}\frac{zf'(z)}{f(z)}dz = \int_{\overrightarrow{\alpha_2\alpha_3}}\frac{(z-\omega_1)f'(z)}{f(z)}dz+\omega_1\int_{\overrightarrow{\alpha_2\alpha_3}}\frac{f'(z)}{f(z)}dz$$
$$= -\int_{\overrightarrow{\alpha_0\alpha_1}}\frac{zf'(z)}{f(z)}dz+\omega_1\int_{\overrightarrow{\alpha_2\alpha_3}}\frac{f'(z)}{f(z)}dz$$
$$\int_{\overrightarrow{\alpha_3\alpha_0}}\frac{zf'(z)}{f(z)}dz = \int_{\overrightarrow{\alpha_3\alpha_0}}\frac{(z+\omega_0)f'(z)}{f(z)}dz-\omega_0\int_{\overrightarrow{\alpha_3\alpha_0}}\frac{f'(z)}{f(z)}dz$$
$$= -\int_{\overrightarrow{\alpha_1\alpha_2}}\frac{zf'(z)}{f(z)}dz-\omega_0\int_{\overrightarrow{\alpha_3\alpha_0}}\frac{f'(z)}{f(z)}dz$$

が成り立つ．ここで，
$$m = \frac{1}{2\pi i}\int_{\overrightarrow{\alpha_3\alpha_0}}\frac{f'(z)}{f(z)}dz, \quad n = \frac{1}{2\pi i}\int_{\overrightarrow{\alpha_2\alpha_3}}\frac{f'(z)}{f(z)}dz$$

は，それぞれ閉曲線 $f(\overrightarrow{\alpha_3\alpha_0})$ および $f(\overrightarrow{\alpha_2\alpha_3})$ の原点の周りの回転数であることから共に整数である．従って，
$$\frac{1}{2\pi i}\int_{\partial Q}\frac{zf'(z)}{f(z)}dz = \frac{1}{2\pi i}\left(\int_{\overrightarrow{\alpha_0\alpha_1}}+\int_{\overrightarrow{\alpha_1\alpha_2}}+\int_{\overrightarrow{\alpha_2\alpha_3}}+\int_{\overrightarrow{\alpha_3\alpha_0}}\right)\frac{zf'(z)}{f(z)}dz$$
$$= -m\omega_0+n\omega_1 \in P_f$$

が言え，定理 5.47 が成り立つ． ∎

(c) Weierstrass の $\wp$ 関数

$\omega_0/\omega_1 \notin \mathbb{R}$ を満たす $\omega_0, \omega_1 \in \mathbb{C} - \{0\}$ を任意に与え，
$$P = \{m\omega_0 + n\omega_1;\ m, n \in \mathbb{Z}\}, \quad P^* = P - \{0\}$$
とおく．無限級数で与えられる関数

(5.19) $$\wp(z) = \frac{1}{z^2} + \sum_{\omega \in P^*} \left(\frac{1}{(z-\omega)^2} - \frac{1}{\omega^2} \right)$$

を考える．本節においては，次の定理を示し，関連する事柄を述べる．

定理 5.48 級数(5.19)は，$\mathbb{C} - P$ 上で局所一様収束し，その極限関数 $\wp(z)$ は ω_0, ω_1 を基本周期とする位数 2 の楕円関数である． □

定義 5.49 関数 $\wp(z)$ を Weierstrass の $\wp$ 関数という． □

級数(5.19)の収束性を示すため，まず次を示す．

命題 5.50 $a > 2$ ならば，$\sum_{\omega \in P^*} \dfrac{1}{|\omega|^a}$ は収束する．

[証明] 各 $k = 0, 1, \cdots$ に対し，
$$P_k = \{m\omega_0 + n\omega_1 \in P;\ \max(|m|, |n|) \leq k\}$$
とおく．各 P_k は $(2k+1)^2$ 個の点からなり，$P_k - P_{k-1}$ は，$8k\ (= (2k+1)^2 - (2k-1)^2)$ 個の点を含む．一方，$d = \min\{|\omega|;\ \omega \in P^*\}$ とおけば，任意の $\omega \in P_\ell - P_{\ell-1}$ に対し，$|\omega| \geq d\ell$ が成り立つ．従って，

$$\sum_{\omega \in P_k} \frac{1}{|\omega|^a} = \sum_{\ell=1}^{k} \sum_{\omega \in P_\ell - P_{\ell-1}} \frac{1}{|\omega|^a} \leq \frac{8}{d^a} \sum_{\ell=1}^{k} \frac{1}{\ell^{a-1}}$$

一方，$\sum_{\ell=1}^{\infty} 1/\ell^{a-1} < +\infty$ より，求める結果を得る． ∎

[定理 5.48 の証明] 任意の正数 R に対し，$P^R = \{\omega \in P;\ |\omega| > 2R\}$ とおく．このとき，$P^* - P^R$ は，有限集合であり，

$$f_R(z) = \frac{1}{z^2} + \sum_{\omega \in P^* - P^R} \left(\frac{1}{(z-\omega)^2} - \frac{1}{\omega^2} \right)$$

は有理関数である．一方，$|z| \leq R$，$\omega \in P^R$ に対し，

$$\left|\frac{1}{(z-\omega)^2}-\frac{1}{\omega^2}\right|=\left|\frac{z(2\omega-z)}{\omega^2(z-\omega)^2}\right|\leq\frac{R(2|\omega|+R)}{|\omega|^2(|\omega|-R)^2}\leq\frac{10R}{|\omega|^3}$$

が成り立つゆえ,命題 5.50 により,

$$g_R(z)=\sum_{\omega\in P^R}\left(\frac{1}{(z-\omega)^2}-\frac{1}{\omega^2}\right)$$

は,$\{z;\,|z|\leqq R\}$ 上で一様収束し,$g_R(z)$ は,$\Delta_R=\{z;\,|z|<R\}$ 上で正則である.従って,$\wp\,(=f_R+g_R)$ は,Δ_R 上の有理型関数であり,$R>0$ の任意性から,$\mathbb{C}$ 上の有理型関数である.

$P^*=\{-\omega;\,\omega\in P^*\}$ に注意すれば,級数の形から $\wp(-z)=\wp(z)$ が言える.また,各 $j=0,1$ に対し,$P=\{\omega-\omega_j;\,\omega\in P\}$ より,

$$\wp'(z+\omega_j)=\sum_{\omega\in P}\frac{-2}{(z+\omega_j-\omega)^3}=\sum_{\omega\in P}\frac{-2}{(z-(\omega-\omega_j))^3}=\wp'(z)$$

従って,$C_j=\wp(z+\omega_j)-\wp(z)$ は定数であり,$z=-\omega_j/2$ を代入すると,

$$C_j=\wp\left(\frac{\omega_j}{2}\right)-\wp\left(-\frac{\omega_j}{2}\right)=0$$

ゆえに,ω_0,ω_1 は $\wp(z)$ の周期である.他方,上の証明から分かるように,$\wp(z)$ の極の全体はちょうど P と一致し,各極における位数は2である.従って,周期の全体は P と一致し,$\wp(z)$ は ω_0,ω_1 を基本周期とする位数2の楕円関数である.

定理 5.51 $\omega_2=\omega_0+\omega_1$ とおき,$\wp(\omega_j/2)=e_j\,(j=0,1,2)$ とおくとき,e_0,e_1,e_2 は互いに異なり,次の微分方程式を満たす:

$$\wp'(z)^2=4(\wp(z)-e_0)(\wp(z)-e_1)(\wp(z)-e_2)$$

[証明] $\wp(-z)=\wp(z)$ より $\wp'(-z)=-\wp'(z)$ が成り立つ.各 $j=0,1,2$ に対して,$\wp'(\omega_j/2)=-\wp'(-\omega_j/2)=-\wp'(-\omega_j/2+\omega_j)=-\wp'(\omega_j/2)$ が得られ,$\wp'(\omega_j/2)=0$ が導かれる.従って,$\wp$ が,$\omega_0/2,\omega_1/2,\omega_2/2$ のそれぞれの点で値 e_0,e_1,e_2 をとる重複度は2以上である.一方,$\wp$ は2位の楕円関数ゆえ,$\wp(z)=e_j$ となる基本周期平行4辺形 Q 上の点は,$\omega_j/2$ のみである.これより,e_0,e_1,e_2 のいずれの2つも一致しない.

そこで,関数 $f(z)=(\wp(z)-e_0)(\wp(z)-e_1)(\wp(z)-e_2)$ を考える.容易に分

かるように，f は，6位の楕円関数である．ところで，f の Q 内の零点は，$\omega_0/2, \omega_1/2, \omega_2/2$ の3点で，いずれもその位数は2である．また，Q 内の極は原点のみで，位数は6である．一方，上にみたように，$\wp'^2$ は，$\omega_0/2, \omega_1/2, \omega_2/2$ で位数が2以上の零点をもち，その極は原点のみで，その位数は6である．従って，$g = \wp'^2/f(z)$ の Q 内の極は互いに打ち消しあってなくなり，結局 $\mathbb{C}$ 全体で正則になる．このとき，定理5.43により，g は定数 c となり，$\wp'^2 = cf(z)$ と書ける．そこで，原点の近くにおける Laurent 展開を考える．

$$\wp(z) = \frac{1}{z^2} + \cdots, \quad \wp'(z) = -\frac{2}{z^3} + \cdots$$

より，

$$\wp'(z)^2 = \frac{4}{z^6} + \cdots, \quad f(z) = \frac{1}{z^6} + \cdots$$

が導かれ，両辺を比較して，$c = 4$ を得る．よって，定理5.51が成り立つ．∎

$\omega_0/\omega_1 \notin \mathbb{R}$ を満たす $\omega_0, \omega_1 (\neq 0)$ に対し，

$$P(\omega_0, \omega_1) = \{m\omega_0 + n\omega_1 ; m, n \in \mathbb{Z}\}$$

とおく．$P(\omega_0, \omega_1)$ の各元を周期としてもつ $\mathbb{C}$ 上の有理型関数の全体を $E(\omega_0, \omega_1)$ とおく．明らかに，$E(\omega_0, \omega_1)$ は四則演算に関して閉じており，体である．特に，$\wp, \wp'$，および，それらの有理式は $E(\omega_0, \omega_1)$ の元であるが，次の定理で述べるように，$E(\omega_0, \omega_1)$ のすべての元は，$\wp$ と $\wp'$ の有理式として表される．

定理 5.52 $E(\omega_0, \omega_1)$ の任意の元 f は，適当な有理関数 $R(X), S(X)$ により，

$$f(z) = R(\wp(z)) + \wp'(z) S(\wp(z))$$

と表される．

[証明] $f \in E(\omega_0, \omega_1)$ が定数の場合は明らかゆえ，$f' \neq 0$ とする．

(a) まず，f が偶関数の場合をみる．このとき，f' は奇関数である．周期平行4辺形 $Q = \{x\omega_0 + y\omega_1 ; 0 \leq x, y < 1\}$ 内の f' の極および零点と異なる点 $z_0 \in Q$ をとり，$\gamma = f(z_0)$ とおく．f の位数を n とすると，$f^{-1}(\gamma) \cap Q$ は，

互いに異なる n 個の点 $z_1, z_2, \cdots, z_n$ からなる. ここで, $f(z_i) = f(-z_i)$ ゆえ, ある z_j に対し, $-z_i = z_j + \omega$ と書けるが, $i = j$ ではありえない. なぜなら, $z_i = -z_i + \omega$ を満たす $\omega \in P(\omega_0, \omega_1)$ があれば, 任意の h に対し,
$$f'(z_i + h) = f'(-z_i + h + \omega) = f'(-(z_i - h)) = -f'(z_i - h)$$
$h \to 0$ とすると, $f'(z_i) = -f'(z_i) = 0$ となり, γ のとりかたに反する. 従って, 各 $i = 1, 2, \cdots, n$ に対し, $z_i + z_j \in P(\omega_0, \omega_1)$ となる $j \, (\neq i)$ が 1 つずつある. 結局, n は偶数であり, 番号を適当につけかえれば, $k = n/2$ に対し, $z_{2j-1} + z_{2j} \in P(\omega_0, \omega_1) \, (j = 1, 2, \cdots, k)$ が成り立つ. ここで, $\wp(z) - \wp(z_{2j-1})$ は Q 内に 2 個の零点 z_{2j-1}, z_{2j} をもち, 位数が 2 であることから, これ以外にない. そこで, γ と同じ性質をもつ他の数 γ' をとる. 同様の考察から, $z'_{2j} + z'_{2j-1} \in P(\omega_0, \omega_1) \, (j = 1, 2, \cdots, k)$ を満たす $z'_1, z'_2, \cdots, z'_n$ によって, $f^{-1}(\gamma') \cap Q = \{z'_1, z'_2, \cdots, z'_{2k-1}, z'_{2k}\}$ と書ける.

$$F(z) = \frac{f(z) - \gamma}{f(z) - \gamma'}$$

$$G(z) = \frac{(\wp(z) - \wp(z_1))(\wp(z) - \wp(z_3)) \cdots (\wp(z) - \wp(z_{2k-1}))}{(\wp(z) - \wp(z'_1))(\wp(z) - \wp(z'_3)) \cdots (\wp(z) - \wp(z'_{2k-1}))}$$

とおく. $F(z), G(z)$ の分子分母の零点を比較してみれば分かるように, $F(z)/G(z)$ は Q 内に極をもたない. 従って, 定理 5.43 から, ある 0 でない定数 c によって $(f(z) - \gamma)/(f(z) - \gamma') = cG(z)$ と書かれる. この等式を $f(z)$ についてとけば, f は $\wp$ の有理関数であることがわかる.

(b) 次に, f が奇関数とする. このとき, $f(z)/\wp'(z)$ は, 偶関数である. 上述の結果から, $f(z)/\wp'(z)$ は $\wp(z)$ の有理関数であり, f は $\wp$ の有理関数と $\wp'$ の積として表される.

(c) 一般の場合, $g(z) = (f(z) + f(-z))/2$, $h(z) = (f(z) - f(-z))/2$ とおく. $g, h \in E(\omega_0, \omega_1)$ であり, g は偶関数, h は奇関数である. 上述の結果から, 適当な有理関数 R, S により, $g(z) = R(\wp(z))$, $h(z) = \wp'(z)S(\wp(z))$ と表される. 従って, $f(z) = g(z) + h(z) = R(\wp(z)) + \wp'(z)S(\wp(z))$ が得られ, 定理 5.52 が成り立つ. ∎

《 要 約 》

5.1 整関数は，零点に応じてつくられる Weierstrass 関数をもちいて，無限乗積として因数分解される．

5.2 複素平面上の定数でない有理型関数は，$\overline{\mathbb{C}}$ 内のたかだか 2 個を除いてすべての値をとる．

5.3 複素平面上の定数でない有理型関数に対し，除外指数の和はつねに 2 以下である．

5.4 任意の楕円関数は，Weierstrass の $\wp$ 関数とその導関数の有理関数である．

―――――― 演習問題 ――――――

5.1 次の等式を示せ．
 (i) $\sin z = z \prod_{n=1}^{\infty} \left(1 - \dfrac{z^2}{\pi^2 n^2}\right)$
 (ii) $\cos z = \prod_{n=1}^{\infty} \left(1 - \dfrac{4z^2}{\pi^2(2n-1)^2}\right)$

5.2 f を，§4.5 で与えた母数関数とする．値 $0, 1$ をとらない任意の整関数 g に対し，$f \cdot \tilde{g} = g$ を満たす正則写像 $\tilde{g}: \mathbb{C} \to \Delta$ が存在することを示し，これを利用して，Picard の小定理を証明せよ．

5.3（Schottky の定理） 値 $\alpha \in \mathbb{C}$ および $0 \leq \theta < 1$ を満たす θ を任意に与えるとき，任意の正数 R に対し，$f(0) = \alpha$ を満たし，値 0 および 1 をとらないような Δ_R 上の正則関数 f について，$\sup\{|f(z)|; |z| \leq \theta R\}$ は，α および θ のみによる定数 $S(\alpha, \theta)$ でおさえられることを示せ．

5.4 整関数 f に対し，f が多項式である必要かつ十分な条件は，$\lim_{r \to \infty} \dfrac{T(r, f)}{\log r} < +\infty$ であることを示せ．

5.5 $\mathbb{C}$ 上の有理型関数 $f (\not\equiv 0)$ に対し，$\tilde{m}(r, f) = \dfrac{1}{2\pi} \displaystyle\int_0^{2\pi} \log^+ |f(re^{i\theta})| d\theta$ とおく．次を示せ．
 (i) $m_f(r; \infty) = \tilde{m}(r, f) + O(1)$，従って，$T_f(r) = N_f(r, \infty) + \tilde{m}(r, f) + O(1)$.
 (ii) f, g を，0 でない $\mathbb{C}$ 上の有理型関数とし，$P(X, Y)$ を，X および Y そ

れぞれの変数に関して d_1 次および d_2 次であるような多項式とする.このとき,$T_{P(f,g)}(r) \leqq d_1 T_f(r) + d_2 T_g(r) + O(1)$.

5.6 次を示せ.

(i) f を単位円 Δ 上の定数でない有界正則関数とし,その零点の全体を $\{a_1, a_2, \cdots\}$ とするとき,$\sum_n \nu_f(a_k)(1-|a_k|) < +\infty$.

(ii) Δ 内の点列 $\{a_k\}$ および正の整数列 $\{m_k\}$ が $\sum_n m_k(1-|a_k|) < +\infty$ を満たすとき,a_k で m_k 位の零点をもち,それ以外では 0 でないような Δ 上の非定数有界正則関数が存在する.

5.7 定数でない $\mathbb{C}$ 上の有理型関数 f_1, f_2 に対し,$f_1^{-1}(\alpha_j) = f_2^{-1}(\alpha_j)$ が成り立つような相異なる 5 個の値 α_j $(1 \leqq j \leqq 5)$ が存在すれば,$f_1 \equiv f_2$ であることを示せ.

5.8 整数 $d > 3$ に対し,恒等的に 0 ではない整関数 f, g, h が,$f^d + g^d = h^d$ を満たすとき,$f/h, g/h$ は共に定数関数であることを示せ.

5.9 Weierstrass の $\wp$ 関数について,次を示せ.

(i) $g_2 = 60 \sum_{\omega \in P_\wp} 1/\omega^4$ および $g_3 = 140 \sum_{\omega \in P_\wp} 1/\omega^6$ とおくとき,
$$\wp'(z)^2 = 4\wp(z)^3 - g_2 \wp(z) - g_3$$

(ii) $\wp(u+v) = \dfrac{1}{4}\left(\dfrac{\wp'(u)-\wp'(v)}{\wp(u)-\wp(v)}\right)^2 - \wp(u) - \wp(v)$

現代数学への展望

　本書では，話題を複素平面もしくは全複素平面内の領域の上の正則関数に関するものに限り，20世紀初頭までに完成された古典的理論の解説にとどまったが，複素解析学は，その考察の対象をRiemann面，さらには複素多様体上の正則関数に拡げ，現代なお，多くの研究者が新しい理論の創出に取り組んでおり，それらの成果が多くの関連分野に応用されている．読者の今後の勉学の一助として，本書で取り上げた事項に関連したいくつかの話題を取り上げ，それらの現代数学との関わりを述べることにする．

Riemann 面上の関数論

　正則関数の大域的性質を論じる場合，関数の定義領域を複素平面内に制限せず，より広い空間を考えることによって，見通しのよい理論を構築することが可能になる．本書の第3章で，有理型関数を論じる場合にはRiemann球の導入が有効であることを見た．第4章では，正則関数を可能な限り解析接続して多価な関数を考えるとき，その存在領域として被拡領域を考えた．また，第5章で論じた楕円関数については，複素平面上の関数とみるよりも，基本周期平行4辺形の上下および左右両端の辺を同一視して作ったトーラス上の関数とみた方が理解しやすい．このような複素平面からはみでた領域の考察は，Riemann面の概念を導入することによって統一的に論じることができる．Riemann面は，複素平面内の領域と同相な開集合で覆われ，隣あった部分が双正則写像でつなぎあわされているような曲面として定義されるが，正則関数の大局的性質を考察する際には，その定義域をRiemann面上で考えることにより，より分かりやすい形で理解することができる．その際，Riemann面の位相的性質と複素解析的性質のいずれに由来する性質かを明らかにすることが重要である．

　Riemann面の位相的性質はこれまでに完全に明らかにされているが，複

素解析的構造の全体像を捉えることは，曲面がコンパクトの場合はかなり分かってはいるものの，一般の場合は非常に複雑で，現在も研究中である．この方向での研究においては，本書第4章で与えた Riemann の写像定理の一般化である Koebe の一意化定理が重要である．Koebe の定理によれば，単連結な Riemann 面は，複素平面 $\mathbb{C}$，Riemann 球 $\overline{\mathbb{C}}$，または単位円板 Δ のいずれかに双正則である．任意の Riemann 面 M に対し，普遍被覆面，すなわち，M 上の境界のない単連結な被覆面 $\widetilde{M}$ が存在することが知られており，M に対する考察を $\widetilde{M}$ に移すことができる．その際，$\widetilde{M}$ の解析的自己同型群が重要な働きをする．上述の定理から，$\widetilde{M}$ は $\mathbb{C}, \overline{\mathbb{C}}$ および Δ のいずれかに等しいと考えてよいが，第4章において見たように，その解析的自己同型は，いずれの場合も1次変換で与えられる．このように，1次変換は，簡単な形ではあるが，現在進展中の数学の課題を内包している重要な研究対象である．

多変数関数論

複素 n 変数の関数 $w = f(z_1, z_2, \cdots, z_n)$ が，各変数ごとに正則，すなわち，各 $i = 1, 2, \cdots, n$ に対し，z_i のみの関数として正則であるとき，正則関数と呼ばれるが，1906年に，Hartogs が，この意味で正則なら複素 n 変数の関数として連続であることを示した．このことにより，多変数の積分定理や整級数展開が得られ，本書の第2章で述べた一致の定理や最大絶対値の原理などの諸性質が，ほとんどそのままの形で多変数正則関数に対しても成り立つ．ところが，解析接続に関しては異なる状況が生じる．1変数の場合には，$\mathbb{C}$ 内の任意の領域に対し，より大きいどのような領域にも解析接続できないような正則関数が存在するが，多変数ではこのようなことは言えない．実際，複素 $n (\geqq 2)$ 変数の関数に対しては，球面 $\{(z_1, \cdots, z_n); |z_1|^2 + \cdots + |z_n|^2 = R^2\}$ ($R > 0$) の近傍で正則な関数は，つねに球の内部に解析接続されることが示される．特に，$n (\geqq 2)$ 変数の正則関数には，孤立特異点は存在しない．これは，正則関数の存在領域とはなり得ないような領域が存在することを意味する．ある正則関数の存在領域となるような領域は正則領域と呼ばれていて，正則領域の特徴づけの問題は多変数関数論の大きな課題であったが，わが国の岡潔氏がこの問題についての決定的解答を与えた．ただし，関数に有界性

や境界に近づいたときの増大度などの制限を加えた場合は，未解決な問題が山積しており，現在も多くの研究者が，新たな課題に取り組んでいる．

第3章で Mittag-Leffler の定理を証明し，第5章で因数分解定理を示したが，いずれも各点の近くでの状況を指定して，大局的な関数を構成する問題であり，多変数関数でもこれと似たことが成り立つか否かが，多変数関数論の重要な課題であった．それらは，Cousin I 問題および Cousin II 問題と呼ばれており，これも，岡潔氏により解決された．この問題も，与えるデータに増大度などの条件を付した場合は，多くの未解決な問題があり，今後の課題である．

多変数正則関数の考察においても，対象を $\mathbb{C}^n$ 内の領域の上の関数のみに限定せず，ものごとを，Riemann 面の高次元への拡張である複素多様体上で考えることによって，その本質をより見通しよく理解することができる．またそのことにより，代数幾何学，微分幾何学，さらには，整数論などの関連分野との関わりが明らかになる．今までの数学においては，分野ごとに分かれてそれぞれが固有の研究を進めてきたが，現在，各分野を再編成した新しい数学が生まれつつある．このような流れの中においても，多様体上の複素解析学が重要な役割を担っている．

関連分野への応用

複素解析学は，多くの関連分野に応用されており，現在も研究が続けられているが，その中から，現在話題になっており，かつ筆者が興味をもっているものにしぼって，いくつかの話題を述べることにする．

定数でない有理関数 $w = f(z)$ に対し，f を n 回合成した関数 $f_n(z) = (f \cdot f \cdots f)(z)$ を考える．$\mathbb{C}$ 内の点で，そのある開近傍上で $\{f_n\}$ が広義正規族であるようなもの全体の集合は，f の Fatou 集合と呼ばれ，その補集合は，Julia 集合と呼ばれている．Julia 集合は非常に複雑な集合であるが，理論的に面白いいろいろな性質をもち，多くの研究者により研究されている．これらの研究において，第5章で述べた Picard の大定理および精密化された Montel の定理が重要な働きをする．現代では，コンピューターの発達により，非常に計算量の多い計算も可能になり，複雑な図形を描いて，今まで想像するこ

ともできなかった対象を，画像としてみることができるようになった．このおかげで，単純な原理から複雑なものが生まれる過程を追い求めることができるようになり，その複雑さの中に潜む美しい数理が明らかにされつつある．

空間の中の曲面は，各点の近くで適当な曲線座標を入れることにより，Riemann 面とみなせることが分かっている．石鹸膜のように，曲面の各部分で面積ができるだけ小さくなるように張られた曲面は，極小曲面と呼ばれているが，極小曲面 M の Gauss 写像，すなわち，各点に対しその点での単位法線ベクトルを対応させる写像 $G: M \to S^2$ は，立体射影と合成することにより，M 上の有理型関数とみなせる．このことから，複素解析学を極小曲面の考察に応用することができ，多くの面白い性質を導くことができる．例えば，本書の第 5 章で述べた Picard の定理のその証明法を改良することにより，どの方向へも無限に広がっているような極小曲面に対し，その Gauss 写像の除外値の個数が 5 個以上あるのは，曲面が平面の場合に限ることを示すことができる．

また，本書第 5 章で述べた値分布論は，微分幾何学や代数幾何学において双曲型空間の研究に応用され，空間の分類理論に重要な働きをしている．最近では，整数論における Diophantine 問題が複素解析学における値分布論に密接に関連しているのではないかという予想が出され，多くの研究者の関心を集めている．

参考文献

[1] V. L. Ahlfors, Complex analysis, 2nd ed., McGraw-Hill, 1966. （邦訳）笠原乾吉訳，複素解析，現代数学社，1982.
[2] 神保道夫，複素関数入門(現代数学への入門)，岩波書店，2003.
[3] 河田敬義，位相数学，共立出版，1956.

      Jordan の曲線定理　　　　　185 ページ

[4] 河田敬義・三村征雄，現代数学概説 II，岩波書店，1965.

      Ascoli–Arzelà の定理　　　75 ページ
      位相の導入 (開集合系)　　　81 ページ
      位相の導入 (基本近傍系)　　86 ページ

[5] 岸正倫・藤本坦孝，複素関数論，学術図書，1980.
[6] 野本久夫・岸正倫，基礎課程解析入門，サイエンス社，1976.

      l'Hospital の定理　　　48 ページ　　命題 4
      線形微分方程式の解　　77 ページ
      逆写像定理　　　　　　100 ページ　　定理 3
      Green の定理　　　　　226 ページ

[7] 小林昭七，ユークリッド幾何から現代幾何へ，日本評論社，1990.
[8] 野口潤次郎，複素解析概論，裳華房，1993.
[9] M. Spivak, Calculus on manifolds, W. A. Benjamin, 1965.

      Green の定理　　　　　134 ページ

[10] 高木貞治，解析概論(改訂第三版)，岩波書店，1961.
[11] 高橋陽一郎，微分と積分 2 ―― 多変数への広がり(現代数学への入門)，岩波書店，2003.

さらに学習するための参考書

複素解析学の一般論について，より詳しい学習を志す読者には，
1. 小平邦彦，複素解析，岩波書店，1991.
2. R. Narasimhan, Complex analysis in one variable, Birkhäuser, 1985.

を薦める．いずれも，本書で扱った話題がより詳しく論じられている．これらの書では，Riemann 面の概念が導入されており，その基本的事項も述べられており，現代数学の基本概念のひとつである多様体を理解するための助けとなるであろう．また，Riemann 面についてのより詳しい参考書としては，
3. 楠　幸男，函数論，朝倉書店，1973.
4. L. Ahlfors–L. Sario, Riemann surfaces, Princeton Univ. Press, 1960.

がある．

本書に引き続いて，多変数関数論，または複素多様体論を学ぶ参考書としては，
5. L. Hörmander, An introduction to complex analysis in several complex variables, Van Nostrand, 1966.
6. R. O. Wells, Differential analysis on compact complex manifolds, Prentice-Hall, 1973.

を推奨したい．また，これらの話題について，
7. 大沢健夫，多変数複素解析(岩波講座現代数学の展開)，岩波書店，1998.

の一読もお薦めする．

第5章で述べた値分布論に関する事柄については，
8. W. K. Hayman, Meromorphic functions, Oxford Math. Monographs, The Clarendon Press, 1964.
9. 落合卓四郎・野口潤次郎，幾何学的関数論，岩波書店，1984.

の一読を薦める．また，値分布論の微分幾何学への応用については，拙著
10. H. Fujimoto, Value distribution theory of the Gauss map of minimal surfaces in $\mathbf{R}^m$, Vieweg, 1993.

を紹介しておく．本書の内容とも重なる所があり，本書の読者なら，大部分を予備知識なしで読めるものと思う．

楕円関数に関する事柄については，基本的事項が要領よくまとめられた参考書として，

11. Hurwitz – Courant, Funktionen Theorie, Springer-Verlag, 1964.

の第2部を翻訳した

12. 足立恒雄・小松啓一訳，楕円関数論，シュプリンガー・フェアラーク東京, 1991.

を薦める．また，

13. C. L. Siegel, Topics in complex function theory, Vol. 1–3, John Wiley & Son Inc., 1969.

のなかの第1章には，楕円関数が，本書とは別の観点から説き起こされており，数学の理論の面白さを会得することができるであろう．

演習問題解答

第1章

1.1 $w_n = (z_n-1)/(z_n+1)$ とおくと，$w_n = w_{n-1}^2$ が成り立ち，$w_n = w_0^{2^n}$ ($n = 1, 2, \cdots$) を得る．従って，$|w_0| < 1$ のとき，$\lim_{n\to\infty} w_n = 0$，$|w_0| > 1$ のとき，$\lim_{n\to\infty} |w_n| = +\infty$．これより，$\mathrm{Re}\, z_0 > 0$ のとき，$\lim_{n\to\infty} z_n = 1$，$\mathrm{Re}\, z_0 < 0$ のとき，$\lim_{n\to\infty} z_n = -1$ が得られる．また，ある有理数 r により，$(z_0-1)/(z_0+1) = e^{\pi r i}$ とかけるときは，十分大きな n_0 に対し，$w_{n_0-1}^2 = w_{n_0} = 1$，従って，$z_n = \infty$ ($n \geqq n_0$)．それ以外の場合，$\{z_n\}$ は発散する．

1.2 与式最左辺 $= \mathrm{Re}((\zeta+z)(\bar{\zeta}-\bar{z})/|\zeta-z|^2) = (|\zeta|^2-|z|^2)/|\zeta-z|^2$ から，第1の等式を得る．一方，級数展開 $(\zeta+z)/(\zeta-z) = 1 + 2(z/\zeta)/(1-z/\zeta) = 1 + 2\sum_{n=1}^{\infty}(z/\zeta)^n$ を考え，両辺の実部を取ることにより，第2の等式を得る．

1.3 命題 1.7 により，E は有界閉集合である．結論を否定し，$E = F_1 \cup F_2$，$F_1 \cap F_2 = \varnothing$ を満たす空でない閉集合 F_1, F_2 が存在したとする．$r_0 = \mathrm{dist}(F_1, F_2) = \inf\{|z-w|; z \in F_1, w \in F_2\} > 0$ に対し，開集合 $O_j = \bigcup_{z \in F_j} \Delta_{r_0/2}(z)$ ($j = 1, 2$) は，$F_j \subseteq O_j$ ($j = 1, 2$)，$O_1 \cap O_2 = \varnothing$ を満たす．すべての n に対し，$E_n - (O_1 \cup O_2) \neq \varnothing$ とすると，命題 1.7 により，$\bigcap_n (E_n - (O_1 \cup O_2)) \neq \varnothing$ となり，$E \subset (O_1 \cup O_2)$ に反するゆえ，$E_{n_0} \subset O_1 \cup O_2$ を満たす番号 n_0 が存在する．O_1, O_2 は，$A = E_{n_0}$ に対して条件 (C) を満たし，E_{n_0} の連結性に反する．

1.4 結論を否定し，各 n に対し $(F_n \cap E)^o = \varnothing$ とする．仮定から，E に含まれる閉円板 $\overline{\Delta_{r_0}(a_0)}$ が存在し，$\Delta_{r_0}(a_0) - F_1$ は，空でない開集合である．従って，$\overline{\Delta_{r_1}(a_1)} \subset \Delta_{r_0}(a_0) - F_1$ を満たす r_1 ($0 < r_1 < r_0$)，$a_1 \in E$ が存在する．同様の論法により，閉円板の列 $\overline{\Delta_{r_n}(a_n)}$ ($n = 1, 2, \cdots$) で，$\overline{\Delta_{r_n}(a_n)} \subset \Delta_{r_{n-1}}(a_{n-1}) - F_n$，$0 < r_n < r_0/n$ を満たすものがとれる．命題 1.7 により，点 $c \in \bigcap_{n=1}^{\infty} \overline{\Delta_{r_n}(a_n)}$ ($\subset E$) が存在するが，この点 c はどの F_n にも含まれず，仮定に矛盾する．

1.5 与式左辺 $= (1/4)((u_x+v_y)^2 + (v_x-u_y)^2 - ((u_x-v_y)^2 + (v_x+u_y)^2)) = u_x v_y - u_y v_x$．

1.6 命題 1.25 により，$h_{\bar{z}}/h_z = (g_w f_{\bar{z}} + g_{\bar{w}}(\bar{f})_{\bar{z}})/(g_w f_z + g_{\bar{w}}(\bar{f})_z)$．この右辺の分子分母を $g_w f_z$ で割り，$\overline{f_z}/f_z$ を $e^{-2i\alpha} f_{\bar{z}}/f_z$ でおきかえれば求める式を得る．

1.7 (i) 定義から $\Delta f = 4(\partial^2/\partial z \partial \bar{z})f$ が成り立つ．Cauchy–Riemann の関係式より，$f_{\bar{z}} = \overline{f_z} = 0$ に注意すれば，$4(\partial^2/\partial z \partial \bar{z})h = 4(g_w f_z)_{\bar{z}} = 4 g_{w\bar{w}} f_z \overline{f_z} = (\Delta g)|f'|^2$.

(ii) Cauchy–Riemann の関係式から，

$$\Delta \log |f|^2 = 4\frac{\partial}{\partial z}\Big(\frac{\partial}{\partial \bar{z}} \log f\Big) + 4\frac{\partial}{\partial \bar{z}}\Big(\frac{\partial}{\partial z} \log \bar{f}\Big) = 0.$$

(iii) (i) より，$\Delta \log |f'|^2 \equiv 0$．一方，$\Delta \log(1+|f|^2) = 4|f'|^2/(1+|f|^2)^2$ が成り立つことから，求める式を得る．

1.8 関数行列の変換公式から，

$$\begin{pmatrix} \dfrac{\partial u}{\partial r} & \dfrac{1}{r}\dfrac{\partial u}{\partial \theta} \\ \dfrac{\partial v}{\partial r} & \dfrac{1}{r}\dfrac{\partial v}{\partial \theta} \end{pmatrix} = \begin{pmatrix} \dfrac{\partial u}{\partial x} & \dfrac{\partial u}{\partial y} \\ \dfrac{\partial v}{\partial x} & \dfrac{\partial v}{\partial y} \end{pmatrix} \begin{pmatrix} \dfrac{\partial x}{\partial r} & \dfrac{1}{r}\dfrac{\partial x}{\partial \theta} \\ \dfrac{\partial y}{\partial r} & \dfrac{1}{r}\dfrac{\partial y}{\partial \theta} \end{pmatrix}$$

$$= \begin{pmatrix} \dfrac{\partial u}{\partial x} & \dfrac{\partial u}{\partial y} \\ \dfrac{\partial v}{\partial x} & \dfrac{\partial v}{\partial y} \end{pmatrix} \begin{pmatrix} \cos \theta & -\sin \theta \\ \sin \theta & \cos \theta \end{pmatrix}$$

命題 1.4 の条件を満たす行列の積および逆行列が同じ条件を満たすことから，(i) を得る．また，上式左辺が，

$$\begin{pmatrix} \dfrac{\partial u}{\partial R} & \dfrac{1}{R}\dfrac{\partial u}{\partial \Theta} \\ \dfrac{\partial v}{\partial R} & \dfrac{1}{R}\dfrac{\partial v}{\partial \Theta} \end{pmatrix} \begin{pmatrix} \dfrac{\partial R}{\partial r} & \dfrac{1}{r}\dfrac{\partial R}{\partial \theta} \\ R\dfrac{\partial \Theta}{\partial r} & \dfrac{R}{r}\dfrac{\partial \Theta}{\partial \theta} \end{pmatrix} = \begin{pmatrix} \cos \Theta & -\sin \Theta \\ \sin \Theta & \cos \Theta \end{pmatrix} \begin{pmatrix} \dfrac{\partial R}{\partial r} & \dfrac{1}{r}\dfrac{\partial R}{\partial \theta} \\ R\dfrac{\partial \Theta}{\partial r} & \dfrac{R}{r}\dfrac{\partial \Theta}{\partial \theta} \end{pmatrix}$$

と書き直されることに注意して，同じ考察をすれば，(ii) を得る．

1.9 $z = re^{i\theta}$，$\bar{z} = re^{-i\theta}$ から，$\dfrac{\partial u}{\partial r} = \dfrac{z}{r}\dfrac{\partial u}{\partial z} + \dfrac{\bar{z}}{r}\dfrac{\partial u}{\partial \bar{z}}$, $\dfrac{\partial u}{\partial \theta} = iz\dfrac{\partial u}{\partial z} - i\bar{z}\dfrac{\partial u}{\partial \bar{z}}$．これを，$(\partial/\partial z)u$, $(\partial/\partial \bar{z})u$ について解くと，

$$\dfrac{\partial u}{\partial z} = \dfrac{1}{2z}\Big(r\dfrac{\partial u}{\partial r} - i\dfrac{\partial u}{\partial \theta}\Big), \quad \dfrac{\partial u}{\partial \bar{z}} = \dfrac{1}{2\bar{z}}\Big(r\dfrac{\partial u}{\partial r} + i\dfrac{\partial u}{\partial \theta}\Big)$$

を得る．従って，

$$\Delta u = 4\dfrac{\partial}{\partial \bar{z}}\Big(\dfrac{\partial u}{\partial z}\Big) = \dfrac{1}{z\bar{z}}\Big(r\dfrac{\partial}{\partial r} + i\dfrac{\partial}{\partial \theta}\Big)\Big(r\dfrac{\partial}{\partial r} - i\dfrac{\partial}{\partial \theta}\Big)u$$

$$= \dfrac{1}{r}\dfrac{\partial}{\partial r}\Big(r\dfrac{\partial}{\partial r}\Big)u + \dfrac{1}{r^2}\dfrac{\partial^2 u}{\partial \theta^2} = \dfrac{\partial^2 u}{\partial r^2} + \dfrac{1}{r}\dfrac{\partial u}{\partial r} + \dfrac{1}{r^2}\dfrac{\partial^2 u}{\partial \theta^2}$$

1.10 $z = r(\cos\theta + i\sin\theta)$ に対し $z + 1/z = u + iv$ とおくと, $u = (r+1/r)\cos\theta$, $v = (r-1/r)\sin\theta$. C_r は, $r=1$ のとき, 実軸上の線分 $[-2,2]$, $r \neq 1$ のときは, 楕円 $u^2/(r+1/r)^2 + v^2/(r-1/r)^2 = 1$. E_θ は, $\theta = n\pi$ $(n \in \mathbb{Z})$ のとき半直線, $\theta = n\pi + \pi/2$ $(n \in \mathbb{Z})$ のとき虚軸全体, それ以外の場合は, 双曲線 $u^2/\cos^2\theta - v^2/\sin^2\theta = 4$ の一部である.

1.11 $f(z) = e^z$ に対しては, E_x は半径 e^x の円であり, F_y は偏角が y であるような点の全体からなる半直線である. また, $f(z) = \cos z$ は, 原点中心の $\pi/2$ だけの回転を表す関数 $u = iz$, 指数関数 $v = e^u$ および前問で述べた関数 $w = v + 1/v$ の合成に, $1/2$ を掛けたものである. 実軸および虚軸に平行な直線がこれらの変換で移る図形を考察せよ. E_x は一般に双曲線の一部であり, 特別の場合は直線または半直線となる. また, E_y は楕円または線分である.

第2章

2.1 任意の相異なる点 $a, b \in D$ に対し, $[0,1]$ 上の関数 $g(t) = f(a+t(b-a))/(b-a)$ $(t \in [0,1])$ を考える.
$$\mathrm{Re}\,\frac{f(b)-f(a)}{b-a} = \mathrm{Re}(g(1)-g(0)) = \mathrm{Re}\int_0^1 g'(t)dt = \int_0^1 \mathrm{Re}(f'(a+t(b-a)))dt > 0$$
により, $f(a) \neq f(b)$ を得る.

2.2 前半は, $\Delta u + i\Delta v = 4\dfrac{\partial}{\partial z}\left(\dfrac{\partial f}{\partial \bar{z}}\right) = 0$ による. 後半を示すため, $g(z) = 2(\partial/\partial z)u$ とおく. $2(\partial/\partial\bar{z})g = \Delta u = 0$ より, g は正則である. 1点 $z_0 \in D$ をとり, $f(z) = \int_{z_0}^z g(\zeta)d\zeta + u(z_0)$ とおく. ここで, 積分路は, z_0 と z を結ぶ D 内の PS 曲線であり, D の単連結性から z のみにより決まる. f は正則であり, $\mathrm{Re}\,f = \int_{z_0}^z u_x dx + u_y dy + u(z_0) = u(z)$ を満たし, $v = \mathrm{Im}\,f$ が求める条件を満たす.

2.3 座標の平行移動により, $a = 0$ としてよい. $f = h + iv$ が $\overline{\Delta_R}$ 上で正則となるように関数 v をとる. 各点 $z \in \Delta_R$ に対し, $z^* = R^2/\bar{z}$ とおけば, $z^* \notin \overline{\Delta_R}$ より, $\dfrac{1}{2\pi i}\int_{|\zeta|=R} f(\zeta)/(\zeta - z^*)d\zeta = 0$. 従って, Cauchy の積分公式により, $f(z)$ は
$$\frac{1}{2\pi i}\int_{|\zeta|=R} f(\zeta)\left(\frac{1}{\zeta-z} - \frac{1}{\zeta-z^*}\right)d\zeta = \frac{1}{2\pi i}\int_{|\zeta|=1} f(\zeta) \frac{|\zeta|^2 - |z|^2}{|\zeta-z|^2}\frac{d\zeta}{\zeta}$$
に等しい. $z = re^{i\theta}$, $\zeta = Re^{i\varphi}$, $d\zeta = i\zeta d\theta$ を代入して実部をとれば, 求める式を得る.

2.4 (i) $f(e^{i\theta})$ および $g(e^{i\theta})$ を級数で表し, 与式左辺を項別積分し, 定理 2.43

の証明と同様の計算をおこなえば右辺が得られる．(ii) $f(z)$ の級数展開 $f(z) = \sum_{n=0}^{\infty} c_n z^n$ に対し，$f'(z) = \sum_{n=1}^{\infty} nc_n z^{n-1}$ となる．与式の各項の f, f' をこの級数でおきかえ，(i)の結果を利用して計算すれば，両辺が等しいことが分かる．

2.5 $u(x,y)$ が x のたかだか n 次の多項式であるような y の集合を F_n とすると，仮定から，$\mathbb{R} = \bigcup_n F_n$．演習問題1.4により，ある n_0 に対し，$U = F_{n_0}^{\circ} \neq \varnothing$．従って，$n > n_0$ に対し，$D = \{x+iy; y \in U\}$ 上で，$(\partial^n/\partial x^n)u(x,y) \equiv 0$．これより，$D$ 上で $f^{(n)}(z) = i(\partial^n/\partial x^n)v(z)$ が成り立ち，例題1.33および一致の定理により，$f^{(n)}$ は定数，従って f は z の多項式である．

2.6 仮定から，$(\phi_w \cdot f)f' \equiv 0$. f が定数でないとすると，$f(D)$ は離散的でない．空でない開集合 $f^{-1}(\{w; \phi_w(w) \neq 0\})$ 上で $f' \equiv 0$ となり，一致の定理に反する．

2.7 任意の $a \in K$ および $0 \leq r \leq R < \mathrm{dist}(K, \partial D)$ に対し，Gutzmer の不等式により，$|f(a)|^2 \leq \dfrac{1}{2\pi} \int_0^{2\pi} |f(a+re^{i\theta})|^2 d\theta$. 従って，
$$\pi R^2 |f(a)|^2 = \int_0^R \int_0^{2\pi} |f(a)|^2 r dr d\theta \leq \int_0^R \int_0^{2\pi} |f(a+re^{i\theta})|^2 r dr d\theta$$
この最右辺は，$\iint_D |f|^2 dxdy$ でおさえられ，$C = 1/\sqrt{\pi R^2}$ に対し与式を得る．

2.8 任意の点 $a \in D$ に対し，$\overline{\Delta_R(a)} \subset D$ を満たす正数 R をとる．前問により，正数 C を適当にとれば，$m, n \to \infty$ のとき，$\|f_m - f_n\|_{\overline{\Delta_R(a)}} \leq C \|f_m - f_n\|_{2,D} \to 0$ がいえ，$\{f_n\}$ は局所一様収束する．

2.9 もし，$h(\zeta) = f(g(\zeta))$ が定数 α に等しければ，$g(G)$ は，D 内の離散集合 $f^{-1}(\alpha)$ に含まれる連結集合ゆえ，1点のみからなり，g は定数関数である．従って，h は定数でないとしてよい．必要なら G を各点の十分小さな近傍とおきかえて，$E = g(G) \cap \{z; f'(z) = 0\}$ は有限集合であるとしてよい．このとき，$h^{-1}(f(E))$ は，D 内の離散集合である．§1.4(b)問5により，この集合以外の各点の近くで，$g = f^{-1} \cdot h$ は正則であり，Riemann の特異点除去可能定理から，G 全体で正則である．

2.10 仮定により，$|f(z)| \leq M|z|^{n_0}$ を満たす正数 M が存在する．従って，任意の正数 R に対し Δ_R 上で，$|f(z)| \leq MR^{n_0}$ が成り立ち，定理2.44により，整級数展開 $f(z) = \sum_{n=0}^{\infty} c_n z^n$ に対し，$|c_n| \leq MR^{n_0-n}$ を得る．$n > n_0$ に対し，$R \to +\infty$ とすると $c_n = 0$ が得られ，f はたかだか n_0 次の多項式である．

第3章

3.1 (i) $X = (z+\bar{z})/(|z|^2+1)$, $Y = i(\bar{z}-z)/(|z|^2+1)$, $Z = (|z|^2-1)/(|z|^2+1)$

(ii) S^2 上の正則曲線 $\Gamma: X = X(t), Y = Y(t), Z = Z(t)$ に対し，Γ および $\pi(\Gamma)$ ($\subset \mathbb{C}$) の接線ベクトルはそれぞれ $V = (X'(t), Y'(t), Z'(t))$ および $L(V) = z'(t)$ で与えられる．(i)で得た関係式から，

$$X'(t) = \frac{z'+\bar{z}'}{|z|^2+1} - \frac{(z\bar{z}'+z'\bar{z})(z+\bar{z})}{(|z|^2+1)^2}, \; Y'(t) = i\left(\frac{\bar{z}'-z'}{|z|^2+1} - \frac{(z\bar{z}'+z'\bar{z})(\bar{z}-z)}{(|z|^2+1)^2}\right),$$

$$Z'(t) = \frac{2(z\bar{z}'+z'\bar{z})}{(|z|^2+1)^2}. \; \text{これより，} \; X'^2 + Y'^2 + Z'^2 = \frac{4|z'|^2}{(1+|z|^2)^2}$$

が成り立つ．一方，ベクトルの内積と大きさに関する等式 $(V, W) = (|V+W|^2 - |V-W|^2)/4$ を用いれば，2つの正則曲線の接線ベクトル V, W に対し

$$\frac{(V, W)}{|V||W|} = \frac{(L(V), L(W))}{|L(V)||L(W)|}$$

が成り立ち，ベクトルの間の角を変えないことが分かる．

3.2 f の定義域内の任意の開集合 D に対し，任意の点 $\alpha \in f(D)$ が $f(D)$ の内点であることを言えばよい．$a \in f^{-1}(\alpha)$ をとる．$f^{-1}(\alpha)$ は離散集合ゆえ，$\overline{\Delta_R(a)} \subset D$ かつ $\overline{\Delta_R(a)} \cap f^{-1}(\alpha) = \{a\}$ を満たす正数 R が存在する．$\delta = \inf\{|f(\zeta)-\alpha|; |\zeta-a| = R\}/2 (>0)$ に対し，$\Delta_\delta(\alpha) \subset f(D)$ が成り立ち，α は $f(D)$ の内点である．なぜなら，もし，$\gamma \in \Delta_\delta(\alpha) - f(D)$ が存在すれば，任意の $\zeta \in \partial\Delta_R(a)$ に対し，$|f(\zeta)-\gamma| \geq |f(\zeta)-\alpha|-|\alpha-\gamma| \geq \delta$ であり，D 上の非定数正則関数 $g(z) = 1/(f(z)-\gamma)$ について，$|g(a)| > 1/\delta \geq \|g\|_{\partial\Delta_R(a)}$ が成り立つ，$\partial\Delta_R(a)$ の内部で最大値をとり，最大値の原理に矛盾する．

3.3 $D = (\overline{\mathbb{C}}-E)^o$ が空でないとする．$n = 1, 2, \cdots$ に対し，$F_n = \overline{\mathbb{C}} - f(\Delta_{1/n}^0)$ とおくと，$D \subset \bigcup_{n=1}^{\infty} F_n$．前問により，$F_n$ は閉集合である．Baire の範疇定理により，ある番号 n_0 に対し $(F_{n_0})^o \neq \emptyset$．従って，$f(\Delta_{1/n_0}^0)$ と交わらない空でない開集合が存在する．これは，Casorati–Weierstrass の定理に反する．

3.4 Γ の弧長助変数表示を $\Gamma: z = z(s) \; (0 \leq s \leq L)$ とする．$f(z(s)) = ce^{i\varphi(s)}$ とおくと，$f'(z(s))z'(s) = if(z(s))\varphi'(s)$．$\varphi'(s) \in \mathbb{R}$ より，$\arg f'(z(s)) + \arg z'(s) = \arg f(z(s)) + $ 定数 を得る．Γ 内の f' の零点の個数を n' とすると，

$$2\pi(n-n') = \int_\Gamma d\arg f - \int_\Gamma d\arg f' = \int_\Gamma d\arg(z'(s)).$$

$\arg z'(s)$ は，Γ の接線の偏角を表し，Γ を1回りするときの増加量は，2π であ

る．これより，$n'=n-1$．

3.5 $g_n(z)=z^p f_n(z)$ $(n=1,2,\cdots)$ とおく．各 g_n は Δ_R 上で正則と考えてよい．最大値の原理から，任意の m,n に対し，$\|g_m-g_n\|_{\Delta_{R/2}} \leqq (R/2)^p \|f_m-f_n\|_{\partial\Delta_{R/2}}$ が成り立ち，仮定から，この右辺は，$m,n\to\infty$ のとき 0 に収束する．従って，$\{g_n\}$ は，$\Delta_{R/2}$ 上で一様収束し，極限関数 $g(z)$ は原点を込めて正則である．$f(z)=g(z)/z^p$ と書けることから，求める結論を得る．

3.6 a の近くで，$\widetilde{g}(a)\neq 0$ を満たす正則関数 $\widetilde{g}$ をとり，$g(z)=(z-a)^n\widetilde{g}(z)$ と表示すると，$\mathrm{Res}(f/g,a)=(1/(n-1)!)d^{n-1}/dz^{n-1}(f/\widetilde{g})|_{z=a}$ が成り立つ．この値は，$f(a),f'(a),\cdots,f^{(n-1)}(a),\widetilde{g}(a),\cdots,\widetilde{g}^{(n-1)}(a)$ の有理式として表される．一方，$\widetilde{g}^{(\ell)}(a)=\ell!/(n+\ell)!\,g^{(n+\ell)}(a)$ が成り立つゆえ，求める結論を得る．

$n=1$ のとき，$\dfrac{f(a)}{g'(a)}$，$n=2$ のとき，$\dfrac{6f'(a)g''(a)-2f(a)g^{(3)}(a)}{3g''(a)^2}$．

3.7 $\mathrm{Res}(f(z)/(b-z),a)=\mathrm{Res}(P(z)/(b-z),a)$ であり，留数の関数に関する線形性から，$P(z)=1/(z-a)^\ell$ ($\ell>0$, $\ell\in\mathbb{Z}$) の場合にみればよい．$1/(b-z)=\sum_n(z-a)^n/(b-a)^{n+1}$ より，$\mathrm{Res}(P(z)/(b-z),a)=\mathrm{Res}(\sum_{n=0}^\infty(z-a)^{n-\ell}/(b-a)^{n+1},a)$ $=1/(b-a)^\ell=P(b)$．

3.8 各 a_k の近くで $f(z)=(z-a_k)^{n_k}\widetilde{f}(z)$ とおくと，
$$g(z)f'(z)/f(z)=n_k g(a_k)/(z-a_k)+g(a_k)\widetilde{f}'(z)/\widetilde{f}(z)+(g(z)-g(a_k))f'(z)/f(z)$$
この右辺の第 1 項以外は a の近くで正則である．従って，$\mathrm{Res}(g(z)f'(z)/f(z),a_k)=n_k g(a_k)$ がいえ，留数定理から求める結論を得る．

3.9 $g(\zeta)=f(\zeta)/(\zeta-z)$ とおくと，$\mathrm{Res}(g,a_k)=\mathrm{Res}(f,a_k)/(a_k-z)$ ($k=1,2,\cdots$) および $\mathrm{Res}(g,z)=f(z)$ が成り立つことから，$A_n=\dfrac{z}{2\pi i}\int_{\Gamma_n}\dfrac{f(\zeta)}{\zeta(\zeta-z)}d\zeta$ とおくと，$|z|<R_n$ に対し

$$f(z)+\sum_{|a_k|<R_n}\frac{\mathrm{Res}(f,a_k)}{a_k-z}=\frac{1}{2\pi i}\int_{\Gamma_n}\frac{f(\zeta)}{\zeta-z}d\zeta=\frac{1}{2\pi i}\int_{\Gamma_n}\frac{f(\zeta)}{\zeta}d\zeta+A_n$$

$$=f(0)+\sum_{|a_k|<R_n}\frac{\mathrm{Res}(f,a_k)}{a_k}+A_n$$

一方，$|A_n|\leqq\dfrac{2\pi|z|R_n M}{2\pi R_n(R_n-|z|)}=\dfrac{M|z|}{R_n-|z|}$ より，$\lim_{n\to\infty}A_n=0$ がいえ，求める等式を得る．

3.10 (i) $f(z)=1/\sin z-1/z$ ($z\neq 0$)，かつ $f(0)=0$ とおく．f は，$k\pi$ ($k=\pm 1,\pm 2,\cdots$) で 1 位の極をもち，それ以外で正則である．$\Gamma_n:|z|=R_n=(n+1/2)\pi$

を考える. n が十分大きいとき, $(n+1/4)\pi \leq \sqrt{R_n^2-1}$. このとき, $z = x+iy \in \Gamma_n$ に対し, $|y|>1$ ならば, $|1/\sin z| \leq 2/(e^{|y|}-e^{-|y|}) < 2/(e-e^{-1})$, $|y| \leq 1$ ならば, $R_n \geq |x| \geq \sqrt{R_n^2-1} \geq (n+1/4)\pi$ となって $\cos 2x \leq 0$ がいえ,

$$\left|\frac{1}{\sin z}\right| = \frac{2}{(e^{2y}+e^{-2y}-2\cos 2x)^{1/2}} \leq \sqrt{2}$$

が得られ, $1/\sin z$ は, Γ_n $(n=1,2,\cdots)$ 上で有界である. $\mathrm{Res}(f, k\pi) = (-1)^k$ に注意して, 前問の結果を適用すれば, 求める等式を得る.

(ii) $f(z) = \cot z - 1/z$ とおけば, 原点は除去可能な特異点であり, f の極は, $k\pi$ $(k=\pm 1, \pm 2, \cdots)$ であり, $\mathrm{Res}(f, k\pi) = 1$ が成り立つ. また, $|\cot z| = |1-\sin^2 z|^{1/2}/|\sin z| \leq |1/\sin z|+1$ から, $\Gamma_n: |z| = R_n = (n+1/2)\pi$ 上で有界である. (i)の場合と同様に, 前問の結果から求める等式を得る.

第4章

4.1 線形変換 $L_\alpha: \begin{pmatrix} w_1 \\ w_2 \end{pmatrix} = \begin{pmatrix} a & b \\ c & d \end{pmatrix} \begin{pmatrix} z_1 \\ z_2 \end{pmatrix}$ に対して, $z = z_1/z_2$ とおくと, $T(\alpha)(z) = w_1/w_2$ であることによる.

4.2 変換 $w = f(z)$ に対し, $|f(z)| = |z-a|/|z-\bar{a}| < 1$ は, z が $\bar{a}$ より a に近いことを意味し, $\mathrm{Im}\, z > 0$ と同値である. 従って, f は, H を Δ 上に双正則に移す. 逆に, H を Δ 上に双正則に移す写像 f を任意にとる. $a = f^{-1}(0)$ に対し, 1次変換 $u = h(z) = (z-a)/(z-\bar{a})$ を考え, $g = f \cdot h^{-1}$ とおく. $g \in \mathrm{Aut}(\Delta)$ かつ $g(0) = 0$ ゆえ, $g(u) = e^{i\alpha}u$ $(\alpha \in \mathbb{R})$ と書け, $f(z) = g(h(z)) = e^{i\alpha}(z-a)/(z-\bar{a})$ を得る.

4.3 z_1, z_2, z_3 をそれぞれ $0, 1, \infty$ へ移す1次変換を $w = T(z)$ とすると, T は, z_1, z_2, z_3 を含む広義の円 Γ を $\overline{\mathbb{R}} = \mathbb{R} \cup \{\infty\}$ 上に移す. $z_4 \in \Gamma$ は, $T(z_4) \in \overline{\mathbb{R}}$ に同値であり, これは, $(z_1, z_2, z_3, z_4) = (T(z_1), T(z_2), T(z_3), T(z_4)) = 1-1/T(z_4) \in \mathbb{R}$ と同値である.

4.4 $f(z) \not\equiv z$ と仮定する. $\Delta_R(\subset D)$ $(R>0)$ 上で f をベキ級数 $f(z) = c_1 z + c_m z^m + c_{m+1} z^{m+1} + \cdots (c_m \neq 0)$ に展開する. f の n 回の合成を f_n で表すとき, $f_n'(0) = c_1^n$ $(n \geq 1)$ が成り立つ. D の有界性から $|f_n(z)| \leq M$ $(z \in D)$ を満たす M が存在し, Cauchy の係数評価によって, $|c_1|^n \leq M/R$ を得る. 従って, $|c_1| \leq 1$. f^{-1} に同様の考察をし, $|c_1| = 1$ となり, 仮定 $f'(0) > 0$ から $c_1 = 1$. このとき, $f_n(z) = z + nc_m z^m + \cdots$ が得られる. 再び, Cauchy の係数評価を使えば, $\{nc_m\,;\, n=1,2,\cdots\}$ が有界となるが, これは, $c_m \neq 0$ に矛盾する.

4.5 $\{f_n\}_{n=1}^\infty$ は，正規族ゆえ，局所一様収束する部分列 $\{f_{n_k}\}_{k=1}^\infty$ が存在する．このような関数列の極限を g とし，g が定数でないと仮定する．最大絶対値の原理により，$g(\Delta) \subset \Delta$ である．$f_{n_{k_\ell} - n_{k_{\ell-1}} - 1}$ がある関数 h に収束するように部分列 n_{k_ℓ} を選ぶ．このとき，$f \cdot f_{n_{k_\ell} - n_{k_{\ell-1}} - 1} \cdot f_{n_{k_{\ell-1}}} = f_{n_{k_\ell} - n_{k_{\ell-1}} - 1} \cdot f \cdot f_{n_{k_{\ell-1}}} = f_{n_{k_\ell}}$ から，$fhg = hfg = g$. $g(\Delta)$ 上で，$fh = hf = $ 恒等写像 に等しく，一致の定理を加味すれば，$f \in \mathrm{Aut}(\Delta)$ がいえ，仮定に矛盾する．従って，g は定数である．仮定から $g(a) = a$ であり，$g \equiv a$ を得る．$\{f_n\}$ の任意の部分列が，同じ関数に収束する部分列をもつことから，$\{f_n\}$ 自身が，$g \equiv a$ に局所一様収束する．

4.6 仮定から，$f^{-1}(0)$ はコンパクトな離散集合ゆえ，有限集合である．これを $\{a_1, a_2, \cdots, a_k\}$ とし，$n_k = \mathrm{ord}_f(a_k)$ とおく．$g(z) = f(z) \prod_{j=1}^{k} \left(\dfrac{1 - \bar{a}_j z}{z - a_j} \right)^{n_j}$ とおくと，$g(z)$ は零点をもたず，$\lim\limits_{z \to \partial \Delta} |g(z)| = 1$ が成り立つ．$1/g$ に最大絶対値の原理を適用すれば，g は絶対値が 1 の定数となる．

4.7 関数族 $\{f_n\}_{n=1}^\infty$ が正規族ゆえ，任意の部分列が，局所一様収束する部分列をもつ．これらの極限関数は，集合 E の各点で，部分列のとりかたによらない同じ値に収束する．一致の定理から，極限関数自体が，部分列のとりかたによらず一定である．従って，$\{f_n\}$ 自身が D 上で局所一様収束する．

4.8 D 内の開集合 $G(\neq \varnothing)$ を任意にとる．$F_N = \{z \in D;\ |f_n(z)| \leq N\ (n \geq 1)\}$ とおくと，各 $F_N \cap G$ は G 内の閉集合であり，$G = \bigcup\limits_{n=1}^{\infty} (F_n \cap G)$. Baire の範疇定理から，ある N_0 に対し，$U = F_{N_0}^\circ \neq \varnothing$ である．$\{f_n\}$ は，U 上一様有界であり，正規族となる．点別収束の仮定と前問の結果から，$\{f_n\}$ は U 上で局所一様収束する．

4.9 (i) $t_0 = \sup\{t \in [\sigma, \tau];$ 曲線 $\gamma|_{[\sigma, t]}$ に対し，リフトが存在する$\}$ を考えれば，仮定から，$t_0 = \tau$ が得られ結論が導かれる．(ii) 定理 2.21 の証明におけるように，パラメーターの空間を十分細かく分け，局所的な考察に帰着させることにより示される．(iii) 条件を満たす写像 $\tilde{f}: G \to M$ が存在したとすると，任意の点 $z \in G$ に対し，z_0 と z を G 内の PS 曲線 Γ_z でつなぐとき，φ の局所同相性から，$f(\Gamma_z)$ の w_0 を始点とするリフトの終点が $\tilde{f}(z)$ と一致しなければならない．これより，写像 $\tilde{f}$ は一意的である．また，上のやり方で，$\tilde{f}$ を定義すると，G の単連結性と(ii)の結果から，$\tilde{f}$ が，1価な写像としてきまり，求める条件を満たすことが示される．

4.10 単位円周上の 3 点 $z_1 = 1$，$z_2 = e^{2\pi i/3}$，$z_3 = e^{4\pi i/3}$ を頂点とする双曲的 3 角

形から出発し，各辺に関する対称変換を繰り返すことにより，Δ が過不足なく一重に被われることによる．

第5章

5.1 (i) $f(z) = z \prod_{n=1}^{\infty}(1-z^2/\pi^2 n^2)$ とおく．任意の正数 R に対し，$|z|<R$ のとき，$\sum_{n=1}^{\infty}|z|^2/n^2 \leq R^2 \sum_{n=1}^{\infty} 1/n^2 < +\infty$ がいえ，この無限乗積は $\mathbb{C}$ 上で局所一様収束し，$f(z)$ は整関数である．また，$f(z)$ は，位数も込めて $\sin z$ と同じ零点をもつ．従って，$\sin z/f(z) = e^{g(z)}$ を満たす整関数 g が存在する．両辺を対数微分すれば，$\cot z - 1/z + \sum_{n=1}^{\infty} 2z/(n^2\pi^2 - z^2) = g'(z)$．演習問題 3.10(ii) より，$g' \equiv 0$，従って，$g(z)$ は定数である．$\lim_{z\to 0}\sin z/f(z) = 1$ より，求める等式を得る．

(ii) (i) から，$(\pi/2)\prod_{n=1}^{\infty}(1-1/4n^2) = \sin(\pi/2) = 1$．これより，

$$\cos z = \sin\left(\frac{\pi}{2}-z\right) = \frac{\pi-2z}{2}\prod_{n=1}^{\infty}\left(1-\frac{(\pi-2z)^2}{4n^2\pi^2}\right)$$

$$= \frac{\pi-2z}{2}\prod_{n=1}^{\infty}\frac{2n-1}{2n}\left(1+\frac{2z}{\pi(2n-1)}\right)\frac{2n+1}{2n}\left(1-\frac{2z}{\pi(2n+1)}\right)$$

$$= \frac{\pi-2z}{2}\left(1-\frac{2z}{\pi}\right)^{-1}\prod_{n=1}^{\infty}\left(1-\frac{1}{4n^2}\right)\left(1-\frac{4z^2}{\pi^2(2n-1)^2}\right)$$

$$= \prod_{n=1}^{\infty}\left(1-\frac{(2z)^2}{\pi^2(2n-1)^2}\right)$$

5.2 $\tilde{g}$ の存在は，演習問題 4.10 および 4.9(iii) による．得られた関数 $\tilde{g}$ は，有界な整関数であり，Liouville の定理から定数である．従って，g も定数になる．

5.3 結論を否定すると，各 n に対し，正数 R_n，$f_n(0) = \alpha$ を満たし除外値 $0, 1$ をもつ Δ_{R_n} 上の正則関数 f_n および点 $z_n \in \Delta_{\theta R_n}$ で，$\lim_{n\to\infty}|f_n(z_n)| = +\infty$ を満たすものが存在する．$g_n(\zeta) = f_n(R_n\zeta)$，$\zeta_n = z_n/R_n$ とおく．定理 5.25 により $\{g_n\}$ は広義正規族であり，さらに，$g_n(0) = f_n(0) = \alpha$ の条件から，∞ に収束するような部分列をもたないゆえ，正規族である．必要なら部分列とおきかえて，$\lim_{n\to\infty}\zeta_n = \zeta_0 \in \overline{\Delta_\theta}$ が存在し，Δ 上で，$\{g_n\}$ が正則関数 g に局所一様収束するとしてよい．一方，$\lim_{n\to\infty}|g_n(\zeta_n)| = |g(\zeta_0)| = +\infty$ ゆえ，これは矛盾である．

5.4 f が n 次の多項式なら，ある正数 C に対し，$\mathbb{C}$ 上で $|f(z)| \leq C|z|^n$ ゆえ，

$$T_f(r) = \frac{1}{2\pi}\int_0^{2\pi}\log(1+|f(re^{i\theta})|^2)^{1/2}d\theta \leq \log(Cr^n+1)$$

が成り立ち，$\limsup_{r\to\infty} T(r,f)/\log r \leq n$. f が多項式でなければ，$f(1/z)$ が $z=0$ で真性特異点をもち，演習問題 3.3 によって，$f^{-1}(\alpha)$ が無限集合となるような α が存在する．任意の N に対し，r_0 を十分大きくとれば，$\#(f^{-1}(\alpha) \cap \Delta_{r_0}) \geq N$. ここで，$\#A$ は集合 A の元の個数を示す．$r > r_0$ に対し，$N_f(r,\alpha) \geq \int_{r_0}^{r}(N/t)dt \geq N\log(r/r_0)$ が言え，これより，$\lim_{r\to\infty} T_f(r)/\log r \geq \lim_{r\to\infty} N_f(r,\alpha)/\log r \geq N$. N の任意性から，$\lim_{r\to\infty} T(r,f)/\log r = +\infty$.

5.5 一般に，$|x|$ および $|y|$ のそれぞれが 1 以下か否かの各場合に分けて考えれば分かるように，$\log^+|x+y| \leq \log^+(|x|+|y|) \leq \log^+|x|+\log^+|y|+\log 2$ および $\log^+|xy| \leq \log^+|x|+\log^+|y|$ $(x,y \in \mathbb{C})$ が成り立つ．

(i) 定義により，$m_f(r,\infty) = (1/2\pi)\int_0^{2\pi} \log\sqrt{1+|f(re^{i\theta})|^2}\,d\theta + O(1)$. 一方，
$$\log^+|f| \leq \log\sqrt{1+|f|^2} \leq \log^+|f|+(1/2)\log 2$$
が成り立ち，各項を積分することにより (i) を得る．

(ii) $P(X,Y)$ の項の数を N として，各項の係数の絶対値の最大を M とすれば，$|P(X,Y)| \leq NM(\max\{|X|,1\})^{d_1}(\max\{|Y|,1\})^{d_2}$ が成り立つ．従って，$\log^+|P(f,g)| \leq d_1\log^+|f|+d_2\log^+|g|+O(1)$. 各項の積分を求め，(ii) を得る．

5.6 (i) $f(z)$ を $f(z)/z^{\nu_f(0)}$ でおきかえ，$f(0) \neq 0$ としてよい．Δ 上の関数 f に対しても，§5.3 で述べた個数関数，位数関数および接近関数が，区間 $[0,1)$ 上の関数として定義され，第 1 主定理と同じ等式が成り立つ．$1 - x/r \leq \log^+(r/x)$ に注意すれば，$0 < r < 1$ に対し，
$$\sum_{|a_k|\leq r}\nu_f(a_k)\left(1-\frac{|a_k|}{r}\right) \leq \sum_k \nu_f(a_k)\log^+\frac{r}{|a_k|} \leq N_f(r,0) \leq T_f(r)+O(1)$$
一方，仮定から $\sup_{0<r<1} T_f(r) < +\infty$. $r \to 1$ として，求める結果を得る．

(ii) 無限乗積 $f(z) = \prod_n ((z-a_k)/(1-\overline{a_k}z))^{m_k}$ を考える．各項は $(z-a_k)/(1-\overline{a_k}z) = -a_k(1+z(1-|a_k|^2)/a_k(\overline{a_k}z-1))$ と書ける．一方，十分大きな k に対し，$|a_k| \geq 1/2$ であり，$0 < r < 1$ に対し任意の $z \in \Delta_r$ について，$|z(1-|a_k|^2)/a_k(\overline{a_k}z-1)| \leq r(1+|a_k|)(1-|a_k|)/|a_k|(1-|a_k|r) \leq 4r(1-|a_k|)/(1-r)$ が成り立ち，仮定から，$\prod_k ((1+z(1-|a_k|^2)/a_k)(\overline{a_k}z-1))^{m_k}$ は，Δ 上で局所一様収束する．仮定から $\prod_k a_k$ が収束するゆえ，f は，Δ で正則である．さらに，$|f(0)| = \prod_k |a_k| < 1$ および各因子の形から，$|f| < 1$ が得られ，f の零点に対する要請も満たされる．

5.7 $f_1 \not\equiv f_2$ とする．Nevanlinna の第 2 主定理より，任意の正数 $\varepsilon(<1)$ に対し，$\int_{E_\varepsilon} dt/t < +\infty$ を満たす集合 E_ε の外で，$(3-\varepsilon)T_{f_i}(r) \leq \sum_{j=1}^{5}\overline{N}_{f_i}(r,\alpha_j)+O(1)$

$(r \notin E_\varepsilon, i=1,2)$ が成り立つ. 従って, $(3-\varepsilon)(T_{f_1}(r)+T_{f_2}(r)) \leqq 2\sum_{j=1}^{5} \overline{N}_{f_i}(r,\alpha_j) + O(1)$ $(r \notin E_\varepsilon)$. 一方, 仮定から, $\sum_{j=1}^{5} \overline{N}_{f_i}(r,\alpha_j) \leqq N_{f_1-f_2}(r,0) \leqq T_{f_1}(r)+T_{f_2}(r) + O(1)$ が成り立ち, $(3-\varepsilon)(T_{f_1}(r)+T_{f_2}(r)) \leqq 2(T_{f_1}(r)+T_{f_2}(r))+O(1)$ $(r \notin E_\varepsilon)$. 両辺を $T_{f_1}(r)+T_{f_2}(r)$ で割って, $r(\notin E_\varepsilon) \to +\infty$ とすると, 矛盾が生じるゆえ, $f_1 \equiv f_2$.

5.8 $\varphi = (h/f)^d$ が定数でないと仮定する. φ は $\mathbb{C}$ 上の有理型関数であり, 零点および極での位数はつねに d の倍数である. さらに, 等式 $\varphi - 1 = (g/f)^d$ から, $\varphi - 1$ の零点の位数も d の倍数である. $\alpha_1 = 0, \alpha_2 = \infty, \alpha_3 = 1$ とおくと, 命題 5.37(iii) により, $j = 1, 2, 3$ に対し $\delta_\varphi(\alpha_j) \geqq 1 - 1/d > 2/3$. 従って, $\sum_{j=1}^{3} \delta_\varphi(\alpha_1) > 2$ となり, 除外指数関係式に矛盾する. φ は定数であり, $f/h, g/h$ も定数である.

5.9 (i) $\omega \in P_\wp - \{0\}$ に対し原点の近くで, $1/(z-\omega)^2 - 1/\omega^2 = \sum_{n=1}^{\infty} (n+1)z^n/\omega^{n+2}$. 従って, $G_n = \sum_{\omega \in P_\wp - \{0\}} 1/\omega^n$ $(n = 3, 4, \cdots)$ とおくと,
$$\wp(z) = \frac{1}{z^2} + \sum_{n=1}^{\infty} (2n+1)G_{2n+2}z^{2n}$$

これをもとにして, $\wp'(z)^2, \wp(z)^3$ の原点の近くでの Laurent 展開を求め, $\wp'(z)^2 - 4\wp(z)^3$ に代入すれば, $\wp'(z)^2 - 4\wp(z)^3 = -\dfrac{60G_4}{z^2} - 140G_6 + \cdots$ を得る. 従って, $f(z) = \wp'(z)^2 - 4\wp(z)^3 + g_2\wp(z)$ は, 原点で正則である. f は, $P_\wp$ の各元を周期とし, $\mathbb{C}$ 全体で正則ゆえ, 定理 5.43 により定数である. この定数は, 上の Laurent 展開の形から, $-140G_6$ に等しく, 求める結果を得る.

(ii) 任意の $a \notin P_\wp$ をとり, $f(z) = \dfrac{1}{2}\dfrac{\wp'(z)+\wp'(a)}{\wp(z)-\wp(a)}$ とおく. f は 2 重周期関数であり, 基本周期平行 4 辺形 Q の上で, $z = a$ および原点で 1 位の極をもち, 原点および a の近くでの Laurent 展開は, それぞれ $f(z) = -1/z - \wp(a)z + (1/2)\wp'(a)z^2 + \cdots$ および $f(z) = 1/(z-a) + \cdots$ で与えられる. $f(z)^2$ の Q 上の極は, 原点と a であり, それぞれの点での Laurent 展開の主要部は, $1/z^2$ および $1/(z-a)^2$ である. これより, $\wp(z-a) + \wp(z) - f(z)^2$ は正則となり, 定理 5.43 により定数である. また, Laurent 展開の形から $-\wp(a)$ に等しい. 従って, $\wp(z-a) + \wp(z) = f(z)^2 - \wp(a)$. ここで, $z = u, a = -v$ を代入すれば, 求める式を得る.

欧文索引

absolute value 3
absolutely converge 129
accumulation point 8
analytic automorphism group 100
analytic continuation 116
anharmonic ratio 99
arc length parameter 37
argument 4
axiom of parallels 106
biholomorphic map 93
boundary 7
boundary point 7
bounded sequence 7
bounded set 8
branch 26
ℂ-differentiable 18
ℂ-differential coefficient 18
characteristic function 147
closed set 7
closure 7
complex number 1
complex number plane 3
conformal 23
conjugate 3
connected 9
continuous 11
continuous curve 8
continuous function 11
converge 127
convex domain 38
counting function 144
cross ratio 99

defect 152
derivative 19
diameter 8
direct analytic continuation 114
diverge 128
divisor 144
domain 9
doubly periodic function 155
elliptic function 155
entire function 58
equicontinuous 108
essential singularity 65
existence domain 116
exponential function 25
extended complex plane 63
exterior 7
exterior point 7
function element 114
fundamental period 155
fundamental period-parallelogram 156
Gaussian plane 3
harmonic function 61
holomorphic 18
holomorphic function 18
holomorphic local coordinate 93
homotopic 38
hyperbolic distance 104
hyperbolic length 102
hyperbolic segment 104
imaginary axis 3
imaginary part 3

infinite product   127
initial point   8
integral function   58
interior   7
interior point   7
isolated point   8
isolated singularity   65
Jordan curve   34
Laurent expansion   55
linear fractional transformation   95
linear transformation   95
local homeomorphism   115
local uniform convergence   12
logarithmic function   25
meromorphic function   73
multiplicity   91
normal family   108
open disk   7
open set   7
order   67
order function   147
parametric function   124
partial differential   14
partial fractional decomposition   75
partially differentiable   14
period   153
period-parallelogram   156
periodic function   153
piecewise smooth curve   9
point at infinity   63

polar form   4
pole   65
power series   51
principal part   67
proximity function   148
radius of convergence   51
rational function   20
real axis   3
real part   3
reflection point   97
regular   18
regular curve   8
regular function   18
removable singularity   65
residue   69
Riemann domain   115
Riemann sphere   64
schlicht domain   115
simple arc   34
simple curve   34
simply connected   38
simply periodic function   155
stereographic projection   64
terminal point   8
totally differentiable   14
uniform convergence   12
uniformly continuous   11
uniformly converge   128
unit disk   7
winding number   36

和文索引

Ascoli–Arzelà の定理　108
Baire の範疇定理　28
Beltrami 係数　28
Bolzano–Weierstrass の定理　7
Borel の補題　148
Carathéodory の定理　111
Casorati–Weierstrass の定理　68
Cauchy の係数評価　58
Cauchy の積分定理　39
Cauchy の積分表示　45
Cauchy–Riemann の関係式　19
Gauss 平面　3
Green の定理　49
Gutzmer の不等式　57
Hurwitz の定理　78
Jensen の公式　147
Jordan 曲線　34
Jordan の曲線定理　34
Landau の定理　139
Laurent 展開　55
Liouville の定理　58
Mittag-Leffler の定理　85
Möbius 変換　95
Montel の定理　108
Morera の定理　47
Nevanlinna の第 1 主定理　148
Nevanlinna の第 2 主定理　150
℘ 関数　159
Picard の小定理　135, 163
Picard の大定理　143
Poincaré 距離　104
PS 曲線　9

Riemann 球　64
Riemann の特異点除去可能定理　58
Riemann 面　116
Riemann 領域　115
Rouché の定理　78
Runge の近似定理　79
Runge の定理　84
Schottky の定理　163
Schwarz の補題　60
Weierstrass の因数分解定理　132
Weierstrass の関数　130
Weierstrass の定理　13
Weierstrass の 2 重級数定理　48

ア 行

位数　67, 68, 157
位数関数　147
1 次分数変換　95
1 次変換　95
一様収束　12, 128
一様有界　108
一様連続　11
一致の定理　56
因子　144

カ 行

開円板　7
開集合　7
解析接続　114, 116
解析的自己同型群　100
外点　7
回転数　36

外部　　7
関数要素　　114
基本周期　　155
基本周期平行4辺形　　156
境界　　7
境界点　　7
境界のない被覆面　　125
鏡像　　97
共役　　3
極　　65
極形式　　4
局所一様収束　　12, 130
局所同相写像　　115
極表示　　4
虚軸　　3
虚部　　3
許容関数　　145
区分的に滑らかな曲線　　9
広義正規族　　140
広義の円　　96
合同変換　　107
個数関数　　144
弧長助変数　　37
孤立点　　8
孤立特異点　　65

サ 行

最大絶対値の原理　　59
指数関数　　25
実軸　　3
実部　　3
始点　　8
周期　　153
周期関数　　153
周期平行4辺形　　156
集積点　　8

収束　　127
収束半径　　51
終点　　8
主要部　　67, 68
除外指数　　152
除外指数関係式　　152
除去可能な特異点　　65
真性特異点　　65
整関数　　58
正規族　　108
正則　　18
正則関数　　18
正則局所座標　　93
正則曲線　　8
接近関数　　148
絶対収束　　129
絶対値　　3
全微分可能　　14
全複素平面　　63
線分比　　23
双曲的距離　　104
双曲的線分　　104
双曲的長さ　　102
双正則写像　　93
存在領域　　116

タ 行

対称点　　97
代数学の基本定理　　58
対数関数　　25
楕円関数　　155
たかだか極　　65
単位(開)円板　　7
単周期関数　　155
単純曲線　　34
単純弧　　34

単葉領域　　115
単連結　　38
重複度　　91
調和関数　　61
直接解析接続　　114
直径　　8
等角　　23
導関数　　18
同程度連続　　108
特性関数　　147
凸領域　　38

ナ　行

内点　　7
内部　　7
2重周期関数　　155

ハ　行

発散　　128
被拡領域　　115
非調和比　　99
複素数　　1
複素微分　　18
複素微分可能　　18
複素平面　　3
複比　　99
部分分数分解　　75
分枝　　26
平行線公理　　106
閉集合　　7
閉包　　7

ベキ級数　　51
偏角　　4
　──の原理　　77
　──の増加量　　36
偏微分　　14
偏微分可能　　14
母数関数　　124
ホモトープ　　38

マ　行

無限遠点　　63
無限乗積　　127

ヤ　行

有界集合　　8
有界数列　　7
有理型関数　　73
有理関数　　20

ラ　行

立体射影　　64
リフト　　125
留数　　69
留数定理　　71
領域　　9
領域保存定理　　92
連結　　9
連続　　11
連続関数　　11
連続曲線　　8

■岩波オンデマンドブックス■

複素解析

	2006年5月10日　第1刷発行
	2019年1月10日　オンデマンド版発行

著　者　藤本坦孝(ふじもとひろたか)

発行者　岡本　厚

発行所　株式会社　岩波書店
　　　　〒101-8002　東京都千代田区一ツ橋2-5-5
　　　　電話案内　03-5210-4000
　　　　http://www.iwanami.co.jp/

印刷／製本・法令印刷

© Hirotaka Fujimoto 2019
ISBN 978-4-00-730845-1　Printed in Japan